［英］罗布·穆尔◎著　　郭玮◎译

ROB MOORE

更富足的活法

MONEY

KNOW MORE, MAKE MORE, GIVE MORE

湖南文艺出版社
HUNAN LITERATURE AND ART PUBLISHING HOUSE

博集天卷
CS-BOOKY

First published in Great Britain in 2017 by Hodder & Stoughton.
An Hachette UK company.
This edition published in 2017 by John Murray Learning
Chapter 17 has been omitted from the Simplified Chinese edition.
Copyright © Rob Moore 2017

Simplified Chinese translation copyright © 2024 by China South Booky Culture Media Co., LTD

著作权合同登记号：图字 18-2023-131

图书在版编目（CIP）数据

更富足的活法 /（英）罗布·穆尔（Rob Moore）著；
郭玮译 . -- 长沙：湖南文艺出版社，2024.4
书名原文：Money: Know More, Make More, Give More
ISBN 978-7-5726-1185-8

Ⅰ. ①更… Ⅱ. ①罗… ②郭… Ⅲ. ①成功心理—通
俗读物 Ⅳ. ① B848.4-49

中国国家版本馆 CIP 数据核字（2023）第 086765 号

上架建议：经管励志

GENG FUZU DE HUOFA
更富足的活法

著　　者：[英]罗布·穆尔（Rob Moore）
译　　者：郭　玮
出 版 人：陈新文
责任编辑：匡杨乐
监　　制：邢越超
策划编辑：李齐章
特约编辑：王玉晴
版权支持：辛　艳　王媛媛
营销支持：文刀刀
封面设计：利　锐
版式设计：梁秋晨
内文排版：百朗文化
出　　版：湖南文艺出版社
　　　　　（长沙市雨花区东二环一段 508 号　邮编：410014）
网　　址：www.hnwy.net
印　　刷：北京柏力行彩印有限公司
经　　销：新华书店
开　　本：700 mm × 980 mm　1/16
字　　数：302 千字
印　　张：20.5
版　　次：2024 年 4 月第 1 版
印　　次：2024 年 4 月第 1 次印刷
书　　号：ISBN 978-7-5726-1185-8
定　　价：56.00 元

若有质量问题，请致电质量监督电话：010-59096394
团购电话：010-59320018

为所有那些想要赚得更多、增值更多、贡献更多的人。为所有那些想了解金钱的故事、心理学和历史，还有对金钱的大量消极观点进行积极论证的人。为所有那些明白赚钱并非什么坏事，不必对赚钱抱有负罪感，认为赚钱不是因为贪婪的人。为所有那些想要学习金钱的知识，想赚钱和爱钱，想做跟金钱有关的事，然后用钱去影响其他人的人。这本书就是为你们写的。

金钱

了解更多，赚得更多，贡献更多

罗布·穆尔

编辑前言

作者罗布·穆尔是英国知名播客栏目 MONEY 的主理人，也是英国最大的房地产投资培训公司的共同创办人之一，并在 BBC（英国广播公司）电视台的黄金时段节目中担任商业导师的角色，指导渴望成功、赚钱、提高企业和生活知名度的大众，而在 2005 年之前他还是个有近 5 万英镑债务的素人上班族。这本书会分享他的改变，尤其是其金钱观的革新。

在这本书中，作者提到了发达国家的穷人，书中的重点在于帮助发达国家的穷人了解金钱及其历史，并教授一些基础的赚钱知识，使其学会赚钱，学会用金钱回报社会，学会给他人带来更多正向的影响。因为作者本人长期生活在英国伦敦这个世界金融中心，而且一直处在资本主义自由市场这套价值体系下，其对奢侈品消费和富人创造历史的论断也多基于此。

但值得肯定的是，书中"真空繁荣定律"中金钱是流动的能量、六度空间理论创造财源的观点、情绪控制与财富的关系、自我价值与他人关系的关系等表述有很好的借鉴价值，是"顺应时势"的财富观，生动通俗地表达了富人和穷人的本质区别在于心态和思维方式。

作者曾在英国、日本、泰国、越南等地出版过多本图书，本书原版、《生活杠杆》(*Life Leverage*)、《拖延有救》(*Start Now. Get Perfect Later.*) 等书曾多次位列分类榜榜首，影响了很多人。读者 Jayme S.（热姆·S.）这样评价本书："这是本改变你一生的书。它结合了心理励志和财经书的特点，并且有别于其他财经书，更加侧重于心灵层面的富足。

高度推荐！"

期望这本书能给你带来一些思维上的启示，汲取其中的有益部分为己所用！

CONTENTS **目录**

第四部分　金钱到底是什么？

第五部分　有关财富的价值观、信仰和情感

第一部分

引言

Money

Second

Proofs

感谢你相信我可以带你走上致富之路。祝贺你为自己进行了明智的投资。你就是自己最好的资产，可以为自己带来最大的利益和回报。

为表示感谢，我有一些特别的礼物给你，这些礼物非常有价值，也很实用——你会在书的结尾找到它们。我确信，你会是把这本书从头读到尾的那一小部分人之一。毕竟，那些不读书的人比不识字的人强不了多少。

1

你有法拉利吗？

在年少时与父亲共度的岁月里，我记忆最深刻的东西就是他宽大的手掌里拿着的和裤子后面口袋里装着的那些大张棕色的 10 英镑旧纸钞。他总有很厚一沓，是对折起来的，纸币上女王的头像都是朝着同一个方向。他用现金支付所有费用，并且总想着找到优惠价或是打个折。他经常带我一起去买新酒吧、酒店、餐馆，以及一些设备、配套设施，还有进货。我们一起去付现自提商场的时候，他会给我买一大盒子糖果，回家的路上我一边仰视着让我崇拜的父亲，一边吃完差不多 300 颗糖。然后我的胃里就会上下翻腾……当然不是钱闹的。

在我快 4 岁的时候，爸爸开始教我工作和赚钱。我的第一份工作是在酒吧里"换瓶子"，我要去地窖，那里就像一个隐藏的洞穴——寒冷、潮湿，在很深的地下。我端着几个塑料箱，高得几乎看不见箱子顶，里面放着酒柜上和冰箱里所有需要更换的瓶子。父亲教我如何在最短的时间内把最多的瓶子塞进箱子里——周五晚上空瓶子堆积如山，但周六早上 6 点，我用大约半小时就能把大部分换好，爸爸会付给我 50 便士。因为妈妈不允许我在上学时间干这些活儿，所以我只能在周六和周日做。我拿着周末赚到的钱，到当地的 1 英镑店去买一张装在相框里的汽车照片。所有我喜欢的车型都有——兰博基尼康塔什、雪佛兰科尔维特、法拉利特斯塔罗萨、保时捷 911、老款梅赛德斯鸥翼等。我太喜欢这些图片了，一幅接一幅地全部买下来之后，我将它们挂在我卧室的墙上。马上回到之前的话题。爸爸也让我和姐姐一起给酒吧地板吸尘和清理。酒吧里的地毯是棕色的，上面的图案花里胡哨，它最大的好处是，如果硬币掉在上面，就很难被发现。这简直就像是我那来自约克郡的父亲策划好的一样，它成了那些赌徒遗落的 1 英镑硬币的完美捕手。周末的清晨，我们起床后，唱着"找钱啦，找钱啦"，然后能捡到一小袋硬币并把它们占为己有。爸爸说过，无论钱藏在哪里，我都会像"苍蝇飞向大粪"一样找到它。（这是英格兰北部的哈德斯菲尔德方言。）

随着年龄增长，我赚钱的欲望也在增长。在酒吧和酒店里长大的好处是，在很小的时候我就被迫独立并开发出经济头脑。我们经常被单独留在经营场所上面的公寓里，我喜欢这种自由。我们必须照顾好自己，上中学的时候，我已经学会了做饭、打扫、洗衣、熨烫，赤手空拳地和姐姐打架，还有其他各种宝贵的生活技能。在十二三岁的时候，我向妈妈提出了一个商业计划，想"经营"熨烫业务（我想自己那时没有使用"举债经营"这个词），我熨烫一件大衣收 20 便士，裤子和小件衣物收 10 便士。她接受了我的提议，我开始了第二次创业。我在一边看音乐电节目 *Headbangers Ball*，一边熨衣服中度过了我的少年时光。在我拿到驾照之后，爸爸经常派我去买酒吧的必需品，找零都归我。我把它们都存了起来，还会时不时数一下。

让我们把时间快进到我 24 岁的时候。我上了大学，日子过得不错，但是花光了自己的积蓄和父母给的钱。我拥有很多梦想和宏伟构想，但是因为爸爸病重，我征服世界的计划要搁置几个月，就这样我回到彼得伯勒，去父母的酒吧帮忙了。4 年后，我还在那里，欠了一些债——相当多个人的、糟糕的、沉重的债务。一个夏天的早晨，我和一个朋友从宿醉中醒来后出门，在一辆法拉利 F430 蜘蛛跑车从我们身边开过的时候，我糟糕的状态（后面会详细讲述）达到了顶点。法拉利的司机敞开车篷，车里的音乐在咆哮，还有他傲慢的神情。在那个时候，我梦寐以求的车型就是法拉利 F430 蜘蛛。那辆美丽的车承载了我童年所有的记忆、情感和欲望：优雅的线条，刺耳的排气声，当然，还有它的赛车红车身。当车经过的时候，所有这些记忆、情感和欲望像慢动作一样出现在我的眼前，我转过身，对着我的朋友大声吼道："那个浑蛋，是毒贩。"

然后我们就往酒吧走去。

那一句话，也就是那天我的评论，显示出我对金钱的态度和信念跌至绝对的低谷，表现为债务、痛苦和评判别人。曾经我是一个思想开放、有无限未来的孩子，少年时学会了衡量价值、创造财富和尊重金钱，拥有把想法变成财富的远大志向，但此时我已经"黑化"成了一个内心充满嫉妒、与金钱关系混乱的失败者，以我当时的刻板印象来说，刷爆的信用卡比比尔·盖茨钱包里的还要多。

更糟糕的是，我压根不认识那个开法拉利的人。

那句话中的 7 个字总结了我看待金钱的所有错误观念。尽管当时我还不知道，这 7 个字也总结了媒体有关金钱的错误观念。这 7 个字同样总结了富人和穷人之间的巨大鸿沟，这个鸿沟是心态上的而不是技能上的。这个奇怪的心态一直在持续，我在30岁到31岁时，成了百万富翁，我买的第一辆法拉利就是那辆赛车红的F430蜘蛛。你在像我评判那位法拉利车主（尽管他可能就是租了一天车）一样评判我是好人还是坏人之前，和我一起经历这样的过程——从少年时善于理财到后来身陷债务和痛苦，再到财源滚滚来。

我的故事和你的如出一辙。我穷过，也富有过，你至少经历过这两者当中的一个。我赚过钱，也赔过钱，你也一样。我白手起家，我们所有人都是这样来到这个世界上的。我曾经有过关于金钱的所有负面信念，所有其他发达国家的穷人（下一章会详述）也有过，他们可能现在依然抱有这样的观念，我与那些幸运地成长在机遇之国的人，比如生活在英国、美国或任何其他发达国家的人，面临同样的挑战和机会。

当我（讥讽地）评判那个驾驶我梦想之车的人时，我在那个瞬间把私人的、个体的认知、信念和态度投射在了他的身上。这与他无关。我并不认识他，但我以为自己了解和他一样的人。现在我变成了他的样子，为金钱、梦想和法拉利而努力工作。他可能是个毒贩。他可能在试驾汽车。他可能只租了一天车。他可能是一位牙医、治疗师或是慈善家。他可能是个推销员，在和像我这样的人（现在）一起试驾之前去试车。但这一切都无关紧要，因为有形形色色的法拉利驾驶者，你不能像我那样用刻板印象去羞辱他们。后面我会分享25年来我个人对于有钱人的所有负面观念（这只是我的一种表达）。我也将分享我在培训超过50万名富人时遇到的每一个想法，其中的一些很可能与你有关。也许这就是吸引你读这本书的原因？当我是"发达国家的穷人"的时候，我无法验证开法拉利的到底是什么人，因为我一个都不认识。现在我认识很多这样的人，我自己也是他们中的一员，不过如果你认识我，你就会知道这车开起来容易，撞起来也容易（稍后会详述）。

2

发达国家的穷人

在讨论金钱、财富和贫困时，把"发达国家的穷人"和"发展中国家的穷人"区分开很重要。我的确很幸运，出生在一个能用得起自来水的家庭，不需要步行 30 英里[1] 去找水。我很幸运能接种疫苗，有洁净的生活环境，有良好的医疗保障体系和警务制度，以及一个（基本上是公平的）自由市场社会。我也很幸运能够有安全保障，拥有私产，可以通过网络获取信息并使用互联网。如此幸运地出生在这样好的家庭、社会和政府里，如果还去指责和抱怨，是不是太忘恩负义了？抱怨缺乏机会是不是太可耻了？在穷困潦倒的日子里，我经常指责和抱怨这些事情，我相信你也如此。这种行为会让财富离你而去。

我们并非生而平等。在发展中国家，甚至在发达国家的一些地区，人们出生于极度贫困的环境中，这不是他们的错，他们也无法选择。他们注定没有基本的生活设施，也无法使用教育工具来获取我们在发达国家享受到的免费信息。然而，其他人——你、我和我们认识的大多数人——生来就有平等和足够的机会。除了安全保障和生活便利，互联网其实是免费的，只要有无线网络，我们就可以使用无限量的信息进行自我提升。在这本书中，"穷人"这个词会经常用到，它是指发达国家的穷人，或者已经拥有基本保障和均等机会的穷人。

我们这些幸运地获得无限机会的人可以，也应该帮助发展中国家的人们拥有公平的机会，只要愿意，我们就可以帮助他们。我们可以变得非常富有，并在利用这些财富为他人服务的同时也服务我们自己。这本书将涵盖一个重要的部分：当你有钱时，你如何承担善用金钱的责任。但首先你必须赚到足够多的钱。所以请注意这位名人的建议：

---

1 1 英里约等于 1.61 千米。——编者注（后文如无特殊标注，皆为编者注）

生于穷困不是你的错，但若死于穷困，就是你的错了。

——比尔·盖茨

3

自由市场和机会之地

我认为，在发达国家拥有一个有效的货币体系，在支持利润和增长的前提下，它可以创造公平的（完美的）竞争，给你提供开办企业的自由。当然，也有人会质疑这一点。大多数人抱怨时事艰难，"制度"不公平，时机不对或风险太高。他们指责税收、贪婪的公司、巨头和其他外部因素，认为这些是他们无法开办企业或赚到更多钱的原因。

除了供需的力量和公平的监管，自由市场给买家和卖家创造机会并给予他们激励，其主导思想是，价格将根据供求关系进行自我调控，由当前的需求决定价格涨跌。

自由市场和自由价格体系使消费者和你都可以使用来自世界各地的商品。如果没有自由市场，你可能无法获得消耗品或大宗商品，或者要花费高于平均市场价格的价钱买到必需品。

自由市场为企业家提供了可能性最大的范围和机会，企业家们承担时间、资本和收入不稳定的风险，出售配置好的资源，并满足广大消费者的未来需求。自由市场创造了公平的竞争，尽可能高效地为消费者提供服务。企业家用储蓄和投资进行再投入，开发资本产品，提高工人的生产力和工资，从而提高他们的生活水平。自由竞争市场也会奖励和刺激技术创新，因为它让创新者可以利用领先优势，刺激消费者的需求，它允许竞争，以实现公平，因为利润和价格下降，他们在获得自我利益和为消费者提供服务中获取平衡（自由市场、完美竞争以及其他货币和经济概念将在第四部分中详细介绍）。

而在经济欠发达的地区，仅仅是好好活着就已经很艰难了。我这样啰唆地表达是想说明，我们能生活在一个充满无限机会的地方是多么幸运，所以让我们不要再发牢骚和抱怨了。开发具有公平利润率的优质产品和服务，为顾客、客户提供伟大的价值，然后把它们卖掉赚钱。

4

这是一本什么书？

在这本书中，我们提出了关于货币的新概念、信仰体系和哲学。历史上最富有的人们在积累巨大而持久的财富的过程中有三个共同点，其中之一就是明白了金钱到底是什么（和不是什么）。他们能够克服负罪感或是耻辱感，超越由文化、宗教或者成长经历形成的对金钱的信仰。他们能够克服歇斯底里，并真正理解了金钱的本质和意义。我写这本书的目的之一就是让你也获得这个清晰的目标。因为一旦真正地明白钱是什么——自古以来只有少数人掌握的秘密——你也可以积累财富，从一个负数到与电话号码位数相同的数字。

这本书会让你真实地、准确地和深刻地理解金钱是什么，它的目的和历史，以及它背后的体制；掌握金钱的自然规律和经济法则，了解它是如何流动和运行的；还有如何利用知识赚得更多，增值更多，贡献更多。你会发现精神与物质的平衡，以及吸引力与行动的平衡。

这本书从心态、技能和情感方面改造和重建金钱观，其中的货币哲学和生活方式，可以帮你实现最高的目标和愿景，把金钱作为能量和向善的力量，争取你应得的份额，创造长远的意义和遗产。

我们都对金钱有着根深蒂固的信念，成长的环境对我们造成了深刻的影响，它塑造了我们对金钱和财富的世界观，以及我们对财产和负债有多大的感知能力或接受能力。这本书将击碎所有的传说、谎言、夸大、曲解、隐秘、争辩和一面之词，并可能批驳你秉持的所有信念，那些可能会（实际上一定会）阻碍你获得更多财富的信念。

这本书从个体的和全球的角度，积极主张"赚得更多、增值更多、贡献更多"的益处。这是一本积极看待财富益处的书，这本书驳斥了媒体所主导的片面观点，即金钱和财富是有害的和不公平的。

如果想找到一个"5分钟超快致富"的指南，你走错地方了。如果想找一个短期的计划或者骗局，在金字塔尖上赚笔快钱就走，你也不要在这本书上浪费时间。这本书的名字不是《找钱，借钱，偷钱》。

如果想找一个"最快最现实的致富时间表"的指南，本书可以提供帮助。如果想寻求巨大的、持久的财富，它们要可持续，可扩展并在现实中可以实现，那么你找到了正确的书，能遇到你，我心怀感激。

与人们普遍的观点相反，你可以在生活幸福的同时，也赚到了钱。你可以致富，成为很棒的人，成为很棒的父母和合作伙伴。你可以赚钱，也可以有影响力。事实上，本书有一章是讨论这个问题的，这本书将告诉你怎样能够既赚大钱，也能进天堂。

5

你能从书中得到什么？

在这本书中，我们将建议你并向你证明在赚钱的同时，也可以有影响力，你可以在满足自己需要的同时为他人提供最好的服务，你能够（而且必须）平衡自私和无私，以获得可扩展的和可持续的财富。你可以不仅仅爱上金钱，也可以与金钱和幸福终生相伴。

这不是一本通过赞颂、证明和鞭策实现自我帮助的书，而是通过平衡视角帮助你利用精神和物质，拥有吸引力和行动。这也不是一本从1906年讲起的有关经济理论的硬核教科书（有很多比我更聪明的经济学家）。本书概括了那些掌控这个世界的最相关的经济、金融概念和法律，以及如何利用它们获取最大的持续利润和做出贡献。

这不是一本抱怨经济制度，繁荣、萧条和崩溃，以及对周期性问题提出自我预言式解决方法的书，在我看来，寻找乌托邦式的平衡并认为我们可以保持那种状态是一种错觉。但这本书会告诉你在任何经济状况下，在历史和未来的任何时候，存在着怎样的不平衡和不停变化的波动，正如在可以追溯的历史记录中已经证实过的那样。我认为，试图改变无法改变的东西是徒劳的，但是通过遵循经济的和普遍的规律来帮助你我和尽可能多的人，利用现有的体制去获得当地的和全球的财富是明智且有价值的。不要试图改变海浪，而应该调整你的船帆。

在这本书中，我们提出了一个模型化的货币形式，让你能够随着经济和社会形态的发展，以现有的形式在任何爱好和职业中赚钱并实现规模化。你有望根据自己的条件，控制和平衡好事业和工作、家庭和孩子、激情，并通过回馈做出改变，而不用做出牺牲或几十年后才能延迟满足。赚得盆满钵满，完全与众不同，你可以做自己喜欢的事，也热爱自己做的事，把爱好融入职业，把职业融入假期。

所有认识我的人都知道我不会遮遮掩掩。对于金钱，有些人会人云亦云，他们确实有想法，但是不说，不敢说也不会说。如果过激的词句冒犯了你，直率和坦白让你难过，挑战性的对白会让你不舒服的话，我要先提醒你了。

如果你想找一本简洁易读的书，不付诸任何行动，也不会做出任何改变，那你就错了。扣好安全带，坐稳扶好。旅程马上开始，我与你一路同行。

第二部分

"颠覆性的企业家"

Money

Second

Proofs

在这个部分，我们将掌握这本书的思想体系，看看它将如何给你时间和自由去做自己想做的事，在哪里，什么时间，和谁一起，以及如何用它去帮助他人并与人分享。

6

金融界的颠覆

在商业、科技和金融领域，我们经历了适者生存的时代。近年来，利用设备和芯片，商业领域出现了减少现金使用，增加光速交易的重大转变。我们正从信息时代，快速进入充满无限可能的科技时代。工业时代已经远去，那些仍然依靠制造业或体力劳动来获得自由、财富和提前退休的人的处境都岌岌可危，他们工作过劳，工资过低。很多年前，他们就落后于时代了。

科技时代速度很快，非常快。摩尔定律表明，计算机的处理能力每两年就会翻一倍。英特尔公司的联合创始人戈登·摩尔发现，自集成电路发明以来，集成电路上每平方英寸的晶体管数量每隔18~24个月就会翻一倍。这是一种复合效应，它持续的时间越长，就会集聚越大的动力。事实上，正如摩尔定律已经持续增长了50年，大体上是2^{31}倍，也就是20亿倍。这对货币产生了重大影响，因为它加速了流动，增加了货币的形式和平台的数量，并创造了显著的杠杆作用（相关部分后面将详细介绍）。

最快成为亿万富翁的人

几乎在眨眼之间，全球互联互通和颠覆性的货币系统使早期的新技术采用者、创新者和企业家能够在比以往任何时候更短的时间内获得巨额财富。来看看最快成为亿万富翁的榜单，按照 *The Hustle* 杂志的排名，前十名中有九位是1987年后达成这一成就的。令人吃惊的是，其中速度最慢的是比尔·盖茨，他也是其中最年长的一位。在前十名中，有七位出自互联网公司，包括亚马逊（Amazon）的杰夫·贝索斯、脸书 [Facebook，现已更名为 Meta（元）] 的马克·扎克伯格和肖恩·帕克，还有易贝网（eBay）、高朋（Groupon）和谷歌（Google）的创始人。

当今的商业形态已经天翻地覆

在世界上任何地方，使用手中的小设备，你可以快速地兑换货币。未来，通过虚拟现实、人工智能、物联网、可穿戴设备、非接触设备、皮下芯片，以及那些我们还想象不到的古怪而奇妙的手段，就可以完成这些交易和兑换。你只需要有无线网络。

无须员工和库存，你也可以开个商店或者公司，使用其他人的服务器或云服务器，几乎没有管理费用。登录之后，你可以免费并快速地访问全球数十亿个客户或爱好者。你也可以免费、快速地利用社交平台、营销平台和媒体。通过整合他人的所有权、股票和责任，你可以发展成市值数百万甚至数十亿英镑的企业。世界上最大的电子商务平台阿里巴巴没有库存，爱彼迎（Airbnb）名下没有酒店，优步（Uber）不用购买汽车，脸书不创造内容，网飞（Netflix）没有电影院。怎么样，聪明吧？

必须跟上世界变化的节奏

实际销售额为零的社交平台市值已经高达数十亿美元。推特（Twitter）的 IPO（首次公开募股）售出了价值 142 亿美元的股票，而且没有收入模式。2012 年，脸书在平台增加广告之前，首次公开募股筹集到 1040 亿美元。这些公司靠出售"虚无缥缈的承诺"和"未来的销量"赚到上百亿美元。那些住在学生宿舍里汗流浃背的青少年、程序员和黑客摇身变成声名鹊起的新贵。只要有大胆的想法，任何人都可以发布视频，并获得数百万的浏览量。他们还可以从视频、社交媒体账户以及播客的广告收入和赞助中赚到数万英镑。

我们的社会生活和私人生活现在都处于公共领域中。只要点一下按钮，我们就可以得到任何想要的东西。新老之间的鸿沟越来越大。要么接受新科技时代，要么被科技复合以可怕的、不断加快的速度抛在后面。

加速的摩尔定律有优点，也有缺点。接受和利用技术创新，打破常规，就会获得最高的利润率、增长和规模。但不断地错失良机，最终只能抓住过时的模式不放手，寄希望于有人会来拯救你。在金钱的问题上也是如此。

不要害怕变化

很多人对于货币的未来深感恐惧。在支付委员会的消费者教育活动中，根据 PayYour Way 网站的最新研究预计，26% 的人出于安全考虑而避免使用最新的支付方式。甚至有一种以这群人来命名的病症——"支付恐惧症"。更有趣的是，只有 25% 的人害怕蜘蛛。我认为，准确地说，是很多人挣扎于如何应对变化。

在非接触式支付卡问世的时候，银捷尼科公司[1]研究发现，只有 13% 的消费者拥有非接触式借记卡或信用卡，而只有 5% 的消费者使用其中一张卡付款。研究还发现，61% 的英国人对使用非接触式支付卡持谨慎态度，因为他们认为对该技术不够了解，41% 的人甚至没听说过这个东西。

现在，这一切似乎无关紧要了，因为我们大多数人都把这些支付方式看作理所当然。互联网是最大的规则改变者，而这个发生于 1990 年的改变，感觉就像出现在 973 年前一样。所以，来吧，接受它，我的朋友们。

无现金社会是趋势

人们对无现金社会的担忧也在加剧。我的恐惧也更严重了：再也不能用真实的纸币去贿赂我那未来会在 5 岁组高尔夫球手中排名世界第一的儿子了。

人们确实担心现金被取代，而后货币变得毫无价值，所有这些能够让政府控制货币流动，从而增加税收。我还不能评价这种恐惧是否有充分的根据，但是我们先加入政府、企业家和创新者之中吧。

根据支付委员会的数据，美联储预计，2016 年无现金交易将达 6169 亿美元。这个数字比 2010 年增长了约 600 亿美元。在瑞典，大约 59% 的消费者交易已经实现无现金化，硬通货只占经济总量的 2%。2014 年，在英国，消费者、企业和金融机构使用的现金占支付总额的比例首次降到一半以下，即 48%。丹麦、瑞典和芬兰是最接近完全无现金社会的国家。英

---

1 银捷尼科公司（Ingenico），一家总部位于法国的商业服务技术公司，致力于促进安全电子交易。

国和美国将不得不经历一些政策变化，但你可以看到加速上升的势头。德国、意大利和希腊等国要么是缺乏基础设施，要么是从文化层面上不太容易接受这些进步。在德语里，"债务"和"内疚"是同一个词。可以想象，从物物交换到硬币，从硬币到纸币，然后再到去除金本位制的时候，一定都出现过相似的挑战和阻力。那么这次有什么不同呢？

我们真应该感谢这些惊人的进步，看看我们多有福气，能赶上这样的时代。金钱的变革只是以一种不同的形式，更先进、更快地让历史重演。颠覆是新的秩序，唯一不变的是变化。

在很多地区和所有发展中国家的人口统计数据中，无现金社会中最脆弱的群体是老年人、无数字知识的人和穷人。这更多是技能和培训的问题，而不是技术问题。对无家可归的人来说，身份证明存在根本问题，不仅仅是需要提高技能。居无定所让他们无法建立信用，管理银行账户也非常困难，所以无家可归的人不可能接受陌生路人的加密货币。尽管缺少现金并不会让人无家可归，但它有可能扩大贫富差距。你有绝佳的机会去接受这种对金钱的颠覆，赚得更多，增值更多，贡献更多。发展中国家的这种滞后也为企业家们提供了巨大的发展空间和机会去解决更大的、更有意义的问题。

金融体系也在变革

借款人和储户之间的点对点或市场贷款平台，比如 Zopa、Funding Circle 和 Ratesetter[1]，已经改变了贷款和资本准入的格局。这些平台上的发展机会是非同寻常的，因为它们能让更多人更快、更方便地借钱。它们把人们聚在一起，提高了便捷性，颠覆了那些成熟和更具垄断性的行业。现在，你应该从这些改变中发现了一些共性，可以应用在你自己的企业、想

---

1 Zopa、Funding Circle 和 Ratesetter 为英国网贷行业三大巨头。

法和收入当中。

跟踪点对点贷款的 Liberum AltFi[1] 成交量指数显示，英国的累计贷款总额为 43 亿英镑。对一个刚刚成立 10 周年的行业来说这个数据还不错。你可以通过个人风险评估找到成百上千万的私人贷款人，大众平台对他们进行监管和风险控制，你也可以通过手机上的应用程序去贷款。如果你有一个商业创意，花几分钟时间在 Kickstarter[2] 上启动募资活动，然后通过众筹资金来为你的初创企业投资，从而降低贷款环境的风险。自启动以来，Kickstarter 上几乎一半的初创公司都成功地获得了资金。这些东西 10 年前根本不存在。就在不久之前，你还不得不穿上西装，用手帕擦去脸上的汗水，然后去找银行经理借钱。

电子货币和"加密货币"

最近正在改变货币规则和移动速度的技术是电子货币，其中最著名的例子是比特币，一种基于加密学的数字或者说虚拟性质的"加密货币"。这个概念之所以能够发展，是因为它很难伪造，而且数据可以"隐藏在众目睽睽之下"。它不是任何中央政府发行的，这使得它可以（理论上）免受政府或公司的干涉或操纵。

随着货币从机构化转为个人化，其内在格局有可能发生巨大的变化和颠覆。交易的便捷性和高效性都很明显，这样的速度和利用率降低了管理费用，因此可能会挑战银行利润率。贸易成本的降低增加了交易数量，同时加快了交易的速度。交易增加带来经济增长，无摩擦货币交易在未来经济增长中的潜力是巨大的。银行在货币中发挥着摩擦力的作用，因为它们控制货币，减缓货币流通，增加交易成本，加密货币可以消除这些所有摩擦。

---

1 Liberum AltFi 是一家泛欧投资银行，成立于 2007 年。
2 Kickstarter 是于 2009 年 4 月在美国纽约成立的众筹网站平台。

如果有人担心无现金社会将控制权交给政府和中央集权，那么政府自己也在害怕并承担着通过这些相同的实体进行洗钱和逃税的风险。就是这些为我们提供在线和数据安全的平台有能力非法侵入我们的系统，窃取我们的身份信息。这些创新本质上的颠覆者属性使得它们很不稳定，正如我们稍后将讨论的，以任何形式或功能操作的资金必须值得信赖。信任需要时间和证据。我们离一个完全数字化的金融世界到底有多近？其实比想象中更近……

皮下芯片和生物黑客

无论在这本书里，还是在世界范围内，颠覆才刚刚开始。在瑞典的一家生物黑客公司，人们的手中正在被植入一个米粒大小的 RFID（射频识别）芯片。起初它们能开关门和启动复印机，然后可以用它们在咖啡馆付款，那接下来又是什么呢？许多技术界人士认为，毫无疑问，更复杂的芯片将很快取代可穿戴技术，如健身手环或者支付设备，我们很快就会习惯"被强化功能"。

未来已来

在我的播客节目《颠覆性的企业家》中，我采访了凯文·凯利，他是《连线》杂志的创始编辑，网络文化的著名参与者，写过许多未来主义的书籍，包括研究了未来 20 年的深远趋势的《必然》。凯利认为即将到来（现在）的两大趋势是人工智能和虚拟现实。我在采访中学到了很多东西，尽管我一直对未来将如何影响和推动商业、企业和金钱非常感兴趣，这些知识还是让我感到无比兴奋，并渴望学习更多。我觉得对未来（就是现在）了解得越多，越能对自己的未来产生积极的影响。任何为人性服务的东西都能转化为巨大的财富，因为金钱服务于人性。最近，人们用 3D 打印技术建造出了一栋公寓，还做出了人的胸腔和胸骨；你也可以买到一台"有脑子"的冰箱。

人工智能、虚拟现实和物联网

人工智能是指通过计算机系统开发的机器所呈现的智能。理论上，任何电子产品都可以获得智能——你的车也能有大脑！每个电子设备都有人工智能，可以跟踪数据、行动并能够做决定，这样的未来近在眼前。冰箱是这样，可穿戴设备甚至皮下芯片也是这样。你的手机已经很"智能"了，它对你的了解远比你愿意相信的更多。作为颠覆性的企业家，如果行动够早，速度够快，你会迅速地找到从中赚钱的方法。金钱喜欢速度。物联网意味着每一个电子设备都能够访问互联网，也就是说它可以通过网络接入所有的共享数据，类似诡异的"天网"——电影《终结者》中的人工智能"神经网络"。

变革带来更多机会

变革带来了巨大的商机，金钱喜欢变革，尤其是加速的变化。用达尔文主义的概念解释，生存下来的不是最强大的物种，也不是最聪明的物种，而是那些对环境变化最敏感的物种，所以要积极参与金融和资金的变化和颠覆。如果很多人害怕改变，这就为你增加了机会，因为竞争变少了。

有关货币发展的一个事实是，流动速度（周转率）不断加快。它过去以动物的速度流动，之后以机器的速度流动，然后以电信的速度流动，随后以光速流动。在未来，它可能会无时差流动，这太令人兴奋了！（关于这个问题，详见第 43 章。）随着货币速度的加快，最不把它当回事的人手中的货币会加速转移到最看重它的人那里，同时也加速地从穷人流向富人。开办更多的企业、创造商机和财富的机会在增加。时间是我们拥有的最珍贵的商品，任何可以保留它的东西都会带来荣华富贵。

随着人类的进化，货币的性质也在进化，因为它代表了人性和进化，并为之服务。随着我们进化成更加复杂的物种——"超生态位"物种，我们要完成更加具体的功能和目的。在地球上只有两个人（亚当和夏娃）的时候，他们的目标是生儿育女和活下去，不用担心成为照片墙（Instagram）上的名人或者在手机上刷屏。他们的后代带着类似基本的、原始的目的通过近亲结婚、一些工具和使用火种让人类繁衍下去，比他们的父辈稍微专业一些。快进到现在，我们比以往任何时候进化得更高级、更复杂，这体现在我们作为一个物种为自己服务的各个方面。

超级专业化

还记得 10 年前或 20 年前你想买一辆车吗——跑车或者轿车，或者你更钟情于某个品牌？我父亲喜欢捷豹，那时候有 XJ6、XJ8 或 XJS 型号，他仔细考虑过 XJ6 或 XJ8。我记得那时候大约有六种颜色。现在走进任何一家经销奔驰的店面，各种型号、发动机和颜色都让人眼花缭乱。

这种高盈利行业的定位不断深化和加速，就像人口规模，还有我们的贸易和服务的专业化，以及已经印好并投入市场的货币数量一样。

变革和超级专业化所带来的机遇

货币、财富和企业为我们的进化提供了卓著的服务，我们的物种和大自然也反映其中。高盈利行业定位于为人们创造更多的机会，可以更加专业地满足人们的个体需求，人们也要为此花费更多，并更频繁地使用产品或服务来满足他们日益增长的某种欲望。在本书后面的部分，我会用现在和未来的事例告诉你，与几年前相比现在几乎什么都能赚钱。

不要害怕发展和颠覆——接受它，为它投资。随着我们的需求变得越来越具体和复杂，颠覆为最先采用新技术的人创造了机会。如果能够适应这种不断加速的专门化发展，还有金融业持续改变所反映出的超级专业化，并参与其中，你会与物种的进化更加紧密相关，也会赚到更多的钱。

任何颠覆货币控制的东西都会降低费用并增加便利性。多年来，银行和企业一直持有大部分资金，现在这种状况正在改变。我们正处于货币从银行向私人投资者流动和企业家的大规模重新定向的早期阶段。投资人和企业家对银行和机构的信任已经明显减少，资金从不信任流向了信任。

私人财富是新银行

互联互通的私人财富是新的基金。众筹和点对点贷款是快速增长的金融创新，它们削减了银行利润率、资本储备和权力。企业集团和超级公司，以及私人投资者和企业家之间的竞争趋于平等。这本书会告诉你如何在优胜劣汰的金融环境下，让资金流向你，在为他人增值的同时，得到你的那一份利益。

第三部分

关于金钱的认知误区

Money

Second

Proofs

有关金钱的广为流传的传说成为人们的拦路虎。你也能想到几个吧？在这个部分，我们会击破所有常见的、片面的金钱传说，希望你能审视自己的信念或者那些从小就知道的，但你和其他人都没用到的观念，并寻找到让自己去衡量、获取和持有更多金钱的方法。

7

钱不会让你幸福？

人们都说钱不会让你幸福，对吗？

过去的 10 年里，我从来没有听到哪个百万富翁或亿万富翁说钱会让他们不幸福，我遇到的富翁已经足够建立一个准确的数据库。我从来没有听到一个有钱人说过："罗布，快快，快把我所有的钱都拿走。它让我太太太不开心了。"

我认为只有（发达国家的）穷人才这么说。这是从受到文化影响的数百万人的现实中发现的。根本没有钱，还在贬低金钱的价值，穷人如何证明钱不能让你幸福？这就像那些孩子说他们不喜欢吃自己从没吃过的食物一样。

密歇根大学研究部门进行的一项调查，有三个关于金钱的发现：

1. 什么是人们最担心的——钱；

2. 什么让人们最幸福——钱；

3. 什么让人们最不幸福——钱。

当然，孤立的金钱，在不提供任何东西的时候，并不会让你快乐。但在所有其他的条件均等的情况下，钱可以增加幸福感，也能让你做更多快乐的事情。我曾经很穷，也有过钱，我可以明确地告诉你哪个状态更能带来幸福感。如果我生活中的其他状况都是相同的，有好也有坏，开一辆法拉利，一定比开一辆锈褐色的雪佛兰 Nova 破车让我更幸福。

"金钱不会让你幸福"的观点在全世界被人误解，是仅仅假设用钱去追求幸福，而不是那些东西在生活中是免费的（实际上是要花钱的）。

"生活中最好的事情都是免费的"？

当然，生活中最美好的事情是不用花钱的：爱，和孩子共度的时光，看着他们长大，一起留下美好的回忆。体验自然、美、艺术、音乐、给予、健康长寿、和爱人在一起，这些不用花钱。你需要来自资产的被动收入让你腾出时间去更多地体验这些东西。或者有人提供资金，支付所有的管理费用，让你体验"生活中最好的事情都是免费的"。想象一下，背负着债务和工作压力，在每周工作 80 小时的情况下，如何去享受所有这些"生活中最好的事情都是免费的"的时光。

金钱与幸福无关

金钱和幸福是不同的存在。它们是各自独立的概念，就是说你可能属于以下组合之中的其中一个：1. 富有而不幸；2. 贫穷而不幸；3. 富有而幸福；4. 贫穷而幸福。

这里有个令人震惊的想法：为什么没有钱会幸福呢？金钱创造快乐，因为它能让你有机会做自己喜欢的事情。金钱是媒介，它为你提供更多生活中无须花钱的东西，它们通常被认为是最好的。如果想拥有更多的幸福，那就努力追求吧。如果想有更多的钱，那就努力赚钱吧。不要依靠其中一个带给你另外一个，只有努力工作，赚更多的钱，贡献更多的财富，你才有可能在通往幸福的道路上更加自由。这不仅仅是无偿支出，而是必需的创造经济和货币周转。

8

"富人越来越富"的观点

很多人在争论："为什么富人越来越富有，而穷人越来越贫穷？"很多人对此感到不满，要求通过提高税收、建立工会和大幅增加慈善事业以实现平衡。

一些简单的经济定律可以解释为什么富人会越来越富有。在发达国家，这些经济基本面打破了许多关于贫富鸿沟的传说。猜猜看是什么？富人了解并会利用这些东西，而穷人不懂，还会被它们利用。

虽然是常识，但并不绝对

常识告诉我们，相比于改变方向，物质往往更容易朝着已有的方向移动。这可以称为推动力、合力或者简单的常识。如牛顿第一运动定律是："一切物体在没有受到外力的作用时，总保持静止状态或匀速直线运动状态。"

当然，除了富人会更有钱是因为"他们已经很富有"，而穷人变得更穷是因为"他们已经很穷了"之外，还能进行更加深入的讨论，但不要因为它是一个简单的问题就忽视一些东西。朝着财富和金钱的方向前进，即使还没有达到预期的水平，也要继续前进，继续努力，你最终会实现目标。

平衡经济学

在任何货币体系中（在任何时刻包含有限的，但巨量的"金钱"），支出与收入必须相等。这意味着所有的支出等于所有的收入。

人们不会把钱烧掉（除非他们是 KLF，那支放火烧了自己 100 万英镑的英国乐队），即使他们那样做了，那些钱从系统中消失之后，系统中所有现存的钱也会在收支之间取得平衡。即使印更多的钱，系统里的新钱，也能像现有的钱一样平衡所有的收支，但这会造成物价和消费水平的变化。

因此，在任何时候，流通中有限的（但巨量的）资金，就从那些消费（支出）最多的人分配给那些销售或收款（收入）最多的人。如果平衡中存在不对等，是因为产品和服务是不等价的，还有人们对货币的估值不同，那么金钱会更自由、更大量地流向那些看重并专注于更高收入而非支出的人，不会流向那些更看重并专注于支出而非收入的人。

无论多少次试图利用权力、规则、工会、法规或政府来更公平地分配资金，它总会重新获得"平衡"。所以，如果想在重新分配财富时得到更多，永远不要陷入依靠更高权力或制度的受害者心态中，乞求或期望他们为你重新分配财富。而是要去学习并关注金钱、服务、贡献、企业、动力、复利和流通速度的管理、把握和规则，并在了解和评估财富的时候让它们处于重要地位，更多财富就会降临。学得越多，赚得越多。

财富在理论上的再分配

常常有人认为财富应该重新分配，把最富的人的钱分给最穷的人。在深入地探究这个问题之前，已经存在一种再分配方式，它被称为税收。在大多数发达国家，税收的趋势是收入越高，交税的百分比越高。有时，对那些一生中大部分时间都在努力赚钱的有钱人来说，税收相当于他们收入的一半或更多。收入越少，按绝对值和百分比计算交的税越少。赚得越多，不仅税额会上升，税率也逐渐增长。富人已经受到了惩罚，穷人也已经得到了支持。

我在理论上的财富再分配中看到的主要问题是，钱不会留在那些重新分配到财富的人手里，也不会为他们所用。当然，我并不反对与那些更需要钱的人分享财富，事实上，贡献在创造财富过程中发挥着重要的作用，稍后我们会讨论这个问题。然而，人们要先学会如何管理已有的财富，否则就无法管理更多的钱，而这方面的知识和（重新）分配一样在教育中大量缺失。

想象一下，如果一个富人开了一家博彩店。来了一个赌徒，把所有的钱都输光了，他帮老板赚到了更多的钱。该州增加了税收，并将大部分钱重新分配给这个赌徒。赌徒又回到博彩店，下了更多的赌注。店主可能不得不提高利润率来添补"加税"，这让一直在下注的赌徒花掉了更多的钱。循环往复，除了可能因为税负太高造成店主移民，还有赌徒花掉更多的钱，赌瘾越来越大之外，不会有任何的帮助或改变。

如果允许企业主获得公平的利润，得到援助、保护、税收减免和激励去经营，公平竞争的环境中就存在价格的自我调节，然后系统就能运转。对赌徒来说，教育和帮助他们戒掉赌瘾可能比助长这个习惯要更有效。尽管这似乎是一个极端的例子，但其实大多数人都像赌徒一样管理钱，浪费钱，所以只够勉强摆脱困境。在我们的学校和社会中，需要关于如何管理和掌握金钱的教育，而不是宣扬再分配和鼓吹那些不鼓励人们工作和贡献的东西。

彩票再分配的真相

美国国家金融教育基金会的研究估计，70% 的人在突然获得一大笔钱的几年内就会失去它；44% 的彩票中奖者在中奖后的 5 年内就能花掉所有的奖金；每十个彩票中奖者中有九个人相信他们得到的家产会"富不过三代"。同样，要先学会如何管理已有的财富，否则你无法管理更多的钱。有趣的是，只有 2% 的受访者表示，他们中彩票后感到生活不幸福，尽管上述数据表明，更高比例的受访者无法掌控奖金，会花光那笔钱，或者觉得很快就会花光它。谁说钱不会让你（更）幸福？

事实上，现在的财富再分配如同海啸一般：从那些获得巨额财富而不知道该如何处置的穷人那里回到富人手中。

生产与消费的比例决定贫富

想发财就要提供服务，以物质（可消费的）或精神（信息）的形式为他人生产。巨额财富来自全国和全球的巨大体量的产品，反之，贫困源自生产和消费之间的负差率。个体、地理位置或政府都可能导致这种情况。

富人通过就业机会、价值创造、增加资金流动速度、税收贡献、希望、信念、激励他人、为无数人服务来开办企业和发展经济。穷人靠这些生存。事实上，几乎所有的全球财富都是私有的：托马斯·皮凯蒂在他的

《21 世纪资本论》一书中称这一比例是 99%。这意味着生产者为所有贫困消费者消耗的国家利益提供资金。大概 20% 的生产者在为 80% 的消费者工作。所以它在已有的发展方向上产生复利——富人越来越富，穷人越来越穷。一旦启动，就很难改变金钱的增长速度，这也就解释了为什么一个新的行当在初期是很难赚钱的，但那些已经做了几十年的人似乎很容易获得极大的复利财富和被动收入。

为了让重新分配的财富发挥作用，消费者必须承担生产超过他们消费水平的责任。如果把钱给瘾君子，你知道这些钱会到哪里去。如果给任何一个消费者很多钱，而不教他们用钱来生产，他们会像从前一样把所有的钱花掉。如果生产者得到更多的钱，通过现金流、增加的利润或杠杆贷款（很少通过赠予和补贴），他们会把钱投资于生产更多的产品。当然你可以将其称为贪婪，但也可以称之为增值、发展和供求。贪婪和增值是根据个体的认知来区分的。只要人类需要增值和进化，生产者就生产得越来越多，消费者将会继续消费。在过去的 6000 年里，财富巨头都是最大的、巨量的生产者，正如本书后面所说的那样。

问题是：你选择成为哪种人，生产者还是消费者？你会陷入贫富差距是对还是错的辩论中吗？还是专注于服务、解决方案、规模化和贡献，享受你应得的那份财富？

9

钱不够花

我以前买过很多名牌服装。父亲告诉过我，任何时候只能穿一双鞋，但我这辈子至少需要十双杰弗里·韦斯特的鞋。可笑的是，当时我买不起。在父母的酒吧工作时，每周我赚到的钱很少，拿到报酬后，我直接去我们当地的名牌服装店，把钱都花在最时髦的品牌上。即使穿上并不那么合身，只要它们正面有醒目的标志，我就会把辛苦赚来的钱花掉。

谢天谢地，我转运了，几年后，我能用闲置资本或者资产的剩余收益去买那些我负担得起的衣服。我很清楚地记得在经济衰退最严重的时候，我突然想去看看是否有新款服装上架。那个经理是我10多年的老相识，那时他像那些被车撞过的卡通人物一样，无精打采地靠在收款台上。你会以为他是因为有客人光顾，才从冬眠中醒过来，但当我说："伙计，还好吧？"他甚至连头都没抬，一边咕哝着，继续在黑莓手机上打字。我像往常一样问："生意怎么样？"他直接回答："扯淡。"

我对他表示歉意，他用冰冷的眼神盯着我，大声吼道："人们都他妈的没钱！"

事实上，根据默文·金[1]的统计，世界经济体系中约有80万亿英镑。股票和债券的总价值在150万亿至180万亿英镑之间，他估计全球市场股票加贷款的总价值为200万亿英镑或更多。有消息人士称，已开采的黄金价值超过8.2万亿美元，不过据估计，算上未经记录的黄金开采，这个数字会更大，而且追踪非法开采的数据也很困难。来看看coinmarketcap网站[2]加密货币前一百名的资本总额，目前排名第一百位的是以太坊，它的资本总额是300亿美元，第二名是拥有超过370亿美元的Obits（代币），第一名是价值近380亿美元的比特币。尽管很想把前一百名的总值计算出来，但我认为这并非有效利用时间。可以很清楚地看到这一点：事实上，世界经济中的货币是无穷多的，特别是当你（a）把所有这些加起来，（b）考虑到它们的流动性，它们会继续在人群中流动，（c）诸如通货膨胀和量化宽松等因素将推动货币供应不断增加。

世界经济中的钱让我们都成为百万富翁还绰绰有余。

---

1 默文·金，英国经济学家，曾任英格兰银行行长。
2 coinmarketcap，海外著名的数字货币交易服务平台。

这就引出了一个非常重要的问题：谁赚走了你的钱？

不，不是我。

转变你的心态吧

对于金钱，你有没有一种基于现实的、全面的观念和心态：认为金钱无处不在，几乎无穷无尽，还是认为钱很稀缺，不够用？你认为是经济环境控制个体的经济，还是无论经济环境如何，人控制着自己的经济状况？用人类制造的机器印出来的金钱，服务于人类。所有现在、过去和未来的物理形式的金钱都来自虚无缥缈的形式，以某种思想的形态存在，可以称之为精神转换成物质。未来会有无限的产品、服务和思想，因此未来也有无限的财富。稍后，我们将探索物质和精神的等式，以及稀缺或充盈的心态。

到处都是钱，问题是你能拿到自己的那一份吗？

10

赚钱很难

如果有一个人能赚到钱，那么任何人都能赚到钱。就是说，有时候你相信先天胜于后天（我不太相信），你相信不管怎么努力，有些事情是大多数人做不到的。可能是扣篮、在 10 秒钟内跑完 100 米，或者任何需要人类基因和天赋才能实现的惊人壮举。在擅长赚钱方面，这是好消息：任何人都能做到。无论是高还是矮，强壮还是清瘦，聪明还是迟钝，随便选个题目，你就会发现一个人不用变成超人，也可以谋生，甚至可以发财，不需要那些讳莫如深的爱好、消遣或职业。

赚钱是个可以学习的系统。有一个公式（稍后我会揭示更多的细节），意味着可以从字面上学习别人如何赚钱，效仿他们的共性，并拥有伟人的品质。只要读完这本书，看清这些系统和共性，赚钱就变得很容易。主要的挑战是不要赚得太多。

赚钱比以前更容易

不要用赚钱很难来欺骗自己。假如你是一个生活在 21 世纪的科技极客少年。到处都有无线网络，从父母的电脑、笔记本电脑或平板电脑登录他们的易贝网账户，不用付费就可以列出清单并出售他们的财产，收款，把钱转到你的贝宝账户，再转进你的银行账户，然后去消费、存起来或者去投资。如果想通过在线众筹，或在 Hargreaves Lansdown[1] 应用程序上投资，一切在线上完成，在 Kickstarter 上甚至不需要放弃股本，就可以筹集资金。不需要找房子签订长期租约，不用持有股票和损失资本，不用管理员工和支付工资，不需要人力资源，也没人请病假；你可以在 5 分钟内在线创办几乎任何想要的业务，注册免费的网络托管账户，然后在领英（LinkedIn）、优兔（YouTube）、照片墙、脸书、推特、瓦次普（WhatsApp）[2]、拼趣（Pinterest）[3] 上注册账户，把用手机拍摄的视频通过光纤传输并以光速发送给数以万计甚至数千万的客户。你可以一年 365 天，一天 24 小时，在世界上任何地方做这些事情。

为什么那么多人在拼命赚钱呢？为什么他们一生都为之焦虑，经历着对金钱的负罪感和嫉妒心，而且很少有足够的时间去做更多自己喜欢的事情？

---

1 Hargreaves Lansdown，英国最大的私人投资者平台。

2 WhatsApp，一款跨平台加密即时通信的应用程序。

3 Pinterest，一个图片社交平台，采用瀑布流的形式展现图片内容，无须翻页，页面底端不断加载新的图片。

为什么大多数人和金钱有如此负面的关系？为什么他们把钱看作邪恶的、很难赚到的、肮脏的、俗气的、贪婪的，如果有了钱，就会被评判，而且失去所有的朋友？所有这些信念和与之相反的想法都涌现了出来。

本书将带你尽览我所知道的这个可学习的系统的方方面面，从个人经验、犯过的错误、卑微的成功、研究成果，以及那些激励过我的人和给我引路的导师说起。别人能变得非常富有，爱上金钱，那么你也可以。只要是符合自然规律的和人力可为的，你也可以做到。

成功者为后人留下了经验。如果能从国际象棋大师那里学会下棋，就可以从金钱大师那里学会赚钱。生而富有的想法无处不在，然而你会发现，你不仅可以白手起家，即使深陷债务，也可以通过学习和了解伟人们的思想和行动之后，拥有和他们一样的品质。不用成为恶棍，就能做到！

根据我的研究，"金钱大师"的DNA（脱氧核糖核酸）里没有特殊的、订制的遗传密码或染色体。是否能拥有21亿英镑或任何数值的净资产，并不是由遗传决定的。因此，认为财富是天生的而不是创造出来的想法注定是一个错误认知。

我上初中的时候，在体育课上通常只穿内裤，因为我总是忘记带装备，我们必须向前屈体触摸脚趾来热身。我几乎摸不到膝盖，老师常常冲我大喊："穆尔，别费劲了，你永远也够不到脚趾！"

很抱歉用那么可怕的心理意象折磨你，但重点很清楚——别人的观点让我觉得有些事自己永远做不到。我对此信以为真，并坚信自己"腿筋很硬"，生来就不灵活。这是我自己的故事。僵硬的腿筋，谁说的？这是一个生理上的DNA的问题吗？当时我还超重，所以我可能把这归咎于"营养过剩"和"甲亢"，找出各种借口让自己心安理得。

第一次去上武术课的时候，我确信自己身体不灵活，很可能我还告诉过教练我的"腿筋很硬"。教练让我每天拉伸两次，坚持一年左右我就能劈叉。我不太相信他的话，但别人告诉我肯定能在获得黑带之前劈开横叉，我就相信了。尽管劈叉与金钱无关，除非你是成龙，但这是一个转折点，只要全力以赴，我就可以做到那些别人认为我无法做到的事情。与金钱同理。

别担心，我不会要求你"上蜡，除蜡"[1]，但你可以遵循这个方法和指引去消除自己对于金钱理解的局限性，实现自己难以置信的财务目标。人们并不是不能赚钱，只是他们还不知道该怎么去赚钱。这基本上不是他们的错，毕竟，他们不了解自己未知的东西。他们还没有学会如何赚钱，没有接触到相关的方法和过程，或者还没有把钱看得足够重要。现在要改变这种想法。那些已经赚到钱的人尊重和研究它，为他人服务，帮助他人解决问题，并遵循金钱的规则和法则。因此，问题并不是为什么赚钱对这么多人来说如此困难，而是为什么对有些人来说那么容易。

做起来容易，不做也容易（吉米·罗恩安息吧）

第一次听到吉米·罗恩说"做起来容易，不做也容易"，是对我很重要的一课。此刻选择比萨或沙拉很容易，此刻省钱或者花钱也很容易。爱财和赚钱就像努力谋生和勉强生存一样容易。无论能否赚很多钱，一开始就必须努力才能取得成功。无论能否赚很多钱，做任何事情都要做出牺牲。做喜欢的事情去赚钱和做讨厌的事情去赚钱一样容易。当然，你现在可能不会这么想，也许是因为不了解自己未知的东西，也许是受社会环境或成长条件所限，让你认为自己做不到，或者很难做到，或者其他某些错误的观点已经变为你的现状。

1992 年 9 月 16 日，乔治·索罗斯[2] 一天内赚了 10 亿美元。2011 年，他赚了 80 亿美元，马克·扎克伯格赚了 110 亿美元，而他们的 DNA 里都没有"亿万富翁"染色体。不过，这些人不赚钱可能比赚钱还难。克里斯

1《龙威小子》电影台词，宫城先生通过每天让丹尼尔给汽车打蜡锻炼肌肉记忆和耐心。这句台词后来广为流传，意指在重复做一些看似无意义、单调乏味的事情中，获得深刻的道理。

2 乔治·索罗斯，美国金融大鳄。

蒂亚诺·罗纳尔多发出的每条推特能赚 30.39 万美元，韦恩·鲁尼的每条推特价值 9.4 万美元，金·卡戴珊每条是 1 万美元。在第 33 章中你会发现，有些人赚钱只是为了做慈善，而有些人却做不到快速地把钱捐出去。

为金钱所困？为什么？

人们为钱而困扰，要么是因为金钱和与金钱有关的东西对他们来说不够重要，或者是他们还没有找到一种途径，将赚钱和如何服务于他们的最高价值的财富创造连接起来。我还没有在地球上发现有着相同价值观的两个人，因此你和其他人都是独一无二的。如果社会或者个体给某个人贴上天才的标签，是因为他们已经掌控了一个对他们而言非常重要的领域，那么实际上每个人都是天才。地球上的每个人在自己最看重和关注的领域都表现得超乎寻常，因为我们都与众不同，因此，我们必须成为自己的天才。没人和我们一样，我们有独特的价值观，我们是地球上最好的。是社会给某些领域的天才贴上了标签并赋予其价值，才使得少数人被奉为天才，而其他人变得什么都不是。因此，缺乏财富只是因为你没有把独有的财富和天赋转化为现金形式。其他人已经把他们的天赋货币化了，你也可以。第一步是找到它并接受它，既然你是个天才，你就可以用它赚钱。

11
贪婪、权力和金钱——为什么有人拥有那么多

在经济衰退前的繁荣时期，有些人认为银行家们是贪婪的，但银行家们可能不这么看。穷人可能会觉得有那么多钱的富豪是贪婪的，但他们可

能不知道富人们为那些崇高的事业捐了多少钱。有些人可能认为软磨硬泡的销售人员是贪婪的，另一些人可能会说销售是一种关怀。被罗宾汉[1]抢劫的那些富人可能认为他很贪婪，但得到他接济的穷人不这样想。

每个人都有贪婪的权利

每个人都有贪婪的权利和能力。其他人身上让你讨厌的每一种特质，其实你自己都有。当价值观受到挑战或支持自己相信的东西时，你就会使用它。你是自我均衡的、自洽的和具有人文关怀的人，会为更多的人服务。贪婪与善良、强大与脆弱、爱与恨都在你心中，当这些两面性为你和他人效劳时，你会利用好它们。

贪婪就是增长

哪个权威人士在贪婪和增长之间划定了绝对的界限？追求对人类至关重要的增长如何变成了邪恶的贪婪？现实情况是，在贪婪和增长的微妙界限上，没有一个全能的权威。贪婪就是增长，二者之间存在着持续的、微妙的和不断变化的平衡。通过感觉和直觉，你有完美的、自我调节的反馈机制，由于得到激励，你感到激情澎湃，口若悬河并得到丰厚的奖励，你会知道何时的增长是正向的。当你有些冒进，增长变成贪婪的时候你也会知道，因为你会感到内疚、焦虑、羞耻，会出现其他让你恢复平衡的情绪。社会尽其所能地把贪婪的概念投射到你身上。在某些情况下，它无关紧要，只是其他人的想法；在有些情况下，它是给你平衡的、有益的反馈。智慧和自我价值感源于了解其中的差异。生活赐予施与者，而取自索取者。如果增长是进步，生活会给你更多；如果增长是贪婪，生活会剥夺

---

1 罗宾汉是英国民间传说中一位劫富济贫、行侠仗义的英雄人物。

它并给你必要的教训。

银行真的很贪婪吗？

社会和媒体都喜欢指责银行贪婪。认为所有的银行都是贪婪的，所有的银行家都很贪婪。认为是银行和银行家导致了 2008 年的全球崩溃和经济衰退。让我们远离大众的、催眠式的歇斯底里，把眼光放远一些，如果没有银行，资金管理就会出现以下严重的问题：

1. 储存成本和安全问题

银行在储存、保留和确保资金安全方面非常有效。他们持有上百亿元的各种货币，并让它免受损失、盗窃和被你花掉！如果没有银行，人们习惯把钱储存在家里的话，需要一个保险库和严密的安全措施来防贼。你必须单独制定一个保险策略来保护钱和你自己，再加上通货膨胀，你会发现用于储存的费用就要花掉这些钱的 10% 到 15%。

2. 赚不到利息

你无法自己支付利息，除非你是银行！虽然许多人抱怨通货膨胀和利率，但如果没有银行，他们的抱怨会更多。谁来支付利息？你总不能自己出钱吧。

3. 不得不向私人贷款人或高利贷者借钱

如果没有银行，怎么借钱？如果没有银行，替代者可能是寻求高利率贷款、赚快钱的个人机会主义者。这是银行体系出现之前贷款的运作方式，像狂野西部一样的方式。虽然并非所有的私人贷款人都是"高利贷者"，但许多过桥贷款者、天使投资人、私人金融家和众筹者，他们以非常高的利率和违约金贷款。

银行使用了很多人的钱，也就是储户"贷款"给他们的大量资金，并获得了私人贷款人永远无法实现的巨大杠杆。银行更容易也更严格地受到监管，这对消费者（储户）有益。

由于私人贷款人和高利贷者是用自己的钱，而不是用其他人的大笔财富，他们既不能向太多的人提供贷款，也不能提供那么大范围的贷款，因此不会产生经济规模。在人们无法从银行获得融资的时候，私人贷款人通常是最后贷款人（lender of last resort），因为这样做的风险更高。他们收取更高的利息，以弥补贷款被拖欠的风险和贷款总额较少的缺憾。私人贷款人不使用支票、借记卡、信用卡或电汇的方式、系统或网络。高利贷者不仅不受监管，还经常违反当地法律。他们没有能力或财政影响力去通过法院回笼债务，因此必须依赖其他不太合法的、更激进的执行方法。

银行利用他人的大量资金，通过部分准备金业务放贷以增值，并提供各种各样的金融服务、担保和资产流动性。由于规模大，银行的利润率远低于私人贷款人。银行在网络中相互联系，并得到政府的批准、支持和监管。在发生危机的时候，就像2008年，政府或央行甚至会成为最后贷款人。

4. 监管和保护会更困难

高利贷者运作自己的钱，只提供贷款服务，他们承担更多的风险，很少使用或者没有杠杆，容易遭受更多的个人损失。他们的大多数客户都是高风险人群，利率可能会很高。他们经常遭到政府的抵制，无法利用政府去催收或保护债务。他们的收债方法可能是不道德的或非法的。

政府监管要求银行遵守某些案例、限制和指导方针，旨在建立市场透明度和信任感。由于银行系统的资金数量、控制力和网络化性质，保护个人的资金和维持信任对整个资本系统来说势在必行。银行希望大家看到其表现是可靠的、受到监管和值得信赖的。他们不希望储户因为失去对银行的信任而集体撤资，因为这会毁了他们的生意。因此，他们总体上趋于保守。当然，金融衍生品的重新包装会不可持续，但相对于高利贷者，银行是非常安全、让人安心和无处不在的。历史上只有在偶尔出现的极端情况下，银行才会造成储户财产损失。

5. 经济会发展得更慢

很久以前银行就发现，在任何时候他们都很少需要存款储备，所有的信贷交易都可以实时协调，而无须消耗大量人力物力的巨额资金流动和成千上万的个人交易。这带来了出借部分存款的机会，并显著地降低了所有资金流动的交易成本。部分准备金业务，以及通过数字而不是实物方式的资金流动，允许银行以非常低的成本，快速地放出超过他们所持有的存款数量的贷款。这使得经济能够迅速增长，因为资金大量流入经济体系引发了更多的资金流动，并加快了货币的流通速度。银行可以从贷款和本章中提及的其他金融服务中获得利润。这就是银行的规模变得如此庞大的原因，甚至有些银行的规模与一些国家的国内生产总值相同。尽管银行肯定是全球经济衰退的一部分，但其在全球经济繁荣和增长时期中所占的比例更大。如果能每存入 1 英镑就借出 10 英镑的话，想想这对经济规模意味着什么。

6. 经济低迷时期的支持更加困难

批评银行、央行和政府在经济衰退和崩溃中所扮演的角色很容易，那他们提供的保护、保险和担保呢？如果不是因为利率在相当长的时间内明显处于低水平，量化宽松和央行充当最后的贷款人，会有更多的人破产，衰退持续的时间会更长、程度更深、处境更艰难。

7. 费用更高，货币流动更慢

如果没有政府、中央银行、法院的监管和干预性保护，贷款会吸引形形色色的流浪汉、逃债者以及没有资格贷款和管理资金的人。由于风险增加和规模不足，交易将造成更高的费用、利息和罚金。可能因此而死亡的人会更多！

谁才是最具权威和影响力的人？

对于谁是世界上最具权威和影响力的人的看法正在转变。或许我们曾经认为总统、首相等政治家和政策制定者行使他们的一切权力产生了变革，或许我们认为大公司和中央银行曾是一切权力的拥有者。然而，新型的社会资本家和慈善家似乎具有巨大的影响力和全球范围的领导力。据我猜测，大多数人不会把马克·扎克伯格、埃隆·马斯克[1]和理查德·布兰森[2]视为邪恶贪婪的公司怪兽。据我猜测，人们眼中的谢丽尔·桑德伯格[3]、梅琳达·盖茨[4]或奥普拉·温弗瑞[5]也不是。这些人在赚钱的同时，也在产生影响力，他们有数千万的粉丝和追随者，正在利用自己的影响力做出积极的改变和贡献，并为无数人服务。他们所遵循的历史上最富有的人的共同模式，稍后会详细说明，不会被大多数人认为是贪婪的。对在工作场合穿着西装、贪心的银行家的典型刻板印象已经过时了。伟大的变革者正在打破束缚和障碍，他们纵横全球，解决有意义的问题。

你可以选择如何花钱。那些很明显在赚钱的同时，也在开创变革的伟大的改革者不能给你启发吗？他们一边赚钱，一边做贡献。如果看看《福布斯》"五十大慈善家"排行榜，你会发现仅前二十位对慈善事业、企业和机构的捐赠总额就超过 1000 亿美元。他们中没有一个穷人，每个人都是亿万富翁。你必须接受赚很多钱才能捐很多钱的事实。不知道你怎么

---

1 埃隆·马斯克，太空探索技术公司（SpaceX）、贝宝等公司的创始人之一，曾几度成为世界首富。
2 理查德·布兰森，英国亿万富翁，维珍集团（Virgin Group）的创始人。
3 谢丽尔·桑德伯格，脸书首席运营官。
4 梅琳达·盖茨，美国慈善家，比尔及梅琳达·盖茨基金会的联席主席。
5 奥普拉·温弗瑞，美国著名脱口秀主持人、电视制片人、演员、慈善家。

想，但对我而言这是最好的选择。

赚钱并不意味着让他人受损

我和40多万人分享过财富和货币的策略，还一直在学习，相当数量的人感觉如果想赚钱，要以牺牲别人为代价，这种想法一直让我很惊讶。这个课题需要深入探讨。不知道为什么，人们必须假设经济体系中的钱在不断减少，或者人们不愿意把钱拿出来，这个过程令人感到不舒服，或者钱从一个人到另一个人手里是一个输赢方程。这些想法没有一个是绝对事实，而是个人的一种想象中的信念。因为你的信念对你来说是真实的，并会驱动现实，如果你相信在金钱易手时，有人被骗了或失去了一些东西，你就永远不会卖出任何东西，因为你害怕成为自己鄙视的人。这会影响你对自己真实身份的认知，所以你会不惜一切代价抵制它。

贡献更多价值，更容易赚到钱

交换存在于货币流动的时候。这种交换不仅是手中金钱的交易，还有思想、能量、灵感、服务、解决方案、期望值、信息、知识、智慧、时间、债务、信用和善意的交换。我可以说出更多，但你应该已经明白了。在货币交换中，人们不会失去或被骗，他们会得到更多。如果贡献者认为出了钱之后，他们得到了上述某种形式的相等或更多的价值，他们就会体会到交换是公平和物有所值的，这种感受将会鼓励他们进行更多的交换，得到更多价值。如果贡献者觉察到他们在交换中得到的数额少，就会感觉交换不公平，在更极端的情况下，他们会感觉被敲了竹杠或是被骗了。因此，并非是货币交换，而是非货币交换产生出了价值感或无价值感。贡献更多的价值，就能更容易地得到更多的钱。

不公平的交易维持不了多久。因为收支不平衡，所以不可能持续。有很多这样的例子，尤其在2008年经济崩盘前后的房地产界，那时我在想，他们不能永远这样。这可能是因为那些公司销售的房产似乎没什么价值，售价和租金却高得不像话，还有贷款的数量和质量。他们能维持那么长的时间让我很惊讶，但后来他们失败了。事实上，我明白了一个道理：人或实体在不公平的交易中维持的时间可以比想象中长一些，但当他们失败或被发现时，这一切就像纸牌屋，比预期瓦解得更快。

货币在交换的过程中，没有人"失去"，也没人从中"收获"，创造和交换的是非货币形式。正如你将要学到的，金钱永远不会损失。金钱也不会消失，它只是从缥缈到真实，从思想到行动，从身体到心灵，从精神到物质的转化。人不会拥有"超出他们的合理份额"，通过公平交易，他们得到的正是合理的份额。钱不会撒谎。一个人得到的不会比应得的多，其他人得到的也不会比应得的少，钱只会从那些不把它当回事的人那里转到那些最看重它的人那里，从那些贡献最小的人那里转移到贡献最大的人那里。

第四部分

金钱到底
是什么?

Money

Second

Proofs

钱到底是什么，又不是什么？在这一部分，我们将研究有关货币的概念和法律，以及货币是如何运行的，其中包括用来巩固它的政府和社会的规则和制度，以及如何平衡可持续收入和其他收入，如何合理配置资产和相关的历史。我们会对媒体、环境和成长过程给金钱包装上的烦恼、幻觉和困惑抽丝剥茧，以揭示它的真正意义、目的和力量。

12

财富和金钱

很多人将财富及其意义与现金、储蓄盈余、投资、资本、房产和其他物质财富混为一体。然而，"财富"这个词来自古英语单词"weal"（幸福）和"th"（条件），放在一起的意思是"幸福的条件"。"财富"这个词的最初意思是"福利、幸福"，而字典的定义将财富描述为"幸福"和"拥有大量的财产"。因此，财富这个词最初的和衍生的意义并不仅仅与金钱相关。

很多在形式上不够富有的人声称，财富并不都与钱有关，他们在一定程度上是对的。然而，他们所说的或者渴望的其他形式的财富大多需要货币财富来提供资金。

为了达到本书的写作目的，让我们把那些带有发达国家的贫困心态和不良的银行记录，但有平等的致富机会的人称为非富人。世界上有许多人，因为处于贫瘠的成长环境，几乎没有物质或货币财富，也没有机会致富。

所以，正如我们要消除"金钱买不到幸福"的错觉一样，我们需要摒弃"不需要钱也可以富有"的信念。这是一个更大的等式的平衡部分，也说明"幸福的条件"是福利、快乐和"拥有大量的财产"。

财富的真正定义

或许对财富全新的、整体的和更准确的定义要将精神与物质、经济与情感结合起来：财富是货币形式的幸福和繁荣，是对自己和他人的关怀与服务。

每个人都是富有的

实际上，每个人都很富有，只是人们的财富呈现出的形式是独特和个性化的。每个人都很富有，或者在他们最高价值观中和生活中最看重的方面"很不错"。每个人对自己而言都是天才，独一无二，也无人匹敌。相对较少比例的人将财富转化为大量的现金、实体资产和资本，或是主要将现金作为他们的"财富"。可是，70 亿人的 1% 也有 7000 万人。谁说你不能成为这 1% 中的一个？大多数人的财富以其他的形式"储存着"，并有被转化为现金的可能。然而，对很多人来说，财富一直潜藏着，并和他们一起消亡。

财富可能以如下形式隐藏着：关系、人脉、爱好、运动、专业知识或技术技能领域、抚养孩子的方式、领导和激励他人的能力、逗笑他人的方式、酒吧竞猜知识、电脑游戏技能，或任何拥有最高价值的领域，你会受到它的启发，因此不断专注于它。

厄尔·伍兹、理查德·威廉姆斯和罗斯·肯尼迪都在抚养成功的孩子方面拥有财富。老虎伍兹成为世界上最好的高尔夫球手，塞雷娜·威廉姆斯和维纳斯·威廉姆斯都曾是女子网球世界排名第一，约翰·菲茨杰拉德·肯尼迪、罗伯特·肯尼迪和爱德华·肯尼迪是罗斯养育的9个孩子中3个成功的孩子。

你努力去做的事，都会见到成效。注意力在哪里，能量就在哪里。一旦你意识到你的价值，下一个挑战就是加入财富公式，弄清楚如何将你的独特性变成财富，并将其转化为货币形式。1923年，一个小男孩对绘画的热情似乎不太可能会在2015年变成一家收入524亿美元的公司，但这正是华特·迪士尼所创建的。乔·威克斯把他对运动和饮食的热情转化成了15分钟的锻炼和餐食计划，出版了当下英国排名第一的畅销书，这位餐桌企业家每月收入超过100万英镑，他从业余爱好开始，在一个已经过度饱和的健身和锻炼行业取得了成功。

不是你或父母的错

大多数人没有发财不是因为他们不能，也不是太难、钱不够、想法太邪恶，或者是他们父母的错。而是因为他们以前没有、现在没有、未来（还）没有发财的想法。他们只是还没有学会如何将自己独有的非实物财富转化为现金，或者还没有找到拥有实物财富与实现最高的价值观和愿景之间的关系。这本书将告诉你如何能做到两者兼得。便利贴的成功纯属偶然，这个隐藏在醒目处的未经开发的想法，那些黏黏的小纸条现在每年可以创造10亿美元的收入。

上千万个百万富翁

全世界已经有几千万人成了百万富翁或是已经发了财，你也可以。研究人员称，世界上的百万富翁的数量约为 3500 万，2019 年预计达到 5300 万[1]。只要你选择去做，就能成为其中一员。所以请你做出选择。这些百万富翁有各种各样的身份、职业和技能：摇滚乐队、艺术家、厨师、巧克力制作商、设计师、发明家、驯狗师、木偶戏表演者、乐高玩具搭建者、飞镖手、马语者、菲比娃娃和机灵鬼弹簧玩具卖家，形形色色，不胜枚举。当然，"百万富翁"只是一种通用的衡量标准。有些人可能财富少一些，但过着理想的生活；有些人的财富可能是上千万、上亿，或者是几十亿。在不同的行业中，共同之处在于他们都找到了将自己的愿景货币化的途径，并将自己的激情和非货币财富的潜能转化为现金。这可能是通过规模化、影响力、杠杆、服务、市场营销、销售、灵感、投资、复利和成为业内最佳，或者只是持续掌握财富而实现的。

每个人都是潜在的百万富翁

你已经很富有了。每个人都很富有，以自己独有的形式，永远不要忘记这一点，不断地拥抱自己的独特性和天赋。你不会因此成为一个自大狂，这才是你该有的样子。相反，你、我和每个百万富翁在任何对我们来说不重要或不够重要的事情上，与自己有天赋的方面相比，表现得两极分化。在这方面，我们完全没有天赋！你应该来看看我跳舞，我能毁了任何一首好歌，我跳舞就像一匹第一次尝试走路的小马驹，我没法把自己潜在的舞蹈天赋变成几百万英镑，但有趣的是，我正在指导《舞动奇迹》节目中的一个舞者（最好的一个），我希望能帮他做到这一点。我可能不会跳

---

1 本书于 2017 年首次出版。

舞，但我有自己的技能和潜在的财富可以分享。百万富翁有优点也有缺点，你也是。我们都是天才，能在自己具有最高价值的领域去教导和激励他人。对很多人来说，赚钱是一个他们缺乏天赋的领域，或者是一个他们想要提高自己天赋的领域。也许这就是你在读这本书的原因吧。

变富才能更好地实现价值

许多人一生中三分之一的时间在工作，做他们讨厌的事情，为他们不喜欢或不敬重的人工作，也就勉强维持生计。他们没有做自己喜欢的事，也没有变得富有。他们低价出卖自己。他们告诉自己发不了财，并接受一种低于他们内心深处期待的生活方式。他们说服自己，钱不会让他们幸福，对金钱的热爱无论如何是错误的或者糟糕的，这样他们就可以在追求不到自己真正想要的东西的时候，从失败感中逃脱。最后就这样离开这个世界。

想象这样一个理想的时刻，任何人不会以金钱和财富来评判你。假设自己像特氟龙涂层覆盖的凯夫拉纤维一样，别人的批评、父母的教诲，以及自己内心的怀疑、内疚和恐惧完全影响不到你。你会勉强接受一辆生锈的烂车和一年一次的度假时吃得比老鼠还差吗？你愿意把孩子送进像当地监狱一样会受到霸凌的学校吗？还是愿意为了这个美好的时刻，让自己做一次梦，也许有一辆能自动启动的汽车？假期不用靠自助早餐塞满背包？让孩子去一所不用学骂人的学校？为了虚构的梦想，你能让自己拥有和享受更多的钱，甚至爱上赚钱吗？记住，没人评判你。继续，说："我爱钱。"继续，再说一遍："我爱钱。"

我敢让你大声说出来，在别人面前说出来，就像咏唱颂歌一样。好了，你做到了，你说出来了，可以了。希望你的伴侣此时不是正在写离婚文件，或者正在易贝网上为你找一件给精神病患者穿的紧身衣。但是，承认自己值得更多的钱，配得上你得到的一份，这不会让你变成一个坏人，难道感觉不是很爽吗？事实上，这对地球上1700万个百万富翁而言，是现实，而非空想。问题是，到2019年，你能成为5300万人其中之一吗？没有哪个人生来唯一的作用就是达到收支平衡、出卖梦想和支付账单。没有哪个人生来唯一的目标就是消耗氧气和耗费公共资源。每个人与生俱来就有一个服务于人类的独特目标，并为物种进化做出贡献。若非如此，没有他们也行。只是很多人还没有找到自己独特的目标。

本书的目的是帮助你弄清楚如何赚钱，找到更多的人去为他们服务，承担更大的挑战，解决更大的问题，并针对它们开发出体系和策略；将你独有的财富扩大、维持，并转化为实物现金。实现"财富"的真正定义："财富是货币形式的幸福和繁荣，是对自己和他人的关怀与服务。"

13

金钱的目的和本质

金钱的目的是创造高效的、公平的和普遍的价值交换，以服务于人类社会的前进。它可以应对不确定的未来信用，就是将今天储备的价值用于明天或未来的消费。

金钱，最初是以贵金属硬币等实物商品形式存在，后来法定货币（钱作为法定货币，如果没有实物商品的支撑，本质上是没有价值的）取代了以物易物，成为一种价值交换体系。货币有四个大家公认的（经济）目的：

1. 交易介质

金钱比以物易物的制度更高效。在物物交换系统中，在没有被普遍认可和接受的交换机制的情况下，一种商品或服务要想直接与另一种商品交易，需要双方在合适的时间，用准确的、平等的和公正的数量，与另一方交换他们想要的商品。如果农民有一头牛，而鞋匠有一双鞋，这种交换就不容易。如何平等地且大家都能认可地衡量它们的价值？经济学中将其称为"需求重合"。在以物易物的系统中，很少会遇到这种需求重合。因为需要双重巧合，流动性要低得多，交易也更少。物物交换还有连锁反应的问题。如果你有一只死去的动物，你用它换了三双鞋，现在你需要买块地，这种低效率沿着交易链延续下去，并会向下传导。此外，动物尸体或其他商品还存在着储存和分割的问题。

钱很耐用，现在更是如此，它是由聚合材料制成的，所以除了适合储存之外，跟动物尸体不同，它在多次交换后也不会腐烂。钱是可分割的，并且便于携带和流动，而很多商品不行。钱作为法定货币，在防伪和监管部门的保护方面也相对容易。

2. 记账单位

金钱为我们提供了一种更标准化的方法来衡量和比较价值，有助于理解盈亏、通货膨胀和普通会计学等经济原则。因为大家都知道 10 英镑是多少，损失 10 英镑比失去动物尸体的一部分更容易理解。无论在交易链里走多远，10 英镑就是 10 英镑。

由于货币流动、经济增长和通货膨胀、股市表现和民众信心、经济周期、（英国）脱欧、市场破坏等影响，价格在不断变化。如果有标准的记账单位，例如英镑、美元或欧元，就有标准化的账户计量规则。想象一下，将通货膨胀和货币波动用动物尸体（现在闻起来很臭的）的价值衡量？

3. 价值储存

金钱是一种高效的、不会衰减的、标准的价值储存。哪怕晚一点把它存进去或取出来，仍然保有相同的价值。金钱为不确定的未来提供了一种应对机制，在经济学中被称为"极端不确定性"，通过今天的价值储存，为明天或未来具有相同或相似的价值提供信用。极端不确定性是统计分析无法应对的不确定性。价值储存的这种特性并不是钱所独有的。房产、贵金属、手表、珠宝等物品也能有效地储存价值。然而，金钱是最具流通性的，可以立即转让、交易和具有普遍认可的价值。任何非流通的东西的交换成本更高，而且大多数的其他商品都容易变质，所以它们的价值会因为储存、延期付款或交换而下降。

4. 延期付款的标准

在物物交换的体系中，因为存在变质、贬值、难以储存和交换的风险，无法延期付款。钱解决了这个问题，因为它能有效地储存和保持价值。当然，会有通货膨胀，但与其他方式相比，货币贬值速度相对缓慢。

尽管有缺陷，物物交换制度也是有一些优势的。在货币危机时期它可以取代货币作为交换方式，比如过度通货膨胀或经济崩溃，或只是用于货币不稳定的贸易活动。当贸易伙伴信誉信息不透明或缺乏信用时，它也很有用。金钱需要信任才能正常运作。金钱就是信用。

钱也创造了相对的公平。它可以公平地、相对地衡量个人的价值、贡献和意义。如果你花费几小时或几天的时间做一只鞋，而另一个人花了几年的时间耕种、喂牛和放牧，如何比较两者之间的内在价值呢？通过将储存的价值转换为货币。钱是一个标准化的价值衡量工具，在这本书的后面你可以尝试衡量自己的价值。

总而言之，钱只不过是一个高效的、公平的、人们普遍信任的价值储存和交换工具，服务于人类社会的发展。很多人把金钱当作掩盖真相的"意义"的传说、谬误和幻觉。社会、家族、媒体或自我强加的局限性和天花板干扰了你对金钱真实属性的认识。金钱是被广为接受的系统，通过它，可以把激情变成职业，把工作变成假期，以快速的、高效的和可交易的方式把想法变成现实。而且数量无穷无尽。想试试赚更多钱吗?

货币的本质

除了政府或个人强加的和转移给它的属性以外,金钱没有任何固有的属性。稍后本书将详细介绍个人信念、情感和习惯会如何影响个人资金流动(个人生产总值)。那些已经成功地赚到钱的人超越了他们自己的或其他人强加给他们的对于金钱的信仰。他们已经获得了足够的智慧,穿透所有的滤镜、干扰和情感,看到了金钱的真实属性。一旦这样做了,就可以用真正清晰的、可预测的模式去看待钱和使用它的人。

在当前社会制度中,货币的本质往往遵循以下几个重要的规则和模式:

● 货币随时贬值

由于通货膨胀,货币会随着时间的推移而相对贬值。通货膨胀是指价格的平均、普遍上涨,以及货币购买力的下降。"平均"是因为个别产品和服务的相对价格和购买价值也会下降。今天的钱比明天的钱更值钱。这被称为"货币的时间价值"。自从被用作货币的贵金属被重新熔化,就已经显示出了货币连贯性。

通货膨胀的其他潜在原因是引入其他的或新货币(如比特币等电子货币),利率下降促进贷款、消费和货币供应,或者商品质量或数量下降(假设货币供应保持不变)。无论是价格还是货币供应增加,通常都会导致通货膨胀,反之则会导致通货膨胀放缓或通缩。

货币的膨胀最终反映了生活的进步和社会发展的目标。对增长的渴望使人类想要不断提高服务的价格和质量,对更多资金、更多商品和世界资源的需求也随之提高,从而降低了相对价值。人口增长也推动了通货膨胀,因为有更多的人来分钱。你可以利用这些知识去获得不断增长的自我价值，与之相关的不断增长的价格，以及不断增长的潜在客户数量。因为知道钱会增加，这是它的永恒本质，你就可以不断地改善服务。如果不这样做，相对于货币价值，你的价值就会下降。

● 钱总是会流向那些最懂它也最看重它的人

货币是在可预测的法律和原则下运行的。善用或误用这些原则的是人，而不是钱。我们来测试一下这个概念：如果今天中了彩票，你会如何使用这些钱？那些最不了解也不重视钱的人会列出所有想买的东西，还有去哪里把它挥霍掉。你不会听到他们谈论把钱投资于教育，为了回报而投资，保护好它，投保防止损失，或是用它去开办企业。如果重视它，他们就不会把钱花在一时的享受上。如果了解它，他们就不会把钱浪费在消耗品和折旧品上。

拿同样的问题去问那些重视和了解金钱的人，首先他们会说自己不玩彩票，因为他们不把赚钱能力放在 1/13 983 816（英国六合彩的赔率）的机会里。然后他们会列出投资清单：创办企业，获得长期可持续的复利回报，投资去购置那些可以获得额外收入的不动产，并建立一个团队，聘请专业会计师和税务顾问来保护它。他们会用从资产中获得的收入去消费。

金钱的分配并不平等，这不是它的本质。金钱不会流向那些运气不好或更注重精神的人，这也不是它的本质。钱只会从那些最不了解它也不重视它的人流向那些最懂它也最看重它的人。它愿意跟那些善于使用它的人待在一起，远离那些不会使用它也不尊重它的人。

● 货币是能量转换，因此在不断流动

能量守恒定律告诉我们：能量既不会凭空产生，也不会凭空消失，宇宙中能量的总量保持不变，它只会从一种形式转化为另一种形式。货币流动是以思想、贸易与交易、债务与信用、服务与价值以及问题解决方案等形式呈现出来的，在买卖双方之间进行的能源交换。如果通过货币产生的能量不流动，它就不能继续以一种形式存在或服务于其持续交换的目的，即使印更多的钱出来，也不会产生新的能量。能量化身为货币形式，然后继续交换。想印更多钱的想法和决定，跟想驱动所有其他的非货币财富的想法和决定是一样的。就算把实物货币烧掉，按照"货币数量理论"，结果就是那些货币的价值和能量被转移到现存的货币供应量中。很可笑吧，"烧"钱只会让其他人更富有。我不知道 KLF 乐队在烧掉 100 万英镑的时候是否想到了这一点。这是个比喻，不过发达国家的穷人就是这么干的：把钱浪费掉的同时，让财产中的能量更快地、更自由地转移给其他人。

● 货币流向服务和价值，而不是时间和工作

金钱往往从那些不提供服务和价值、只消费而不生产的人流向那些提供价值、服务和问题解决方案的人。花费时间和努力工作，与金钱的关系并不成比例，价值和服务也是。人们想要轻松和快乐，他们得花钱去买。人们拿储存在金钱中的能量去交换那些能使他们生活得更好的产品、服务和信息，而不是通过花费最长的时间或干最辛苦的工作。如果金钱是能量转移，那就增加能量转移，你的钱就会变多。

14

货币、流动和周期

根据《牛津英语词典》的定义，货币是"一种人们广泛接受和流通的（在特定国家）普遍使用的钱币体系"，它指正在流通的纸币和硬币。所有的货币都是钱，但并非所有的钱都是货币。这个词（currency）的起源让我们可以深入地了解它的真正含义：它源自古法语词 corant，意思是跑动的、

活力的、渴望的、快速的（是"跑步"courir的现在分词）；也来自拉丁语的currere，意思是跑动、快速移动（人、事物）。历史上，它也被定义为"流动的条件"。

了解这个词的起源可以帮助我们理解流通中货币的性质和表现。只有在货币不断流动和交换的条件下，一个经济体才能运转。如果所有人都把现金藏在床垫下，货币流通就会减少，钱的流动速度也会下降。这就是著名的"节俭悖论"。一方面，节俭是明智的，但如果所有人都节俭，资金流动就会停滞。著名的经济学家约翰·梅纳德·凯恩斯让这个理论广为人知。该理论说明，大家在经济衰退期间想要节衣缩食，实际上会导致总需求和经济增长下降。想让经济增长，资金就要流动起来。这就是为什么在经济衰退时期，央行通常会印更多的钱，以快速启动资金流动。

尽管比例相对较小，节俭的悖论也会发生在恐慌或通缩的时候。太过极端的话，我们会回到非现金或物物交换的体系里。在短期内，低比例的货币量确实会增加金钱的价值，但极端情况下，会造成货币大幅度贬值，因为钱的本质是流动和转移能量（不能创造或毁掉它，只能交换）。

让钱自由地流动

钱静止不动的时候，它就不再是钱了。钱需要活动和流动来发挥作用。这就是为什么靠节俭、储蓄和囤钱永远不会让你变成富人。其价值随时会受到通货膨胀的侵蚀。能量是潜藏其中的。如果货币静止不动，就不能用来提供和交换任何服务或价值。货币可以有效地承载或者运送能源、价值、交换和贸易。在货币破损或退出流通之前，它来来回回地移动了数十万次，就像一条携带信息的光纤。这意味着一张纸币，比如英国的50英镑，它的价值是50英镑乘以它在英国和全球经济中流通的次数。很多人会因此顿悟，这就是"货币的流通速度"。据估计，在退出流通之前，一张 50 英镑纸币的使用寿命是 41 年。英格兰银行估计，聚合材料制作的钱币比目前使用的由棉花衍生品制成的钱币更耐用，可以使用 100 多年。

如果你更擅长来来回回地使用金钱，利用其传递和转移价值的功能，以能量的形式去交换和交易，你就赋予了它生命。让金钱实现自己的价值和目的，你就会得到奖励和酬劳。金钱喜欢流动，讨厌摩擦。摩擦力越大，资金流动就越少（或者流动的速度会变慢）；摩擦力越小，资金流动越快，体量也变得更大。货币有资产变现能力，资产变现能力是以可预测的价格将财产转换为现金的速度。货币的流动性由你决定。

仅仅是节省不会让你变成有钱人

一位导师告诉我走进餐厅的时候就要给服务员大额小费，而不是在结账的时候才给。一开始我的内心是拒绝的，我不想白白地浪费钱，我要先得到优质的服务，再决定是否给小费和给多少小费。这说明我对金钱的规律和本质的理解有局限性。我在改变态度之后，最初的能量交换对于创造额外价值的推动力令我惊讶。它以更好的服务、介绍和感激的形式创造了更多的能量，还帮助我吸引了更多资金的能量流动。开始的时候先要相信它，这就是金钱的本质，也是让它加速流向你的唯一方法。以前我的内心存在摩擦力，这位导师了解这一点。在消除摩擦的过程中，金钱从我身上流出、移动，然后再次回到我身上。

当然，节俭是维持良好财务秩序的一部分。不能轻易地将它完全放弃，正如后面将会提到的，储蓄只是致富的七个步骤之一，没有其他的六个步骤，仅仅节省是不会让你变成有钱人的。储蓄很难抵销通货膨胀，你也无法把放在储蓄账户的钱利用起来，进行能源的转移和加速。

自然界没有真空

亚里士多德说："自然界憎恶真空。"他得出这个结论是基于他观察到：自然界的每个空间都充满某种东西，即使是无色、无味的空气。其想法是，真空区是不符合自然规律的，因为它们违反了自然法则和物理学规律。自然界中没有真空，因为周围密度更大的物质会立即填补空隙。真空是什么都没有的，准确地说，什么都没有是不"存在"的。金钱也是如此。货币遵循自然法则，因此金钱没有真空，金钱会填补空白。没有真空，所以金钱会不停地从一个地方移动到另一个地方。我想说早在 2005 年，我的银行账户是"真空，里面有无色、无味的空气"，显然，我很好地为其他人填补了他们的真空，用债务填补了自己的！

这是保持货币持续流动和保持货币处于"现金流"的平衡状态的一部分。因为想法、服务、解决方案、产品、销售和承诺都是潜在的真空，它们能吸收"周围密度更高的物质"——你的钱和更多的钱，你要利用好这一自然法则。货币就像空气和水一样，因为它一直在流动和循环。你只要把闸门开得更大一些就行了。

真空繁荣定律

如果想把更多的物质财富吸引到你的生活中，那么就要创造一个可以填补的空白。如果想买新衣服，先在易贝网上把旧的卖掉，或者把旧衣服捐给慈善机构。如果屋子里堆满杂物，就没有空间可供填充。这是所谓"真空繁荣定律"。生活中任何你想要的东西都需要空间，所以要先整理出空间来。它可能是任何现实中的空间，也可以是头脑中的空间。如果勉强去付账，会因为内心充满怨恨而无法创造一个真空。

不只在收钱的时候，付账时也让头脑中充满感激之情，帮助你清理出心理和生理的空间。以身体和情感的形式，放小抓大。小钱会阻碍大钱，低收入妨碍高收入，哀叹阻碍感激。装满水的桶里是无法倒进更多水的，所以要利用好这条定律，要相信荣华富贵会填满你的真空。

金钱喜欢流动

现在你知道钱喜欢流动了。货币流通速度和国民生产总值等经济概念表明，货币流通速度越快，经济增长得越快。节俭悖论表明，储存货币或减少货币流量会减缓和缩小经济规模。你和你的钱也是同样的道理。不仅通过储存财富，更要通过创造流量，才能有更多的钱。最富有的人不仅保存了最多的财富，他们为自己，通过自己为周围的人加速了资金流动。你会发现那些人们认为"存下来"的，根本储存不了，金钱以加速度不断地进进出出。例如，随着时间的推移，存 100 万英镑越来越容易实现：钱进钱出，当进的钱比出的多，财产也会比一个绝对的静态资本总和更多。你去存 100 万英镑，可能会实现 1 亿英镑的个人 GDP。

钱不是来自你，而是由你实现的

钱不是从物品里出来的。人们可能会认为钱出自某个产品或他们出售的物品、电子转账、墙上的一个洞（自动柜员机），甚至是支付收入的资产（如果他们很好地掌握了货币知识的话）。因为人类制造的机器制造了钱，而钱是人类的影子并为人类服务——实际上，所有的钱都是人创造的，而不是源于其他东西。但即使我们对于钱来自人这一点认识得很清楚，它也是种肤浅的、基础的观点。鲍勃·普罗克特（世界闻名的励志演说家和导师）曾说过："钱不是别人给你的，而是从他们那里获得的。"如果你每月都会收到工资，很可能是通过电子支付。因为看到了账单上的账户细节，你可能认为钱来自银行。事实上，它来自人力资源部门做出的工资单，来自人力资源部从总经理、首席执行官或老板那里获得的许可，他们通过公司真正控制资金。公司的钱来自客户。客户的钱又来自他们的家人、老板、配偶或贷款，所以它不断地穿行在人群中，而不是只来自某个人。这种"通过人而不是来自人"的概念符合"六度空间理论"。

六度空间理论——或 3.9

六度空间理论告诉我们，世界上任何一个人与一个陌生人之间，最多通过五个熟人，就可以建立联系。例如，你的朋友认识一个朋友，这个朋友认识一个朋友，那个朋友也认识一个朋友，最后这个朋友又认识一个"认识凯文·培根"的朋友。因此，它被称为"凯文·培根的六度"。作为验证这一理论的项目的一部分，为了重现 20 世纪 60 年代做过的著名实验，我们在世界各地随机挑选了一些人，并给他们发了 40 个包裹，要求他们通过关系密切的人把包裹送至波士顿的一位名叫马克·维达尔的科学家那里。其中 3 个包裹送到了维达尔手里，平均通过六步到达了目的地。

在更现代的、更社交网络化的时代，微软公司对其即时通信网络中 1.8 亿人之间进行的 300 亿次电子对话进行了研究。研究人员得出结论：任何两个人之间，平均相距 6.6 个人。脸书的研究显示，"世界上每个人"通过社交网络，平均与另外一个人之间相隔 3.5 个人。由于社交网络利用光速的互联网，本质上，世界变得越来越小。如今，研究社交网络关联度的学者认为，无论他们是谁或在哪里，任意两个人之间的熟人的数量，平均是 3.9 个人，而不是 6 个人。

因为钱要通过人，你和地球上的任何人之间 3.9 个人和 6 个人的距离是有区别的，你离自己想象中能得的钱更近了。第一次可能没有赚到钱，第二次或第三次就可以赚到。太多的人对金钱非常短视，所以他们推开了第一个人。这可能是因为拒绝接受、不听介绍、销售方式用力过猛、销售方式太过柔和，或者根本没有看到全球网络完整的六度。想象一下，如果在对第一个人产生影响的时候就意识到我们彼此的关系有多么密切，你对于钱的心态和技能会提高多少。想象一下，如果还不知道销售的下一步或对钱的需求是什么，而是看到了以下货币、流动和交换的机会：

- 声誉
- 在他们的头脑中你所拥有的"思维空间"
- 你能如何产生病毒式的传播
- 把什么推荐给你或如何向其他人推荐你
- 他们认识哪些认识重要人物的人
- 你的魅力、磁场和灵感

想象一下，如果有了二维或三维的视角，而不是单一视角的话，以下情况会发生什么变化，或者你看待这些情况的视角会发生什么改变：

- 筹集资金
- 推销商业理念
- 寻找交易、资产和财产
- 市场营销
- 销售产品、服务和想法
- 偿还债务
- 吸引员工和合作伙伴
- 找工作
- 分享宏伟的愿景和激励他人

你可以认为，这只是长期思维和短期思维的差别。但我认为这比你所能想到的要深刻得多，这些问题更具战略性和杠杆性。其中的吸引大于排斥，是拉动而不是推动。想象一下，就像思维导图一样，你可以看到正在建立的联系，积极的、跟金钱有关的名声和在六度关系网络中毒性传播的品牌。不能因为它是缥缈的，就认为它不真实。

最好的接受方式是给予

给予的时候，你创造了一个自然和金钱想要填补的真空，因此给予之后你能得到更多。当货币流通的速度加快，就能更多地、更快地赚钱。给予的时候，你扭转了节俭悖论，这会加快而不是降低个人和全球的经济增长。能让货币加速流动，你就相当于在创建一个全球银行账户。为了加快货币流通速度，增加个人财富，赚更多钱并贡献更多，你必须坚信它无处不在。如果觉得供应有限，或者自己吸引它的能力有限，你就要拼命地抓住它。如果觉得经济环境会影响你的经济状况，它就会影响你。货币会因这种恐惧、匮乏感和节俭停止对你的供应，因为你把给出去的东西收回了。但如果什么都不给出去，就什么都收不回来。金钱中存在的悖论是，你需要节俭，但不要囤积；你需要分享，但不要超支；你需要公平交易，但不要贪婪；你需要满足自己的需求，也要关心别人的需要。任何的极端做法都不可持续，它会使货币的自然流动和速度失去平衡。金钱始于你的思想，因此对金钱的心态决定了你能有多少钱。本书不仅致力于教授你赚钱的技巧，也致力于塑造你对待金钱的心态。

繁荣—萧条的周期

和季节一样，经济也有周期。微观经济和宏观经济都有周期。全球、全国、本地和个人的经济都有周期。周期是生命和金钱的自然组成部分，在努力保持平衡和秩序。

我年轻的时候，曾经希望永远不要下雨，也曾希望学校的水龙头里流出来的是可乐（当然是可口可乐）。这些想法是多么天真无邪，很多人对货币、周期和经济都有这种片面的"只想过夏天，不想过冬天"的心态。很多人对繁荣到萧条的周期似乎也持这种态度。这些想法都是片面的，或者是需要避免的。经济的运行规律这次和下次或许会不一样，或者它们是一样的，抑或它们是可控的。周期与金钱的本质和人性是一致的。个人或全球经济一直保持不断的、稳定的目标增长不是常态。风险与回报是有内在联系的，它们是同一整体的两个方面，就像恐惧和贪婪。当行情看涨并感觉有机会的时候，人们往往走向片面的贪婪（增长）。熊市的时候，人们往往会转去相反方向——片面囤积和防御。人们的行为并不会保持一致。每个人都不是线性的或符合逻辑的。人们就是那么情绪化。他们经常出现过度补偿行为和情绪，钟摆从一个极端摆向另一个极端。尽管整体处于普遍的平衡状态，某个地区或国家却极少实现平衡。

很多关注逻辑的经济学家忽略了经济中的"自我"。经济学家不会把经济环境和你的经济状况分开看。经济学家和政策制定者正试图通过假定的模型（比如大型拍卖或完美竞争）和假设一系列可预测未来的模式和行为的系统来"解决"经济波动的问题。他们假设，一致的、可预测的平衡是可以而且必须实现的。这也许是一种幻觉，因为人们的情感超越逻辑，所有的情绪都是必要的，否则它们就不会存在。这是不完美悖论：我们仍然需要去追求完美的增长。我们需要并渴望追求一种无法实现的完美和一个无法实现的完美平衡。完美的竞争是无法实现的，因为有些人成为受害者，而其他人在欺骗或赌博。完全的确定性无法实现，因为我们不知道明天会发生什么。

（罗布）穆尔定律？

我对你在追求财富和金钱的个人和全球影响力方面持乐观态度。我认识到，追求无法实现的完美是很悲观的，所以我们要弄清楚：选择一个更有胜算的游戏，一个我可以控制的游戏，一个我能做出有意义的影响力的游戏。我希望你也这样做。与其指责、抱怨、辩护和捍卫自己无法控制的事件，比如总统选举或为富不仁，不如把注意力放在自己身上。如果坚信自己要改变这个制度，你去多赚钱，创造领导力和真正带来改变的影响力。不管你喜欢与否，阿诺德·施瓦辛格和唐纳德·特朗普就做到了。他们说到做到，自己获得了成功，并利用钱和影响力得到了权力。

我相信你能控制的最好的棋局是你自己的经济状况，以及如何利用它来影响当地的、国家的和全球的经济。对那个你试图自上而下改变的制度，你没有任何控制力。你可能要用 20 年或更长时间才能让自己达到足够的高度，在"制度"中获得一席之地，才意识到政治和官僚主义的各种阶层削弱了你自认为能够产生影响的控制力。我建议你选择通过改变自己来改变制度。自下而上地改变它，而不是自上而下。这就是比尔·盖茨、梅琳达·盖茨和沃伦·巴菲特选择的方式。他们已经展示了在追求个人、国家和全球的财富和做出贡献的过程中，如何平衡自私与无私，创造出你想看到的变化。从自己开始，让财富流过你身边。

流动性有利于商业发展

流动性对商业有利，因为货币运行得更快、更自由。经济衰退时期存在着很多挑战，如果对此保持开放心态，你就会有更多的机会。经济衰退中可能会出现更多的全局性问题，因此就有更多的机会来解决这些问题。金钱只是流向一个不同的方向。解决更高水平的问题会得到更高水平的回报。现在就为下一次的经济衰退和经济崩溃做好准备。准备好低价买入，准备好利用杠杆，并使用现金储备去"购物"。不仅要买，还要加大马力去买，就像遇到哈罗德百货的新年折扣促销一样！

在"繁荣—萧条"的周期中常被忽视的因素

1. 新钱和新人：每个"周期"都不一样，上次没有亲身体验过的人要经历一次。他们无法从"错误"中学习，因为那时他们并不在第一线，没有亲身感受过痛苦。每个周期都有各自不同的特征。即使从上一个周期中吸取了教训，目前的周期还会有所不同。它会由不同的人、产业、战争、资产类别、气象条件及其他不可预测的事件和现象所驱动。每次冲突的触发点都不一样，而且无法预测，否则它就不会发生了。

2. 平衡并不平衡：平衡是一个不断移动的实体。就像从一个极端摆动到另一个极端的钟摆，贯穿整个半径范围，只在某个短暂的时刻经过一个固定点，"周期"和"平衡"也是这样运行的。想要平衡状态存在更长的时间，和让钟摆更多地停留在中心位置而非半径内其他地方一样，都是妄想。不要指望保持平衡，要期待资金在范围内不断移动。要学会接受现实并利用它。

3. 羊群效应：所有人都在做一些愚蠢的事情。人群随大溜。大众可能没有受过教育，也可能有错误观念，所以他们期望市场随着人群移动，而非在你或任何评论员的理想状态里。为什么繁荣时期没有哪个银行家会站起来大声疾呼："这不会持续下去的，停下来。所有人，不要再赚那么多钱，拿那么大的红包（包括我在内）！"其他人在做什么，人们往往追逐潮流，做在那段时间带给他们最大利益的事情。

4. 增长的本质：人性是在成长的，就像生活目标也在成长一样。明年你想变得更好，而不是更差。公司、政府和金融机构对于成功的主要目标和衡量指标是增长。因此，接受、预测或为任何即将到来的"衰退"做计划就违背了人类和企业的天性,要谋求"繁荣"(增长)。衰退就是这样发生的。

5.偏见:无论市场中发生了什么,人类只会以自己的方式看待世界,而不是用应有的方式。他们相信自己的选择,而不是该选什么。他们大多想在短期内实现自身利益,这将造成未来的平衡转移,就像钟摆从中心摆动到两个极端一样。也许这就是尼克·李森[1]和伯纳德·马多夫[2]所做的事情?我们能说服自己相信一切。

6.贪婪和恐惧:人们往往在事态糟糕的时候感到悲观,而在形势大好的时候过于乐观。恐惧和贪婪驱动市场在两个极端之间变化(而不是走向中心),因为市场和货币是服务于人类的,而情感是人类的一种表达。乔治·索罗斯将其解释为"反身性"。反身性是指因果之间的循环关系。反身关系是双向的,在无法区分因果的关系中,因果之间相互影响。在经济学中,反身性是指市场情绪和由此产生的现实的自我强化效应,价格上涨会吸引买家,他们会把价格推到更高,直到过程变得不可持续(繁荣),然后同样的过程反向运作,最终导致萧条。

7.动能:当市场在动能驱使下朝某一特定方向发展时,大多数人除了跟随之外,不会有其他的选择。或者说很难做出其他的选择。与跟随普遍的趋势相比,改变力的方向更加困难。所有人都是这样做的,因此"相对论"改变了"标准"。例如,当越来越多的人用更多的贷款去买房的时候,信贷或风险的规范相应改变,

---

1 尼克·李森,被称为"魔鬼交易员",由于伪造买卖记录、交易造假、隐瞒亏损,导致英国历史悠久的巴林银行倒闭。
2 伯纳德·马多夫,美国纳斯达克证券交易所前主席,设计了一个庞氏骗局,是美国历史上最大的诈骗案之一。

价格也随之上涨。那么，在其他人增加杠杆的时候，你会怎么做？维持原状或是搬进更小的房子里？还是跟其他人一样去借钱，提挡增速呢？

经济就是这样（不是我们想当然的样子）。不要试图改变那些无法改变的东西，或认为世界上所有错误都要由经济状况买单，去利用它。利用有关流动、货币和周期的知识，自下而上，而非自上而下地来创造变化和财富。记住，经济环境不代表你的经济状况。在经济崩溃的时候，你也可以蓬勃发展。从内部进行改造，不要依赖于自己权力之外的和无法控制的外部因素。

时机永远不会是刚刚好。市场永远不会处于一种完美平衡的状态。你是每个周期中的常量。服务、价值和解决方案都是每个周期中的常量。让人们生活得更快、更容易、更好也是每个周期中的常量。关注这些问题，认清自己在这个周期中的位置（尽可能多地认识），开始赚更多的钱，做出更多的改变。创新、重复和适应。在优势中看到不利方面，在劣势中看到积极的方面。做最坏的打算，争取做到最好。赶在众人之前，去研究发展趋势和解决未来的挑战，实现专业化和融合各种资源以发展自己。如果出了问题，就卷起袖子加油干，尽快修正它。这一切都是你力所能及的。成为有钱人最好的不是钱，而是在这个过程中学到的东西和你的成长。

15

公平交易

当我开始尝试成为一个艺术家的时候，我的作品很便宜。并不是因为它们是垃圾（不用你说），也并不是因为我出生在彼得伯勒，而我爸爸是来自哈德斯菲尔德的北方人。我告诉自己，因为彼得伯勒的人没有钱。我知道画布和材料的价格，由于成本很低，如果以伦敦的高价收费会让人觉得我很贪婪。

最近，我偶然看到了一个故事，要是在刚开始画画的时候读到它就好了。毕加索坐在巴黎的一家咖啡馆里，一个崇拜者走了过来，问他能否在餐巾纸上快速画一幅素描。毕加索礼貌地同意后，迅速地画完了，但在递回餐巾纸之前开出了一个高价。崇拜者很震惊，说："怎么能要这么多钱呢？你花了 1 分钟就画完了！"

"不，"毕加索回答道，"我用了 40 年的时间！"

这个故事，就像给了我一记大耳光。对于我为什么那样低估自己作品的价值，这个故事给出了最清晰的解释。我只评估材料的成本，而没有把自己从 3 岁开始花费的时间、投资、总成本、机会成本、奖项和学位、承诺、痛苦、激情和对艺术的投入计算在内。我没有给 20 多年的经验估值或用它给作品定价。故事传递出的信息很深刻。价格必须包括一个人一生的工作、教育、经验、服务他人、解决问题和关心他人的愿望，以及做出的牺牲。不这样做的话，你无法感受我的内疚、尴尬、痛苦和自我价值缺乏。你会因为售价较低而怨恨买家，可笑的是，价格是你定的。当然，价值是主观的和相对的，买方所感知到的价值也是价值决定和公平交易过程的一部分。你也不能随意定一个高价，让卖家认为不公平。在公平价值和公平价格之间获得平衡才能达成公平交易。

要想获得财富，必须进行交换（或交易）。如果有人认为你提供的产品或服务对他们有价值，他们就愿意以同等价值为它付钱。公平交易是买卖双方之间最低限度的交换，通常是双向的。为了实现公平交易，卖方必须增加买方能够感知的价值，而买方必须用卖方能够感知到的相同的货币价值与之交易。只有在公平交易中，才有自由的货币流动，你才能获得财富。市场或个人支配着对公平交易的看法，有时是单独的，比如艺术；有时是整体的，比如燃料的价格。价格不会撒谎，因为它们在卖方的接受度和买方的支付意愿之间达成了协议。我创造了一个已经通过验证的、可复制的财富公式。它包含价值（V）、交换（E）和杠杆（L）。为了保证可持续的公平交易，需要给予（价值）以公平的报酬，也需要在自然平衡中得到公平的收益。这个观点将在第 25 章中进一步讨论。

无（公平的）收获的付出

实际上，没有（公平）交易或报酬的价值根本没有价值。大多数人不会重视白来的东西。你免费得到的书是不是躺在书架上落满灰尘？你可能已经增加了"自我发展"项目，免费的建议确实物有所值，但大多数人不会把它当回事。如果花 500 英镑买了那本书，你会读吗？当然了！你很可能会把伴侣推到床的另一边，在你们之间给那本尊贵的书留下位置。你会每天早晚都读它、爱护它和抚摸它。价值是一种用金钱量化的感知，并将一些缥缈的东西变成有形和特定的形式。

很多想努力赚大钱的穷人并没有意识到，由于他们的产品和服务定价过低，实际上赚的钱很少，也缺乏吸引力。我现在知道自己以前就是这样做的。我本以为彼得伯勒没人买得起我的艺术品，但事实上正好相反。我的低价艺术吸引不到愿意出高价的顾客。更糟糕的是，它还把支付能力较强的顾客拒之门外。给作品定价更高会让我感到内疚、恐惧和担心。反过来讲，我贬低了自我价值和这个世界赋予我的价值。我认为的不公平交易，现实中是我自己造成的。

如果标价不够高，没人会主动给你更多的钱，没有人会为你支付他们认为更公平的钱，只是为了用更高的、更公平的价格帮助你。没人会出更多的钱仅仅为了提升你的自我价值，所以一定要从自己做起。如果标价过低，公平交易的余额将会耗尽，并由于零利润或负利润和卖方的不满而导致无法持续经营。零利润率和怨恨将延续较低的自我价值，并无法与客户维持良好的关系。相反，尽管支付的价格很低，买家也会感觉价值不足。由于货币的法则和性质，它会吸引更多相同的东西。可笑的是，解决方案非常简单——提高定价！我会在第 42 章中详细说明如何做到这一点。

无（公平）付出的收获

金钱既反映人性，也服务人类，这是一种令人吃惊的矛盾平衡，不公平交换的另一个极端也是不可持续的。利用非法或不公平手段敛财的例子通常被视为对公平交易的反制，更多的是谋求权力。通过毒品交易也许在短期内可以获利，但这是极端和罕见的例子。如果研究历史，人们就会发现，大多数过度贪婪和极权的事例是不可持续的，其后果的严重程度往往与贪婪的程度是一致的。平衡后的结果可能是巨额债务、坐牢，甚至更糟。任何行使极权为自己，而不是为全人类谋利的人通常会被赶下台、被打倒，或者在极端情况下被杀死。你不会看到很多战争贩子和毒枭年复一年地占据富豪榜榜首。因此，如果没有公平的付出就能获利，或者有人在提供产品、服务或想法后得到的报酬过高（或价值太低），就会产生严重的后果。人们会感到失望，感觉被敲了竹杠或者更糟——被欺骗。他们会卖力地散布信息，这将影响你的声誉，并打击你未来的销售。《口碑营销的秘密》里面说，一句赞美的话会被分享 4 次，一句贬低的话会被重复 11 次。起初，商品的销售量可能会飙升，直到被证实价值不足，然后由于价格超过市场上限，或顾客认知价值低于报酬水平而发生逆转。

平等而优雅地付出和获取

认识到公平交易的两个极端，并努力实现平衡是很重要的。财富是运行中的货币法则的推动力和加速度，只能通过持续的公平交易来创建和维持它。让自己过度受益就会降低他人的感知价值；让他人过度获益，就会降低自我价值和可持续性。

贝宝认识到通过电子邮件汇款的业务体量将是巨大的，将有一家公司主导这个业务，也相对容易做到，但是当时还没有人主导它。他们很快尝试了各种营销途径。最初，他们没有为客户使用他们的服务提供附加值或者激励机制，那是他们最困难的时期。他们需要有机的、蓬勃的增长。所以他们开始给顾客发钱。新用户注册可以得到 10 美元，已注册用户推荐该软件可得 10 美元。贝宝将每位新客户的礼金增加到 20 美元后用户数量增长呈指数级上升。首先，贝宝的灵活性和增值就是一笔主要资产。贝宝行动迅速，并及时转向，于 2002 年上市，后来被易贝网以 15 亿美元的价格收购。贝宝目前的市值在 490 亿到 510 亿美元之间，这一切都是从付出开始的。

如果在公平交易的环境中运营，你会因为感觉自己的时间和工作得到了足够的回报而提升自我价值。这反过来有助于提高价格和价值。实现盈利意味着可以扩大服务的规模，并为质量和价值再投资。此外，提高价格和价值会吸引更加优质的客户，他们重视你提供的东西，并愿意付更多的钱。他们花更多的钱，你就可以更多地为他们付出和服务，创造一个增长与贡献的良性循环，为货币流通提速并强化其属性。这是提高价格很重要的一个原因。

16

精神和物质

　　精神和物质通常被视为不相干的两个极端。物质至上者或资本家们可能认为精神至上者就是那些抱着树，双手合握着吟唱"我的主啊"的人。精神至上者和自由意志主义者可能认为物质至上者就意味着贪婪、权力和维护个体自身利益，然后理所当然地凌驾于关怀和与他人分享之上。我这样概括并不是因为认同这些观点，而是这些观点反映出社会对物质至上者的普遍印象。每个人都是独特的个体，我们都表现出各种特质。研究越深入，我发现了越来越多的证据能支持这个观点：物质和精神是一体的，是自然平衡和人类秩序的一部分。

　　没有物质的精神是呆板的，没有精神的物质是静止的。宣称"我想成为精神至上者而不是物质至上者"或者"成为物质至上者而不是精神至上者"是在叫嚣一个荒谬的矛盾。为了实现对物质的欲望，你需要精神上的使命感。所有的东西在精神上和物质上都是一体的。按照约翰·德马蒂尼博士的说法："没有物质的精神是呆板的，没有精神的物质是静止的。"

　　没有物质实体的精神无法以物理形式存在，它只能是一片虚无。没有精神的物质就像一块石头——没有功能、方向或生活目标。

　　这些跟钱有什么关系呢？在创造物质或塑造自己的过程中，作为其中的一部分，或者为了社会的刻板印象，所谓"物质至上"，你要以物质的形式将精神带入生活。把自己的灵魂注入画作的艺术家，或是把他们的激情融入钟表的制表匠，用物品表达他们的情感，你通过花钱购买的方式资助了他们。

　　为了拥有奢侈的生活或物质产品，你把能量、精神、经济和感激转移给了卖家。你帮助卖家，为他们的企业提供资金，并与其他人分享他们的灵魂和激情的表达。你在一定程度上资助了他们为人类贡献的愿景。你奖励了卖家的工作，并创造了一个公平交易的环境。你帮助他们提高了收入，用于支付管理费用、养活家庭、教育孩子，并将他们的知识传授给下一代。如果没人买那些物质产品，很多服务就不复存在了，尽管很多人认为游艇和超级跑车是不必要的奢侈品，但它们如果没有用的话，就根本不会存在。物质产品是精神之美的真实表达。你很愿意欣赏一幅画、一辆车或一件家具，并认为它们很漂亮。这是因为设计师或制造者在创作中表达了他们的激情和精神。这也是一种精神的付出。

付出还是创造精神？

可以说，做慈善最好的形式是投资教育和企业。尽管捐款的感觉很好，但很多人觉得捐款并不能完全达到目的。一些慈善机构在组织活动、员工工资、会计和其他费用上花掉了大量的捐款。我说这个并不是为了曝光慈善机构的做法。根据咨询来源的不同，直接用于捐赠事业上的、能够看得到的金额差别巨大。但如果以标准的、普遍的货币化精神论的形式评估慈善事业，那会有很多浪费和误解。你捐款的小部分可能直接用于慈善事业，而教育、知识（精神）和企业（工作和赚钱能力）的真正能力，不是每月直接给你选中的慈善机构捐款 10 英镑就能实现的。

物质至上者最终以购买的形式实现慈善和精神。一件物品越贵，其中投入的精神工作可能越多，会有更多人从中受益，也能有更多的税收，这些钱被用于重修道路，保卫国家，维修医院，支付护理人员工资，保持水的清洁，以及其他很多被认为是理所当然的事情。

当然，物质至上也可能是贪婪和荒诞的奢华。你要有钱，但不要被金钱操控。这是金钱折射出的自然平衡和生活悖论。以继续学习和进步、付出价值和服务他人的谦卑心态去追求金钱和物质，是向目标前进的基础。它也是对你做出的贡献和向愿景进步的回馈机制。

社会、宗教、媒体和其他的外部影响变成了你内心的声音，试图让你相信物质至上的原罪和评判。这不是真相的全部。很多为人类做出了突出贡献的人也创造并拥有巨大的个人财富。我们将在本书后面的部分进行研究。

拥有越多的物质和财富（同时对支出与投资的平衡保持敬畏），在当地、本国和全球创造的经济体量就越大。通过加大支出去提升国民生产总值，周围的经济环境也在增长。物质至上和金钱是慈善事业的一部分，它是卖家赚出来的。捐款越多，就能帮助更多的人，反过来让卖家通过赚钱和创造服务不断地学习并成长。没有公平交易的慈善会减少对受捐者的服务和收入。

物质至上和金钱激励着其他人创造更大的经济体量。你的那辆已经生了锈的旧车能启发几个人？这恰以一种精神的、谦逊的方式向人们说明，他们也能从努力和服务中得到回报。

是礼物还是诅咒？

付出越多，回报越多。如果别人觉得你很慷慨，你就会得到更多的回报。你要去花钱以增加资金的流动，才能吸引到更多的钱。很多人会说，财富最好要通过经历，而不是通过欲望去体验和分享。为自己和他人创造不同凡响的经历和记忆并去实现它们，是需要物质财富的。要是你更喜欢经验而不是物质，那太好了：去体验吧。人们可能不会把昂贵的假期和晚餐看作物质主义，但有什么不同呢？

很多人认为物质至上是自私的。他们常常忽视了其中的慈善和精神的分量。很多人在物质项目上投入大量的时间、激情和创造力。制造一辆劳斯莱斯要花费5—6个月的时间。百达翡丽手表的三问报时或陀飞轮需要花费8年精心打造。当你消费这些物品时，这些公司的员工及其家人的精神与你同行。精神贯穿在物质中，又通过他人继续传递精神。

邦·奥陆芬（Bang&Olufsen）设计了美妙的视听设备。设计师和技术人员的才华、激情和奉献精神，通过他们创造的物品展现出来，消费者从中得到了享受。从某个角度看，享受物品本身或其带给使用者的附加社交享受并没有太大的不同。

很多人选择只购买有机食品或源头符合道德标准的食品，这样他们花的钱就可以用于正当的事业。可以买特斯拉，而不买油耗大的车。可以在谷歌广告上投放一些营销预算，因为2011年谷歌在全美国为非营利组织和学校捐款144 606 000美元。某些信用卡包含一些激励措施，例如使用信用卡或者成为美国运通银行的持卡人，就有机会为各种机构和慈善事业捐款，这是很好的回馈社会的方式。有了这些信用卡，不一定非要捐钱，用一张随身的信用卡，就可以捐赠时间、积分、里程或者奖励。货币流动有了慈善的元素。如果这对你很重要的话，你的选择很明智也很善良。

消费者通过消费和不同阶段的慈善行为、创造工作机会、经济环境和福利，变成了精神至上者。这正好可以对直接采购征税（英国的增值税），也可以间接地通过雇佣（英国的国家保险）、公司税、其他"税负"和"隐形"税收来实现。这种消费和对经济的推动养活了那些同样依靠这个系统生存的"精神至上者"，住房和福利的支持可能在政府财务中是赤字项目，应该是那些辛勤工作的人在维持这个系统。

人要么是完全的物质至上者，要么是精神至上者，要么贪婪，要么给予，我并不认同这个片面的看法。一切事物都包含物质与精神，以不同的形式呈现，同样也相互制衡。记住，没有行动的吸引力法则就是分心。别一直坐在那里沉思，等着天上掉金条。决定、行动，把所有的精神变成现金。

本书的第六和第七部分会让你对货币体系、法律、战略和方法有更深入的理解，你会更了解金钱，赚更多钱并做出更多贡献。不过现在我想让你投身赚钱，就像致力于健康饮食和运动，将持久的、终身的激情和研究投入所有跟金钱有关的东西中去。从这些开始：

- 接受有关金钱的技术和创新，并置身其中。
- 研究未来的趋势。
- 寻求解决有意义的问题。
- 寻求利用网络概念的超专业化机会和颠覆。
- 转向可延伸的银行账户（在后面的章节进行说明）。
- 与聪明的富人交往。
- 适应变化并不断寻求提升价值和服务。
- 保持价格上升趋势。
- 做最坏的打算，尽最大的努力。
- 超前于大多数人，处于优势时看到缺点，处于劣势时看到优点。
- 立即行动，然后再追求完美。
- 在形势不好的时候加油干，一直努力。

17

资本、股本和收入

除了债务或杠杆作用，赚钱主要有三种方式。我们一个一个来看：

1. 资本

资本是指企业或个人拥有的，可用于增长、发展和产生收入的所有财务资源。这可能意味着：

- 为投资和发展特定业务或项目而筹集的资金。
- 企业在其资产中减去负债后的累积财富。
- 公司的股票或所有权。

虽然"资本"一词看起来和"钱"差不多，但两者之间有一个重要的区别。金钱用于购买和销售商品或服务，因此金钱有更直接的目的和用途。而资本还包括投资和股票等资产，是更长期的、可能存储未来价值的资产。资本会帮助那些创建和改善它的公司或个人，这构成了其产生收入的基础。

2. 股本

股本的一个简单定义是"资产减去负债"，或者是"资产总额减去所有相关债务"。通常以下形式会造成股本的变动：

- 已持有的股票或其他证券。
- 所有者（股东）贡献的资金额，加上公司资产负债表上留存的收益（或亏损）。在房地产业，是地产当前公允市场价值与债务所有者负债之间的差额。
- （股本存在于）股票、固定收益（债券）和现金或与现金等价的资产类别。
- 当企业破产且必须清算时，企业偿还债务后剩余的金额（如果还有结余的话）。

股本是偿还与该资产相关的所有债务后，对剩余资产的所有权。例如，没有欠款的汽车或房屋被完全视作所有者的股本，因为所有者很容易把它们兑现，所有者和出售品之间也不存在债务。股票是股本，因为它们代表了公司的所有权，尽管上市公司的股票所有权通常没有负债。

3. 收入

收入是指个人或企业定期从工作、投资或资本中赚到的钱。以下是不同的收入来源：

- 以工作的形式用时间换钱，出售资产时产生的净现金流（可定义为资本）。
- 资产的剩余收入（在初始投资后连续产生的收入，也称为被动性或经常性收入）。
- 版税（来自音乐、电影和专利等知识产权的收入）。

钱、钱、钱

拥有和平衡这三种收入对于获得可持续的财富是很重要的。假如所有的资本没有带来任何收入，你的钱是"粗糙的"（无规律的），延迟的且容易受到市场变化的影响。如果所有的收入来源于工作（用时间交换金钱），会因生活的变故、失去激情或健康，或者因管理层的变化而失业，导致你失去唯一的收入来源。剩余收入能否成为最好的经济来源也存在争议，如果不专注于保存和增长资本，那么整体净资产可能会更低，也会更容易在无规律的动荡、意外的花费和混乱之中受到冲击。

在各种收入中投入多少时间和比重取决于你当前的技能、价值观、现有的赚钱模式、年龄和对风险的态度。在 30 岁以前，你可以专注于用时间赚钱的能力，提高技能，存钱和获得经验。到 30 岁以后，你可以把积蓄投资到一些资产上，为结婚储蓄，组建一个家庭，买一套更大的房子。过了 40 岁，你可能会更多地展望未来，为养老金和遗产建立更大的资本基础，发展资产投资组合，并寻求开发剩余收入来源。再到 50 岁以后，你可能想用来自资产的被动收入取代工作收入，逐步减少工作时间。或者，如果你是连续创业者，你现在就可以做这些。越早开始构建这三种主要的资金来源，就能赚得更多、增值更多并贡献更多。

资产变现能力的平衡

资本（更加）流动性不足，而收入（更）容易变现。资产变现能力是"衡量个人或组织用现金应对紧迫的和短期义务的水平，或可以快速为该义务兑现的资产"，也可以说是能够拿到现金的速度。这听起来可能是必要的，它只是一个优点（或者好的一面），也有缺点。一般来说，资产的变现能力越强，回报越低；变现能力越差，回报就越高。当然，两者都无法保证，但这个规律往往是站得住脚的。房产是流动性最差的资产之一，需要数月时间才能变现，但它一直是表现最好的一种资产类别。因此，要在应对短期义务和费用的资产变现能力和更高的回报，避免消耗、通货膨胀、费用窃取甚至盗窃之间获得平衡，才能维持并增加财富。你永远不会看到几个用盔式大绒帽遮住脸的男人把你的房子扛在肩膀上搬到街上。但口袋里的现金更容易被盗，也会受到通货膨胀、情绪化消费和低回报的影响。

维持无规律收入和可持续收入的平衡

另一种平衡是要拥有和维持无规律收入和可持续收入。资本"集结"对应对不规则和意外的冲击、支付几个月或几年的费用、做担保和抵押品等很有利，但它的流动性非常差，而且要拖延很长的时间。例如，房产翻新或改造项目可能需要1—3年的时间才能完成，而其间一直没有收入。但当资本进入时，数目很大，只要你能支付当时的管理成本即可。经常性或剩余收入支付了管理成本，维持了生活方式，减少了用时间换取金钱的需要。二者中缺一个的话，你会处于维持财富和金钱的平衡方程的某个极端。

杠杆化和非杠杆化的平衡

如果所有资本都是非杠杆化的，就无法将它的盈利潜力和能量最大化。如果过度杠杆化，可能根本没有任何资本，而且小规模的市场波动或银行召回都会让你面临风险。寻求杠杆化的均衡，让自己可以去杠杆化以维持市场的突然变化和资产价格的下跌，但充分地利用杠杆可以使用资本作为抵押，获得良好债务的银行贷款，才可以扩大资产组合。例如，如果购买房产的贷款比率是65%到75%，这意味着你需要25%到35%的存款，银行贷出剩余的资本，那么杠杆率不要高于75%。允许资产基数将贷款价值和资本偿还、资本增长或者二者相加降至50%左右，然后如果贷款价值进一步下降，预期回到50%或55%。这是一个指导性的策略，年龄、风险概况和当前的融资渠道、资产基数、利率，以及银行的放贷意愿最终决定你的策略。

根据波动周期动态配置资产

每一资产类别都有从相对高的资本价值到相对低的价值和定价的周期。每个资产类别既与所有其他的资产类别相关联，也是独立的，都有微观的和宏观的周期。例如，利率、通货膨胀、经济状况、政治、监管和社会环境都将影响当地、本国和全球每个类别的循环。当房价处于高位的时候，黄金和贵重物品的价格可能很低，反之亦然。各国之间的汇率会相互影响，在高通胀时期，非货币性可变现资产可能比更容易变现的资产具有更高的相对价值。

在积累财富的时候，将资本、收入和股本分布在不同类别资产中以达到平衡、降低风险并能从周期和反周期中套利是最好的。

不敢冒风险，风险才更大

风险和收益是另一对极点，它们不是单独存在的，而是一个整体。高收益的风险更高！没有勇气，何来荣耀？风险是乐观主义与怀疑主义的平衡。把自己定型为两种极端中的任何一个，对持久的财富来说，都是不明智和危险的。你还要认清自己的自然倾向，并把握自己的另外一面（或者找到拥有与你性格相反的合作伙伴和团队成员）。其他需要考虑和化解的风险领域是政治风险和影响，尤其是普遍存在于石油等行业中的风险。监管方面的变化，在金融服务业中很常见。声誉和法律风险，比如唐纳德·特朗普在总统选举期间与特朗普大学的风波，他不得不用2500万美元解决纠纷。必须考虑年龄耐受风险，生意和投资时间表也必须考虑在内。在某一层级的经验、知识或表现也会对风险产生影响。还有资本风险、收入风险和股息风险。最后还有风险盲区，这是无法预测或计划的风险。所以你也要为此做好计划！

风险和收益无法分割。如果没有收益，为什么要承担风险？但不能只想得到所有的好处又不想承担相关的风险。大多数人都是"一边倒地冒险"，要么害怕承担任何风险，行事只求安稳，因此从来不会经历太多的上行收益；要么太过冒险，不对下行趋势采取保护措施，或者不理解高风险并不保证高收益的道理。如果不敢冒任何风险，风险更大。

如果在资本、股份和收入中添加风险预测，就可以保护和增加财富。可以用收入去冒险，而不动用资本，因为你有能力相对快速地赚回来，或者它可能在下个月再次被动增值。如果用资本冒险的话，要冒着失去它的风险，对于突如其来的冲击也没有预留的保护性资本。如果最初的风险很低，是积累财富的好机会，因为失去的资本越少，它就越容易被清除。当你拥有多层资本和多种收入来源的时候，再提高风险等级。

多种收入来源好处多多

多种收入来源有显而易见的、迷人的好处。除了从多个途径获得"大量"收入之外，还有多重的保护和规模。如果有专家咨询形式（高小时费率）的高时间价值的收入，来自资产（房产和股票）的被动收入，自住的、无抵押房屋形式的保护资本，一些实物资产、昂贵珠宝、书籍、知识产权、专利、执导电影的收入，或者你写了斯莱德的圣诞节排行第一的歌曲，并设计了戴森吸尘器，那么真该让你来写这本书！虽然不可能每件事都做到，但是源于资本、股本和收入三种形式的收入来源是一个非常真实的命题，也是我认识的、亲自研究的和经历过的最富有的人们的一个主要共同点。

在我以前写的书里，有一本名为《房产收入的多种来源》（*Multiple Streams of Property Income*），我在里面写过一些关于如何开创多种收入来源的范例。尽管是以房产为基础，它涵盖了构建多种收入来源的重要概念，包括一次（一到三之间）要管理多少资产层级或资产来源，如何扩展它们并将其系统化，以及何时将下一个来源添加到投资组合中（一旦将上一个纳入系统并完成了新系统测试）。为了防止一个来源遭到破坏，你需要一些与其不相关的收入来源，也需要将这些来源与现有的经验相衔接，比如一旦投资组合中有足够的房产，就可以设立一个租赁代理。

你会发现资本、股份和收入都是巨大的、可持续的财富的重要组成部分。你也会发现它们相互平衡和补充，发挥不同的功能，有优点也有缺点，并在自己的周期中出现峰值和低谷。对各类财富的平衡和增长做得越好，赚的钱就越多，并可以在周围建起一个保护屏障。创建的资产越多，提供给其他人的服务就越多，比如拥有租户的业主，为租赁代理带来更多的收入，为翻新团队、水管工、天然气安全工程师、维修人员和很多人提供了工作机会，等等。

第五部分

有关财富的价值观、信仰和情感

Money

Second

Proofs

在这一部分，我们将探究成长经历以及它对个人财富观念的影响。哪些信念无助于个人财富积累，更糟糕的是，这些信念还会把钱赶走，与之相反的和可以取代它的信念是什么。如何控制有关财富的情感，不要有负罪感，不要害怕其他人的评判，重新编辑你想赚很多钱的信念。我们从人们对于金钱这个问题的普遍观念中选出具体的信条，并提供可以增加和拓展财富的信仰。

18

价值观和愿景

价值观是人生的各个方面中最重要的东西。它们是作为指导原则的一些抽象概念，比如自由、诚实、平等。它们会过滤你所感知、思考、决定和执行的一切事物。你透过价值观来体验这个世界。走进一个购物中心，你会注意到与你的价值观相关的店铺、人群、标志和减价商品。与你的价值观无关的东西，你几乎是看不到的。

问题是，在个人和全球层面上，大多数人并不真正知道自己是什么人，至少没有意识到。他们面临很多冲突，并不能真正地保持真我。他们不尊重自己的价值观和独特性。人们按照那些更清楚自己的价值观的人的要求去塑造自己，并顺从他们的意愿。尊重自己的价值观的第一步是先把它们弄清楚。

发现自己的价值观，并以此指导生活有一种自由和振奋的感觉。可以毫不夸张地说，这一发现会改变人生。当你看到自己和周围那些你关心的人在进步，变得非常真实，变成他们应该成为的样子，一瞬间，他们的世界变得更加充实，更加卓越。唤醒你内心的天赋（它早就在那里，无须"修复"），首先你要允许自己这样做，然后遵循一个简单的程序。

所以，首先，你允许自己这样做吗？

如果可以，第二步就值得期待（在马上可以看到的第 24 章中，去找"积极的健康建议"）。

找到你的愿景

你对自己想要服务于怎样的目标有清晰的规划和具体的成果吗？想留下什么遗产吗？想让人们如何缅怀你？想为地球做出什么贡献吗？这些都是大多数人从没有考虑过的重要的人生课题。读到这里的时候，花些时间和精力思考一下，就会知道我们都有目标，你也一样。如果没有这些，我们就不复存在了。不要接受你无法找到愿景的想法，也不要让别人熄灭你的伟大目标的火焰。

愿景要足够清晰

清晰的愿景很重要。如果你不清楚自己的愿景，别人更不清楚。如果你不清楚你对他人有什么意义，他们就不知道如何从中受益，因此也不会购买你的产品和服务，或与你共赴使命。你内心最真实的想法会呈现在你的外表上。在未来的愿景中清楚地看到自己的使命，每天脚踏实地去工作。

愿景是价值观和灵感的终极体现。愿景是人生的路标，随时引导你跨越重要的抉择时刻，克服挫折，在你偏离方向、目标模糊和经历困惑的时候帮助你。我们都有过心烦意乱、绝望和迷茫的时刻，清晰的愿景可以帮你克服这些障碍。

地球上的大多数人并没有真正的"愿景"，这就解释了为什么大多数人缺乏目标、灵感和成就。如果不知道自己想要什么或者目的地在哪里，就永远不会到达任何地方。愿景也可以被视为目标，过有目标的生活意味着带着目的去生活。

没有愿景和目标，就没有方向，仿佛没人在旅程中把你带到具体的目的地。如果人活着没有目标，他们就跟物种的进化和生存无关。这在某种程度上解释了为什么很多人奋力谋生以寻找生命的意义。我相信生命的意义是找到你真正独特的目标，这样就能为人类社会增添价值，从而推动物种的进化。

> 人生的目的就是过一个有目标的人生。
>
> ——罗宾·夏玛[1]

这也在某种程度上解释了为什么那些有更远大、更清晰愿景的人会成功，这些人会帮助人类进化，留下激励他人的遗产并创造和享受巨大的财富。那些没有愿景、方向和目标的人往往会感到空虚、沮丧，经历落魄和贫穷，有时甚至用自杀了却残生。

在奥地利存在主义心理学家维克多·弗兰克尔的那本打动人心的《活

---

1 罗宾·夏玛，世界顶尖领导学专家。

出生命的意义》一书中，他创立了一种叫作意义治疗法的理论。和弗洛伊德认为我们的主要动机来自性和攻击不同，弗兰克尔推测我们的首要驱动力是寻找生活的意义。弗兰克尔有着弗洛伊德从未经历过的人生。20世纪40年代，弗兰克尔被囚禁在纳粹集中营里。弗兰克尔经历过那种痛苦。除了折磨和恐吓之外，他感到自己失去了一切。经历了身心摧残和暴虐残忍，是目标让弗兰克尔没有放弃为生存而不懈地斗争。他在抗争中找到了意义。这就是他能战胜常人难以想象的痛苦的力量源泉。逃离集中营后，弗兰克尔出版了《活出生命的意义》，分享了他的经历和对意义治疗法的概述。尼采的一句话很好地总结了人们如何能不放弃生存的希望，从集中营幸存下来的生存哲学："一个人知道自己为什么而活，就可忍受任何一种生活。"

> 从某种意义上说，在为痛苦找到意义时，它就不再是痛苦了。
>
> ——维克多·弗兰克尔

这就是目标和愿景的力量：愿景和目标战胜了非人的痛苦和折磨。目标赋予我们坚持前行的力量，即使我们不是处于最糟糕的情况下，目标也会帮我们克服困难的改变、艰辛的过渡、复杂的关系，我们在创造巨大财富的道路上会经历这一切。充满目标的愿景带给我们清晰和专注，让我们期待一切变得更伟大、更美好。

伟大的愿景将会产生不朽的遗产

不朽的遗产，是伟大愿景的自然产物。遗产和愿景，还有你，是相互推动的，通向巨大和可持续财富的伟大合作伙伴。想要做一些比个体更伟大、更长远的有意义的事情，让这个愿景不仅仅属于本地的和个人的，而是国家的或全球的。反之，宏伟的愿景会推动你的行动并赢得他人的支持，让你留下超越个体的遗产。我们内心都渴望不朽的精神和为地球做出贡献。毕竟，谁想做个轻如鸿毛的人，被人遗忘呢？不朽的遗产将停留在我们个人财富的终点并被传承下去。这是人类的一种自然趋势，就像作为父母，想要以财富和知识的形式把遗产留给孩子。如果走到生命的尽头，财富和知识就随你一起消失的话，那是多大的浪费啊！

愿景与财富正相关

有些人的目光更远大，他们志在宇宙和星系。像埃隆·马斯克、彼得·迪亚曼蒂斯和理查德·布兰森这样的领导者正在引领我们走向新的星球。他们把世界视为自己的游乐场，他们的视野范围已经超越了地球。愿景越大，对自己和他人的服务就越多。增加财富的最佳方式就是把视野从个人拓宽到家庭，到所属地，到国家，到全球，甚至到全宇宙。当你的财务目标和梦想不再是个人的和当前的物质需求，当它们扩大到全球和全人类，神奇的经济磁场就会出现，因为人们受到了你的吸引。

小事业吸引小财富，大事业吸引大财富，不朽的事业吸引天下财富。

19

你的信念及其源头

信仰是你相信可以成真的东西，它主导着你支持什么和反对什么。它们是道德，指引着你的判断力。金钱是普遍存在的，它把我们所有人联系在一起，也和所有人有关。如果说金钱能改变你，那只是个传说；金钱仅仅突显了你的特质。金钱一直会，并只会让你更像现在的样子。因此对财富的信念与其他信仰有关，只是财富会放大它们。如果你已经投身于伟大的事业，你会将更多的钱用于捐款。如果你是个"瘾君子"，钱会让你更身陷其中。

你的信念从何而来

以下领域会或多或少地决定人的信念：

- 家庭成员
- 地理位置
- 经济 / 政治
- 学校
- 导师 / 教师
- 宗教、信仰和精神
- 朋友
- 媒体

与这些领域接触的程度将形成你的信念。你可能已经听到了太多的信念，或者通过其他人或媒体看到了令人信服的证据。你可能已经从某个事件或一系列事件中感受到了太多的痛苦或快乐，并由此形成了一个信念。信念变为现实是外部因素造成的，这些因素塑造了你信以为真的东西，但现实是它们并不是真的。眼见未必为实，所信即所见，你看不到事物原本的样子，只能看到自己想看到的样子。每个人的信仰对自己来说都是真实的，但它们并不是外部的现实，它们是你从独特的感知中过滤出的经验。

对于财富也是如此。你可能有这样一位父亲或是长辈，他们一生努力工作，从没有赚到很多钱，他们处理不好与金钱的关系，负债累累，一直在困境中挣扎，并且憎恨有钱人和制度。你很可能形成与他们相同的对于财富的看法。这是自然而然的，不是你的错，因为这是你得到的唯一的证据。对财富的看法和信念只是你讲给自己的故事，而其中很多故事都是虚构的。

很多人感到自责，并对他们的财务状况感到内疚和羞愧。当然，很多人责备所有的人和所有的事。必须说明的是，你并不知道自己未知的事情，如果成长经历给了你一种贫穷的心态，或者你亲自体验过匮乏、嫉妒、内疚、厌恶和其他种种对于金钱充满情绪化的信念，然后你就会顺其自然地接受这些想法。这是你唯一的证明。所以不要为此责怪自己或忧心忡忡。也不要像许多人那样，去责怪那些把以上的信念强加给你的人，因为他们并不知道任何别的或是更好的信念。

尽管体验各种贫困的信念是有趣的和重要的，但更重要的是不要沉湎于过往，要快速向前走。在下一章中，你讲给自己的那些让你停留在舒适区的传说将被彻底击破。

20

富人和穷人的金钱观

每一种信念都会有一个对等的相反的信念。每一件你认为正确的事，都会有人认为是错的。你的每一个信念，都会有一个合理的、与之截然相反的信念，即使你并不赞同。大多数人花更多的时间为钱忧虑，而不是去梦想变有钱；也有很多人花更多的时间梦想变有钱，而不是思考如何赚钱。出于某种奇怪的理由，很多人给自己的贫穷信仰戴上了荣誉徽章，仿佛贫困赋予了他们某种尊严和骄傲。在这一章中，我们将列举最富的人和（发达国家）最穷的人所拥有、秉持并奉为真理的截然相反的两极信念。

这样就可以看到同一事物的两面，并做出明智的决定。你想把哪些信念视为真理，并服务于你的生活？

把没钱和贫穷区分开是很重要的，很多富人都经历过破产。暂时没钱并不会让你贫穷、失去尊严或失去赚钱的能力，它只是一个为了让你获得下一层财富所必需的阶段和学习过程。如果有"贫穷"的心态，就可能一直是个穷人。许多百万富翁经历过破产，还不止一次，那只是为了重建他们的巨额财富，通常比之前的财产更多。他们不会认为自己是贫穷的。你可以拿走他们所有的钱，但永远不能剥夺他们的知识和品质。

想象一下，在成长过程中，如果面对的不是两极分化的信念，而是同时能看到两个方面，你就可以挑选那些能为自己所用的。我们无法改变过去，但可以影响未来。这些是我经过十几年的研究，耗资几十万美元，去和把两种极端的信念作为真理的人面对面会谈，才得到的成果。你是想要"不穷"还是"非常富有"？朋友，好好选一个。

穷人相信：金钱是万恶之源。

富人相信：金钱是一切美好的根源。

这是关于金钱的最荒谬的说法之一——金钱不是万恶之源，邪恶才是万恶之源。如果金钱真是所有邪恶的根源，甚至"爱钱"是源于《圣经》的说法，那么在金钱出现之前，就不会有邪恶了。当然，这并非事实。你甚至可以说，自从出现了金钱和技术进步，我们这个物种就不那么野蛮和残暴了。这个话题还可以继续讨论。人性是为人类服务的一切事物的根源，所以人性是万恶之源，而金钱是实现邪恶的非道德载体。

事实上，金钱也是一切美好的原因，因为人性也是一切美好的起因。用金钱治愈疾病，用金钱创办慈善事业，用金钱换取时间以回馈和帮助他人，用金钱解决贫困无法解决的问题。当然，有人花 20 英镑在弹匣里塞满子弹，去学校枪杀 20 个无辜的孩子。但同样也有人花 20 英镑去买一个 2 英镑的汉堡，留下 18 英镑当作小费，或者给一个发展中国家的家庭提供几天或几周的食物。金钱只是服务于人类意志的工具。善或恶，你相信金钱倾向于哪一侧，将决定你如何使用它，以及你能吸引什么和排斥什么。

我过去一直赞同这样的信念，即金钱主要用于不道德的行为，因此，我完全排斥它，因为我不想被视为不道德的人。本可以服务于我的道德并扩展它的东西，由于我的片面判断而遭到排斥。具有讽刺意味的是，我在没有真正经验的时候就做出这种判断：我不认识任何一个百万富翁，甚至从未想过或者试着用金钱去做善事。一想到浪费了七八年，还吃尽苦头，我就很难过。我希望你不要再经历这一切，你的孩子也不用因为你的观念再经历这些，如果现在的你正在经历这一切，今天就是最后一天。

穷人相信：有钱才能赚钱。

富人相信：有想法、能量和服务就能赚钱。

虽然有钱之后可以以利息、复利和杠杆的形式生钱，但是使用不当的话，钱很快就会变成消费品和负债。所以不能说有钱才能赚钱，更具体地说，只有管理得当，钱才可以生钱。

根据 Entrepreneur（《企业家》杂志）网站的数据，62% 的亿万富翁是"白手起家"。首先，这意味着第一代亿万富翁没有得到遗产或赠予。托马斯·J.斯坦利[1]说："我不断地发现 80% 到 86% 的亿万富翁是白手起家的。千万富翁们亦是如此。"其次，如果我们认为这些数据是真实的，它说明，金钱和遗产并不能生钱。我认为所有的钱都来自一个想法，引发一种信念，做出一个决定，激发行动，形成一个结果，然后再进行测试、调整、改进和扩展。我们所能想象到的一切物质形式都源于无形的想法。想

---

1 托马斯·J.斯坦利，美国营销学专家，专门从事富人方面的研究。

法可以用于关怀、服务、解决问题，使生活更便捷、更快、更好，缓解疼痛、治愈疾病，以新信息、知识产权、专利、版权、产品、订阅、特许经营、许可证、资产等形式呈现出来。这些都不需要启动资金。它们需要愿景和行动。如果愿景是清晰的，就可以激励其他人为它出资，你会发现钱不是问题。

以前我也认为有钱才能赚钱——因为我没钱。因为没钱，所以我认定自己没有能力去赚钱。因此，我从来没有想到去利用刚刚提到的所有那些可以用来赚钱的资产，因为我不愿意接受它们。如果我在 2005 年遇到"现在"的自己，我一定会想："他有那么多赚大钱的机会。"为了让自己感觉舒服一些，我可以给自己讲这个非常简单、省事的故事。我还会想："真是个笨蛋！"讽刺的是，我变成了自己曾经讨厌的样子！

　　　　穷人相信：货币体系是邪恶的、不公平的和腐败的。
　　　　富人相信：货币体系在量化价值和加速赚钱方面非常神奇。

好的社会制度是为所有人提供公平的生活环境，平等均衡地融合自我利益和服务的制度。赚钱为他人创造了经济、服务、就业、税收和利益。蓬勃发展公平和完美的竞争，价值会得到广泛交换。为了保持贪婪和贡献之间的平衡，一些法规和反垄断法律应运而生。为企业家设立的有限责任限制了公司的责任，而不针对个人，因此不会因为承担额外的风险而受到严格的惩罚。把灵感变成服务和金钱的时候不会遇到什么阻碍，除非你自己的想法（是你的，不是我！）还不成熟。

　　　　穷人相信：负债很糟糕。
　　　　富人相信：（优质）债务很好。

根据我的经验，人们对待债务的态度如下：

1. 借钱购买负债后欠债。

2. 根本不想欠债，只购买或投资"买得起"的东西。

3. 利用优质的债务去购买能产生收入的资产。

以上三点，按照明智的程度排序，从1"愚蠢"，2"安全和保险"到3"聪明和利用杠杆"。的确，用于消耗品、折旧品和负债的债务会让你破产，然后变成穷人。从一文不名到富有的第一阶段是明白你只能花已经到手的钱，可以买自己负担得起的生活设施和必需品。不要因购买很快贬值的产品而陷入债务，因为以下三种方式会伤害你：

1. 需要花钱还债，并导致更多的债务。

2. 借钱购买的负债也贬值了。

3. 浪费机会，无法把钱投资到其他地方。

一旦还清了债务，并按照规则只提高资产债，那么就可以投资"优质债务"资产，用以支付管理费用并获得收入。第六部分将会详细讨论。

穷人相信：必须非常努力地工作才能赚到钱。

富人相信：要让钱非常努力地为你工作。

当然，必须足够努力地工作，而不是不得不去努力工作。开始的时候要全力以赴，后面才能有所收获，必须做好准备，才能少操心。我的意思不是说："坐好，冥想，然后什么都不用做，全世界的钱就会落在你身上。"即使纯粹皈依精神的人也明白精神和物质需要忠诚和工作。非洲有一句谚语说："祈祷的时候，动动脚。"

但是，努力工作是有上限的。工作越努力，赚的钱越少，因为你达到了计时工资的上限，每天可以工作的时间是有限的。工作时间越来越长，薪水却保持不变。即使是加薪也无法和你投入的全部时间达到对等。很多高薪的人小时费率和价值都很低。特别是对企业家而言，价值和收入潜力与时间和努力没有直接关联。在正确地构建了企业和盈利能力后，我们的时间价值会以指数级增长。几小时非常高价值的"工作"可以通过资产、系统、软件、杠杆、信息、知识产权、专利和版权、人员和流程转化为数百万美元的终身收入。可以说，你需要的是努力工作和头脑聪明。使用你的视野和知识，而不是双手和汗水。用资产投资保留时间，而不是用时间去交换金钱。利用别人的时间，而不要花光自己的时间。

穷人相信：赚钱是以牺牲别人的利益为代价的。

富人相信：赚钱会为他人服务。

只有盗窃和诈骗得来的钱是以牺牲他人利益为代价的。如果你不是靠盗窃和诈骗赚钱的话，那么是因为人们感知到了价值，他们选择把钱交给你。他们想要的不是钱，而是你提供的东西，因此你在为他们服务，而不是欺骗了他们。如果想增加收入，你要提升服务和价值，更多人会自愿地和心存感激地付给你更多的钱。如果人们不愿意给你钱，他们是被强迫或被利用才花了钱，这将催生恶意和怨恨，未来你会为之付出代价。全心全意地为人们提供服务，按照公平交易的原则收费，随着价值的增加而提高收费。世界上有些人可能靠欺骗别人赚钱。你可能对此深信不疑，但这是不可持续的，如同繁荣和萧条一样，财富和金钱将会纠错和重新分配。长期观察的话，就会发现这一点。安然[1]、马多夫、李森，从表面看起来，做得很好，但绝不会持续下去。要想一直服务、维持和扩大规模，需要公平交易。

这种信念的另一个版本是：奉献比获得更伟大。会不会有人说我数学学得太差了？对于所有的奉献者或奉献的行为，都必须有获得者或获得的行为。二者缺一不可。那么，奉献怎么就比获得更伟大呢？不，当然不是。它并不是伟大的，而是平等的。这是一个五五开的简单数学等式：获

---

1 安然公司曾是世界上最大的能源商品和服务公司之一，2001 年安然公司突然向纽约南区的美国破产法院申请破产保护，该案成为美国历史上企业第二大破产案。

得的人数必须与奉献的人数相同。事实上，社会、父母和媒体已经让我们习惯于相信这个传说，那就是奉献比获得更伟大。我们先来打破这个传说吧。奉献和获得都是好的。这是公平交易的必要条件。大多数穷人需要学会如何成为更好的获得者。心怀感激地接受别人想要给予的东西有什么错呢？如果你花了时间、精力和爱心去采购或为关心的人提供善意的服务，而他们把这些还给你并表示拒绝，你有什么感觉？你会让他们滚开，至少你心里会这样想。很多人向世界发出了强烈的信号，表示他们不值得别人奉献。那些释放出能量，表示自己不值得接受奉献的人会怎样？他们什么也得不到。

穷人相信：我没时间去赚钱。

富人相信：我没时间去做低价值的工作。

比尔·盖茨和其他人的一天都是 24 小时。人们说"没有时间"完全是一种谬论，因为我们的一天都同样长。他们真正的意思是"这对我来说不够重要"。如果有人认为自己没有时间创造财富和赚钱，只因为这对他们来说根本不够重要。他们可能会努力解决这个问题，因为从表面上看，几乎所有人都想赚更多的钱，但潜意识中，大多数人想活得舒适，有些人认为有比赚钱更具价值的事情。所有人的行为都和他们的价值观保持一致。母亲可能想赚更多的钱，但她会把时间和精力放在抚养孩子上。游戏玩家可能想赚更多的钱，但会把大部分时间花费在游戏机上。只有我们不再说自己没有时间，并开始在可以赚更多钱的领域或是与我们的最高价值观相关的、可以变现的领域安排我们的时间和优先级，那么我们就能腾出时间，让更多的钱进来。要么用高创收任务（IGT, sincome generating tasks）和优先任务来填满你的时间，要么其他人会用他们的工作来填满你的时间。你有没有觉得当一天结束的时候，自己的重要工作没有完成，但花了很多时间去处理别人的紧急情况？这是因为你没有计划好重要的优先事项，但他们却帮你计划好了！要么你有自己的计划，要么你就是别人计划的一部分。

富人们对自己的时间管理都是非常严格和有策略的。他们知道自己的时间值、小时费率和"改变局面"的高优先级领域，并只专注于执行这些功能。他们会利用、外包、委派、拒绝或删除其他的任务。他们不一定更聪明或更有天赋，只是更明白时间和优先级的价值。你的每一天、每一周、每个月、每年和一生中都有足够多的时间来创造巨大的财富。和金钱很相似，你认为时间是充裕的还是匮乏的？

穷人相信：我做不到，我不够好。

富人相信：我拥有这个世界所需要的宝贵价值，我是最会赚钱的人。

你可以的。你已经足够好了。别人能做到的，你也可以。你是独一无二的天才。如果你对自己有任何怀疑，也无法从这本书中找到答案，那就去读读或者听听所有成功人士的自传。我喜欢听其他人的成功故事，因为在听了几百次之后，一遍又一遍反复出现的证明是，他们都面临挑战。他们都是从某个阶段开始创业的，手中的资源比现在少得多。他们都是白手起家。在你精通的某些生活领域中，他们都是彻底的失败者。他们都犯了很多错误。尽管他们身处顶端，却依然经历着挑战。因此，他们都是普通人，和你我一样。

问题不是出现在你的身上，而是在于你的内心。用偶像激励自己，而不要把他们束之高阁。站在巨人的肩膀上，而不是站在他们脚下。向你的导师们学习，拥有伟人的特质，但要承认自己独特的能力。遵循前人经历过的体制和经验教训来为你的财富积累提速。沿着燃烧过的道路前进，向那些已经抵达目的地的人寻求帮助。现在你遇到的困难，从前他们也经历过，但现在对他们来说很容易。所以将来的你也一样，很快的，我的朋友。

穷人相信：我不配成为有钱人。

富人相信：创造和分享财富是我的责任和使命。

你配得上荣华富贵。成为有钱人意味着拥有的同时也要奉献。允许自己做自己该做的事并感受自己的价值，会提升自我价值。允许自己接受财富，奉献财富。相信这是你的责任和使命，就像财富巨头们那样，接受巨额财富。这种信念可能与你父母的信念有关，认为自己没有能力，或者代表着击碎了你的自我价值的痛苦经历。但这些并不能掩盖或否定你真正的责任和使命。接受它并心存感激，让自己走出来。

我这辈子做了很多愚蠢的事情，尤其是在金钱方面。我做了很多糟糕的财务决定。我一直太慷慨也太贪婪了。多年来，我一直厌恶自己，对自己所犯下的所有错误都懊悔不已。这耗费了大量的个人成长时间和没完没了的热情过头的课程和赞歌，但像我这样脾气暴躁的浑蛋都能改变，你也能。

穷人相信：必须先付清所有的账单和费用，然后我就没钱了。

富人相信：先付钱给自己，然后用剩下的钱支付账单和费用。

发达国家的穷人最后给自己花钱，在付清所有的账单和费用后，什么都没剩下，正如吉姆·罗恩所说的"钱付完了还有好多个月等着你"。因为总有花费，总是什么都剩不下，所以要把这个过程颠倒过来，先付钱给自己（PYF, Pay Yourself First）。如果先付钱给自己，就会迫使自己用剩下的钱消费，花费就会相应减少。如果最后付钱给自己（PYL, Pay Yourself Last），你的钱就会相应减少。这样做比人们想象中要简单得多。他们认为自己负担不起 PYF，但现实是，他们总是有钱给自己买东西。大家可以开始这个过程，无论变化多小，改变财富从外到内的流向。即使是把 50 英镑投入"存进去就再也不碰它"（SANT，Save And Never Touch），也能很快把它存下来。赚得越多，你的 SANT 比例就越高。你正在改变信念和做法，就是在改变行动和结果。

如果你的生意无法负担你的费用，那就不是真正的生意。说明你的管理费用不切实际，应该提高一些。如果你不干了，没人愿意免费来做你的工作，那你为什么还要做呢？很多企业主多年来都靠不拿薪水以降低成本。他们戴上了不给自己发薪水的荣誉徽章。如果估值不包括企业主的合理工资和分红或提现的话，没人愿意买这样的公司，或者他们会因此压价。公司易主之后，很可能在某个时候，必须以高额招聘费用去引进高薪的高级管理人员。他们要自费接受培训。所以，如果想做真正的生意，想真的赚钱，现在就快点给自己付钱。你是值得的，这是合理的。这种信念可能与其他的信念相关联，比如，你不配获得财富，或者赚钱是以牺牲他人的利益为代价的。

穷人相信：人们会评判我，认为金钱改变了我。
富人相信：无论如何人们都会评判我的。

无论你做什么，人们都会评判你。人们会评判你生了锈的车，正如他们评判你闪闪发光的红车一样。人们会被你的财富所鼓舞，或者你的贫穷也会让他们感到舒适。对你而言是很好的事可能正是人们所讨厌的。在任何时候，不管你做了什么，有人爱你，就有人憎恨你。有人会讨厌你的脸，除了我妈妈，很多人都不喜欢我的姜黄色胡须。但事实是，人们并不是在评判你。当他们根据自己的经验、信念、态度和价值观来评判你的时候，他们其实是通过你在评判他们自己。

我曾经认为，随着我变得越来越好，人们就不那么刻薄了。哈哈哈。我能那样想真是够白痴的。影响力越大，受到的评判越多。做得越好，受到的审视越多。一旦不再顾及所有人喜欢你（或讨厌你）的片面的论调，就可以把所有浪费在想成为所有人喜欢的样子上的时间和精力，花在你真正该做的事情上面。我觉得你想变得富有，这是我的猜测。我说得对吗？

如果你是一个以事业为重的妈妈，那么不以事业为中心的妈妈可能认为你更关注赚钱而不是孩子。如果你是一个在音乐、电影或其他艺术方面创造了风靡一时作品的艺术家，并从中赚到了钱，那些没有从艺术中赚到钱的人可能会说你"违背原则"。如果你是一个正在面对艰难决策的企业主，不得不解雇员工，同时还在谈大合同，人们可能会认为你冷漠或贪婪。人们看到什么就说你是什么，那并不是你。你知道自己是谁，你知道自己经历了什么，你知道自己做出的牺牲。欢迎评论者，就像欢迎粉丝一样，批评和赞美是相伴而生的。他们愿意怎么评判随他们去，既不要让批评，也不要让赞美干扰你。做自己，做你该做的事。

这种信念的其他变体是："朋友们会认为我变了。"如果不变，我才更为自己担忧。我们成长，或者死去，没有什么能保持不变。健康的、自然的改变是持续成功的必要条件。你可以，也将会变成一个拥有更多财富的更好的人。如果是真朋友，他们会和你一起成长，或者接受你现在的样子。如果不是，就让他们轻轻地走开。不必难过，让他们走向自己的方向，而你努力走你的路。

金钱会改变大脑中的化学物质

通过研究金钱和大脑，特别是其中的神经传导器"多巴胺"，很多有力的证据表明，金钱确实能让人快乐。众所周知，多巴胺是身体的天然奖赏机制。许多令人愉悦的感觉是由它负责的，特别是那些粗俗的快乐，比如性欲、权力欲和上瘾。《幸福的科学》（*The Science of Happiness*）的作者、科学家大卫·J.利伯曼将幸福描述为"朝着有意义的目标不断进步"。

与幸福有关的四种主要化学物质是多巴胺、催产素、血清素和内啡肽。当你朝着有意义的目标前进时，大脑会释放这些物质。不停地合法赚钱也是一种进步。用金钱去实现目标或把它作为要实现的目标。金钱可以买到那些让人快乐的东西，刺激大脑释放化学物质。金钱是有意义的，因为它可以买到有意义的东西。因为大脑里的化学物质会让人上瘾，金钱也一样。你经常听到非常富有的人把钱和他们赚钱的生意说成一项运动或让人上瘾的东西。成瘾有好有坏，因此很多人认为钱是坏东西。钱只是钱，就像利伯曼所说的，是追寻幸福的工具。

想象自己处于破产和贫穷的境况

想象一下，你在贫困中度过了余生；想象一下，你成了所有人的累赘和所有环境的受害者；想象一下，你仅仅为了付账，就不得不请求别人的施舍；想象一下，你呕心沥血地工作，但从来没有足够的钱和你爱的人一起做自己喜欢的事；想象一下，你在一个自己不喜欢的公司，给一个讨厌的老板做牛做马；想象一下，你变成一个连自己都不喜欢的人；想象一下，你的未来没有保障，孩子没有学费，没有养老金，没有储蓄，也没有希望。这些不该是你的命运。但如果你继续认同那些发达国家的穷人固有的、别人强加给你的、片面的信念，那么上面的一些或者全部风险对你来说都有可能变为现实。缺钱是我们在这个世界上很多痛苦的起因，至少它放大了那些痛苦。它影响我们的人际关系，是导致离婚的最大原因。它让人们没法去做自己喜欢的事情，因为喜欢的事情需要花钱或者要用钱换取时间和自由去做。它造成了一个为生活而工作，但人们从未体验过真正的生活的恶性循环。它将本性和债务相结合，让不幸变得更糟糕。它制造恐惧、嫉妒和怨恨。它甚至会造成严重的、真实的健康问题。它无法靠自己变好。所以不要逃避现实，要明确立场，把以前秉持的每种信念一个一个地写下来，直到你设定了新的信念取代它们。有必要的话，请重新把它们

看一遍。有必要的话，你必须停止怀疑，为了自己和全世界的人，你应该
了解更多，赚得更多，才能贡献更多。

21

掌控财商

你在支配金钱，还是金钱在支配你？

正如世界上最富有的人之一沃伦·巴菲特所说："只有控制好自己的
情绪，才能拥有财富。"要先学会管理已有的财富，才能管理更多的钱。
人获得财富的最大障碍之一是缺乏意识和理解力，还有情绪控制。

> 过度的痛苦和快乐是思想遭受的最大疾病。处于极度快乐或极度
> 痛苦中的人，在不合时宜地渴望实现其中一个而逃避另一个的时候，
> 是无法看见或者听到任何真理的。他疯了，处于完全无法理性地参与
> 任何事情的状态。
>
> ——柏拉图

极端情绪会破坏财富，那些你迷恋或憎恨的东西都会控制你。如果过
度兴高采烈或是垂头丧气，情绪就会支配你。有策略地驾驭极端情绪是明
智的。人们通过策略，而非情感去赚钱、增值和奉献。很多人会说，生活
的目的是幸福，但在极端情况下，幸福是一种情感，是以金钱为代价的。
极端化情绪，无论在哪个极，都会让你花钱。

感到沮丧的时候，你想花钱或者吃些东西来改善情绪。感觉开心的时
候，你想花钱或喝些东西来庆祝一下。花钱是为了制造、掩盖或修复感

情，一旦情绪得到补偿后就会感到空虚。例如，因为想尽快地赚更多的钱，你急于入手一处房产。你不想等了，所以现在你要支付更多的钱。房地产经纪人和卖主能感觉到你的情绪，他们从中获利。你不想错过，所以你要花更多的钱。你想从别人手中抢到这个房子，所以花了更多的钱。之后通过确认偏差，你让自己相信已经做出了正确的决定，这倒是没关系，因为它是资产，因为你不想感觉很糟糕或让自己看起来很傻。你感到很兴奋，所以用力过猛，花钱太多，跑得太快。之后，没有等到期待的结果让你感到失望，你开始指责、抱怨和辩解，甚至可能会放弃。然后你重新开始这个过程。

处在另一个极端的时候，因为不想犯错误，所以你永远不行动或者买东西。因为你不想在别人面前看起来很傻，所以你永远不行动、尝试或购买。你责怪自己，认为自己做不到，你找到自己不够好的证据，然后永远不行动。你害怕失败，所以你什么都不做，只是一直保持原状。

做自己想做的事，而不是自己最该做的事；只想赢而不是做正确的决定；想要看上去不错，而不是去做正确的决定；想要报复而不考虑结果。无论是哪种情绪，它引起了你不该有的反应，那是你的情绪。然后你就开始懊恼：后悔、羞愧、内疚或否定。投资和一般商业中有两个与情绪相关的基本规则：

- 规则 1：兴奋的时候，不要决定买入。
- 规则 2：害怕的时候，不要决定卖出。

很多人经常违反这两条规则，这就是他们中的大多数人不在 0.242% 的百万富翁群体中的原因。简而言之，看看大多数人的做法，然后反其道而行之。在经历强烈的情绪之前，我们都有良好的意愿。你可以致力于发展管理自己情绪的能力。约束自己，不做出格的事。如果你在节食，请把冰箱清空。如果你容易冲动消费，就别去商场。在研究清楚之前，不要用现金或信用卡购买资产。受到情绪的"影响"做出花钱的决定，你很可能会后悔或者落败。

我可能是你遇到过的最大的"瘾君子"或者"情绪垃圾人"。我有强迫症，我自我感觉良好，也喜欢金钱和它带来的所有荣耀的感觉。我一直如此，它把我变成了吝啬鬼。我以前把所有的钱都花在买衣服上，让自己感觉更好，现在唯一的不同是我买得起，而且这种感觉还在。很明显，从小就有的一些未解之谜并不需要公之于众。我喜欢好东西，我还没有完全弄清楚原因。可以肯定的是，我喜欢充满艺术感和设计精美的家具，以及任何能够表达激情和创造力的材料，它们赋予我灵感。我感觉自己差不多可以把灵感和爱带入百达翡丽或爱彼手表里，或者邦·奥陆芬音响中，还有卡特尔或汤姆·迪克森的设计中，并把它们融入我的工作中。以前我写诗的时候（看，我可是个真正的嬉皮士），伟大的音乐和电影会带给我灵感，它们出现在我的诗作里并完善了我的作品。只要不沉迷其中，或者使用得当，审美和财富可以实现平衡，让情感融入财富。

受到这些强烈情绪的极端影响，我家里有五台电视（有两间卧室）和一套非常昂贵的高保真音响，对这栋房子来说可能太过了。我有很漂亮的定制家具，我会把浮着油花的中餐洒在桌上，还有利息为18%到30%的将近5万英镑的消费贷款。似乎是债务让我情绪低落，然后我靠出去花钱让自己暂时感觉好一些，其实只是去把负债和情绪混杂在一起。我知道这听起来很可笑，就像一个想减肥的人靠吃冰激凌让自己感觉好一些一样。十几年后，我发现很多人都有这样的经历。快进到现在，我还有感觉上瘾的"好"情绪，只是我从那些比我更聪明的人那里学到了一些规则和策略来控制和管理情绪。以下是一些你很可能也经历过的有关金钱方面的情绪。

学会规划财富可以减少焦虑

人们常说，那些满脑子想着钱的人是坏蛋，但当我没钱的时候，我会更想它。我一直为钱忧虑，担心缺钱，所有那些因为没有钱就做不了的事情，因为我没有它。我最看重的、理解的，以及能想到结果的都是它，因此对债务的焦虑给我带来了更多的债务。我想得越多，情况就越糟，这就是自我挫败感和自我惩罚。它影响到了我的人际关系、自我价值和自由。在焦虑了很长时间之后，它还对我的健康和幸福（财富）造成了更严重的影响。美联社和美国在线的研究发现，当人们担心自己的财务状况，包括焦虑影响他们的财务健康水平时，出现一些重大健康问题的风险就会增加。将债务压力大的人和没有债务压力的人进行比较，研究发现债务压力大的人与罹患心脏病的可能性是不担心财务状况的人的两倍。其他疾病，包括溃疡或消化道问题——经济压力大的人中 27% 的人有消化问题，而在没有经济压力的人中占比为 8%。偏头痛的问题在经济压力大的人中占 44%，而在经济压力小的人中仅有 4%。经济压力大的人中 23% 有抑郁问题，而没有经济压力的人中仅有 4% 的人有这类问题。

避免经济焦虑造成的身心健康问题有一种简单的方法。更多的研究表明，在规划和学习理财方面采取积极行动的人感到的财务压力更小，也更有信心，精神健康紊乱问题更少。美国教师退休基金会研究院的一项研究表明，接受过财务方面教育的人更有可能为退休储蓄。美国大都会人寿保险公司最近的一项调查显示，参加财务培训项目会让人们对自己有能力掌控财务的感觉上升 25%。毫无疑问，学习和规划金钱和财务可以减少焦虑和压力，提升整体的幸福感，使身心健康，当然，也会带来更好的财务结果。这是常识吧？是的，但真不是那么"常见"。

要懂得延迟满足

刚开始，我们都很容易受到这种欲望影响，因为我们缺乏长期经验去帮助我们做出更明智的选择。一般来说，如果一个东西好得不真实，那它也会好到令人难以实现。

在一切对我们不重要的领域，我们都会屈服于及时行乐。你可能已经尝试过一些用来克服欲望的短期激励技巧：扇自己的耳光、锁上冰箱、找个教练、到处贴便利贴等。动机是暂时的，而激励是永恒的。

经济学家们通常认为，货币是可替代的，因为个体的单位是能够相互替代的。例如，由于一盎司纯金与其他任何一盎司的纯金价值相等，因此黄金是可替代的，其他货币单位也是如此。如同很多人注意到的那样，以我个人的经验，事实并非如此。经济学是一门有逻辑的学科，但人们是情绪化的。

在 17 岁的时候，我遭遇过一次严重的摩托车事故。我的胳膊和腿都骨折了，还有严重的脑震荡，在医院住了很多天。我用了好几个月的时间进行康复，左臂差点失去功能，我因此错过了高中二年级的大部分课程。由于保险索赔延期，在将近 8 个月之后，我获得了 10 500 英镑的赔偿。遵照律师的建议，我接受了这笔钱，因为这对我来说是很大一笔钱。不到一年，我就把钱花光了。我花 1500 英镑买了一台数码相机作为送给自己的礼物，还有两套西装——这当然是上大学首先需要准备的东西！我可能想把剩下的一小笔钱存起来，但很快也花掉了。

在生命的那个阶段，我很穷，也没有接受过财务管理的教育。回头想想，我那么快就把钱挥霍掉是因为那些钱不是我赚的。因为在车祸发生了很久之后我才拿到这笔钱，它就像一份礼物。我感觉它是一笔意外之财，在一定程度上，它和赚到的钱不一样。在上大学的那段时间里，我每周六早上开两个小时的车回家，然后在爸爸妈妈的酒吧里连续干三班工作。尽管只能赚到 75 英镑，我也会极其认真地管理那笔钱，至少在我还不知道如何管理钱的时候，我尽可能地认真做了，因为它是我勤苦工作赚来的，为了它我做出了牺牲。

在房地产、商业和自我教育领域观察其他人的时候，我发现了同样的情感上的不可替代性。在21世纪初期，人们每两年就会重新用房屋抵押贷款，很多人感觉到手的钱大部分是免费得来的。随着时间的推移，不需要工作、付出汗水或者加班加点去赚钱，就能从房产中获利。人们不会像对待储蓄那样认真看待用房产再抵押拿到的钱。他们不怎么认真研究就将大量现金投入海外的或计划外的房产中，或者买一套无聊的个人发展课程。更可笑的是，这些钱还是债务。类似赠予和再抵押贷款这些来得比较容易的钱，比辛苦赚来、需要纳税的钱去得更快。有些人也基于同样的原因迅速地花光了继承来的遗产。据商业内幕消息，刷卡消费比使用现金让人们多支出12%—18%。并非所有的钱都具有相同的价值，所以要注意并认真地对待得来容易的钱带给你的情绪。来得容易，花得更快。

急躁会增加风险

急切地去做一些事的渴望往往表明缺乏清晰的愿景和价值观。急躁可能是出于恐惧、焦虑或贪婪，也可能是想减轻痛苦，想让自己看起来不错，或者害怕错过，等等。大多数人高估了自己在短时间内能取得的成就，也低估了他们毕生能取得的成就。你拥有的时间比想象中多。操之过急会让你在资产和消耗品上支付更高的价格，其他人会利用你的弱点，这会带来风险。人生一直都有划算的交易，错过了这个，还有其他的出现，那些生意可能会更好。

零售疗法

经典的与金钱有关的情感之一就是通过购买物质商品让自己感觉更好，它很快就会变成一个让人上瘾的循环。有意识地注意一下你的感受。当你想去刷爆信用卡让自己感觉更好的时候，请遵循一些简单的规则：

1. 给自己做一个最大限度的预算。

2. 只拿现金或一张有同样额度限制的信用卡。

3. 创造一种"可以间接感受的购物体验"——找一个购物狂（像我一样的人）和你一起去，还可以只逛不买。

4. 有一条永远不要在那个时候、在那里马上就买的规则——等都逛完了再回来。

5. 购物前不要喝咖啡或"喝高了"（我自己要注意）！

6. 把价格记录下来，稍后在网上比较一下。

● 通过采购奖励自己

使用得当的话，花钱给自己的好成绩一个奖励是很好的手段。可是很多人仅仅因为一个周末就给自己花了 150 英镑。对良好行为（而不是结果）进行奖励，并把钱存下来用于一些值得庆祝的东西，在二者之间做好平衡。

● 为虚荣心消费

这是指把钱花在那些让自己感觉更好，可以得到更多关注，提高自我价值感或能寻找爱情的地方。为了获得更多的爱、关注、吸引力或为自己减轻痛苦，人们会舍得花大价钱。化妆品产业非常庞大。2014 年，欧莱雅公司收入将近30亿美元，排名前二十位的化妆品公司总收入约为1560亿美元。太多人和你一样。如果想省钱，你要学会爱自己本来的样子，接受你已经拥有的美。你的样子并不是惨不忍睹，不需要修理了。（再次提醒自己！）

● 内疚

一种令人惊讶的普遍想法是因为内疚去花钱，希望内疚感会随着消费而消失。它真的征服了你，迫使你花钱缓解强烈的内疚感。可能是你伤害过别人，所以想补偿他们？现实情况是你想要减轻自己的内疚感。也许是看到了一个慈善广告，它触动了你记忆中的故事或情感，让你觉得有必要捐款？毕竟，每个月只需10英镑。也许你没有足够的时间和所爱的人在一起，你想用花钱或用礼物来弥补？还是要说声抱歉？很多人每天都在重复着他们20年前就在做的事情，这会让你一直生活得穷困潦倒。原谅自己和他人所犯的错误，寻找其中隐藏的好处和意义，所有由于对金钱的憎恨和判断所产生的内疚感都会随之消失。

我的一个朋友，多年来一直生活在赚钱和讨厌钱的循环中。他是个聪明人，当他刚进入某个领域并受到激励时，他会变得魅力四射。一切都是崭新的和不同的，在别人还没有完全进入状态的时候，他已经起步了，一切挑战还没有出现，这太令人兴奋了。愿景、金钱梦、结果和顺风顺水是显而易见的。在这个阶段他甚至可以把冰卖给因纽特人。随着对销售业务的不断熟练，一切变得乏味且越来越困难。钱兑现了，但配送和物流并没那么有趣。一旦达到超越贫困的关键点，自我否定模式就会开启自动导航。内疚感、羞耻感、害怕被人评判和各种情绪占据了上风。在完全的自毁模式下，他离开了客户和合作伙伴，把业务留给别人，搬到了别的城市去寻找下一个模式、想法或策略，以求再次获得那些全新的感觉。花钱来减轻金钱带来的痛苦，然而钱一旦花光了，绝望就开始了，匮乏、恐惧、短缺和绝望的情绪出现了，这会使得人对新企业做出轻率的决定。这个循环每次出现，持续的时间越来越短，损耗和破坏力越来越大。这是一个令人痛苦的、荒谬的恶性循环。在过去的 10 年里，这种情况已经发生了几十次，他对此已经上瘾，或许他也试图摆脱，但他欲罢不能。

● 慈善事业（愧疚感）

如上所述，这一次增加了一些细节，虽然做慈善有很多好处，但捐出自己拥有的一切以缓解无法解决的愧疚感、耻辱心或恐惧感会使你一直生活在贫困中。历史会影响未来。最终，这会变成痛苦和怨恨。再说一次，看看哪些是需要原谅和放手的。为什么不成立一个基金会呢？名正言顺地赚更多的钱，利用赚的钱去建设那些真正可以改变人们生活的基础设施和教育事业，而不仅仅是把钱散出去。

● 痛苦和嫉妒

在金钱方面，对他人的情绪越强烈，对自己的情绪也会随之变得强烈。如果消极地看待别人，你就会拒绝在任何方面和他们一样，因为你不想其他人那样看待你。更糟糕的是，把所有的时间都浪费在负能量上，整天刻薄地对待他人，不去考虑自己的生活。事实上，很多人在生活中仿佛是无意识地却是故意对他人心怀怨恨和嫉妒，这样才能不去关注自己的缺点。可悲的现实是，他们完全弄错了。这正是我写这本书的出发点：不要愤愤不平和嫉妒，换个角度去看待金钱和它带来的好处。这不是一种"存在"，而是一种行为，一种应该马上停止的行为。*Bustle* 杂志的 J.R. 索普曾研究说明：

实际上，嫉妒与一种形式非常特殊的负面见解交织在一起：认为人们在他们的领域中非常优秀，但完全不值得信任或为人不真诚。对豪门的偏见源于嫉妒他们显而易见的优秀，觉得他们"不配得到"那么多。

嫉妒源自"想得到别人拥有的东西"。这是我们成长中"自我评价"的一部分，就是将自己与他人进行比较，并与他们竞争。人类心理学中的嫉妒理论将"自我评价"视为我们进化的一部分，为我们的竞争优势提供了基础。嫉妒会产生一系列"为什么不是我？"的情绪，促使我们寻求更"公平"的安排，这样别人得到的就不会比我们多，也就不会让我们感到难过。嫉妒激发了把别人的东西占为己有和我们自己也要去实现的欲望，或者让这种情绪变得更加严重。

嫉妒会让我们身体不适或者疼痛。当我们嫉妒的时候，大脑确实会记录下身体上的疼痛，类似于我们感到伤心或遭到社会排斥时的感觉。

● 回避损失

和痛苦一样，回避损失是一种引诱你陷入错误的财务决定的强烈情绪。它是令人上瘾的情绪的另一个极端，那些比较小气的人更有可能与此相关。

在经济学和决策理论中，回避损失是指人们想避免损失而不是获得同等收益的趋向。不是去找到10英镑，而是最好不要损失10英镑。阿莫斯·特沃斯基和丹尼尔·卡尼曼的研究表明，在心理上，损失的力度是收益的两倍。当人们评估一个包含相似的收益和损失的结果时，这可能会导致一种极端的或夸大的"风险厌恶"。你愿意得到10英镑的折扣，还是怕被多收10英镑？尽管传统经济学家认为这种"禀赋效应"和厌恶损失的所有相关效应是完全不合理的，但行为金融学不这样认为，你也不应该这样认为。

一项有关消费者对保单价格变化的反应的研究，证明了损失厌恶的影响。研究发现，与价格下降相比，价格上涨对客户转换的影响是它的两倍。由于"对损益的不对等进化压力"，厌恶损失是人类所固有的。对在生存边缘游走的生物体来说，失去一天的食物就相当于死亡，而额外获得一天的食物会增加舒适度，但预期寿命不会相应增加。当你的判断和逻辑极度厌恶损失时，请注意，要从数字的角度而不是情感上去做财务决策。对损失的恐惧太强烈，错误的经济决策也会更多。多年来，因为吝啬，你已经错过了好几百万。

控制和管理情绪的策略

有钱人要么是变得对金钱不那么情绪化，要么是学会了如何控制自己的情绪、欲望和瘾症，至少达到了收入高于支出的程度。他们可能已经把金钱或与金钱相关的企业置于价值观之上，或者把赚钱和创造财富与如何服务和实现他们的最高价值观关联在一起。这才是你最该用心的事，而不是关注那些稍纵即逝的情感。从长远来看，这样才是赢家。

掌控情绪并不是拒绝或不在意它们，而是去观察它们，然后理解它们。它们为什么会出现？以下是你可以在生活中了解、管理和把控情绪时尝试的策略：

1.观察情绪。将自己从情绪中抽离出来，仿佛身体中有另一个声音或另一个人，去观察而不做任何评判。"哦，罗布，这是很有趣的反应。看看你都做了什么！"

2.情绪或反应下面隐藏着什么？它从哪里来？内心里的什么东西让你做出这样的反应？

3.它为什么会一直存在？你要学会什么才能让它消失？

4.通过它，你需要得到什么反馈？要想掌控它，你需要改进什么？

5.这种情绪对你有什么好处？

6.独处。自己去一个地方，一个彼时情绪不会干扰你或其他人生活的地方，直到它消失。

7.有一个"出气筒"朋友，一个你信任的并可以去征求意见的人，他做事谨慎，不会评判你。问他："我能骂人吗？"然后就尽情开骂。一旦释放了，感觉会好很多。负面情绪的累积和压抑会导致被动攻击行为和完全崩溃，更糟糕的是，会生病。

8.有值得信赖的律师、顾问和导师，你可以跟他们好好谈谈，他们能给你一些明智的建议。

9.在做出轻率或情绪化的决定之前，稍等一下。

10.在你一直存在挑战的领域，去寻找一些顶级专家，读他们的书，倾听和参加他们的课程。

11.将支出或投资与你的价值观联系起来。如果对它们有用，就去花钱或投资，如果没用，就不做。

耐心地、清晰地和有能力地通观全局，而不要对情绪做出反应。优雅地倾听，学习和接受反馈，通过深思熟虑的判断去探寻能产生最好的结果的行动，而不是放纵短暂的情绪状态。记住，财富意味着幸福，所以管理好情绪，就能管理好财富，也就会赚得更多、增值更多和贡献更多。

22

自我价值和净值

经济变化没有情绪起伏那么重要，经济环境没个人经济状况那么重要。"经济"这个词的本义是"擅长管理家庭或者领地"。这与自我管理有关。如果自我价值很低，那你永远都是低净值。你是从容不迫还是垂死挣扎？只是暂时身无分文，还是持有永久的贫困心态？如果你都不相信自己，别人为什么要相信你？

认知并提升自我价值

净资产就是净价值。自我价值是一种充实的内在感觉。大多数价值感都与你讲给自己的"故事"有关，还有你对自己的爱。你值得来自别人的和自己的爱。和其他人一样，你值得拥有荣华富贵。你为什么不能？是谁决定哪些人值得，哪些人不值得？并没有全能的高高在上的指挥官给人们颁发价值徽章，而把你排除在外。

其他人怎么看你的作用和价值并不重要，因为他们是根据自己的价值观而不是你的价值观在评判你。以前犯过的错误不重要，因为我们都会犯错。过去不一定支配未来。过去是谁毁了你不重要，你可以快速前进。如果想增加净值，先增加自我价值。作为艺术家，这应该对我很有好处，而那时候的我不知道自我价值和净值的关联。以下是一些与净值有关的提高自我价值的策略。

● 宽恕

原谅别人对你做过的错事，原谅自己犯过的错误。让它们翻篇吧。如果还不能做到这一点，去读读前一章。开始的时候你可能会抗拒，一旦发现了宽恕的一些好处，你就会继续做，然后你的生活就会很顺畅。你经历的每件事，都同时存在着好处和坏处、支持和挑战。

● 感恩

感恩自己拥有的一切，珍惜你的福气。你感激的、欣赏的和所有的感恩都以你自己选择的形式罗列在你的脑海中。把它们写下来，去祈祷，让它们变得更生动，或者念咒语，这些都由你决定。自从读了拿破仑·希尔的《思考致富》，在过去的 11 年，每天晚上睡觉前我一直在练习感恩，列出所有让我感激的大小事情。除了颂歌和咒语，这已经成了我生活的一部分，有时候我甚至会忘记自己已经做过了。你不可能在感恩的同时觉得不值得。头脑中列出的东西越多，这个做法就越有力，因为它会消除怀疑、恐惧和低自我价值。日思夜想，必有所获，作为一个额外的好处，你会入睡更快，处于很好的状态。（早上可以做同样的事情，但在早上 5 点30 分，我的生物钟定位在咖啡上，有意识的思维要到 6 点 10 分才能开始活跃！）

● 期待财富，因为它是你的权利

期望理论认为，你得到的是自己所期望的，而不是看起来"公平的"或是"你配得上的"。你配得上荣华富贵，这是你的权利，就像它对所有人来说一样。期望获得那些以付出和创造的形式出现的财富，并让自己拥有它。必须要觉得自己配得上获得财富，就像毕加索在餐巾上画素描的那个故事。你在用自己的报酬、收费和工资来衡量一生的努力和工作吗？人生中所做的一切都应该体现在价值上，这会带来巨大的净资产。回忆一下你一生中做过的和经历过的所有事情，尽可能久远一些，尽可能列出那些能为你的价值增值的事情，无论是个人的价值感，还是为他人做出贡献的价值。关注你所拥有的，而不是你没有的。专注于你能做的，而不是不能做的。

当你接受对自己的评判，并非常欣赏它们的时候，其他人对你的评判就不再重要，你会实现巨大的自我价值。世界是一面镜子，它显示出你对自己的感觉。有了很高的自我价值，你就不会害怕镜子里自己的样子。

"小便器定律"

有一条关于如何重视自己以及自我价值与他人关系的定律。它被称为"小便器定律"。我的一位导师约翰博士对此的看法是："如果在让别人滚蛋还是让自己滚蛋之间做选择的话，每次都选择让别人滚。""周围人来人往，但你会一直与自己同行。"

没有我们的允许，没有人可以让我们滚开；所以永远不要让别人来决定你的自我价值。他们不了解你，不知道你经历了什么才到达现在的位置，成为现在的你。消极攻击和隐藏情绪会造成很多不必要的损伤。

● 知识和经验

很多人认为，一旦有了知识和经验，自信心就会提升。这是对的，但请注意，不要等到你拥有了你所需要的一切后才去增加自我价值。你永远不会拥有一切，或者能把所有事都打理好，你要慢慢去完善。当然，随着学习、自我提高和获得更多的经验，自我价值和自信心会随之增加，但这是一个缓慢的过程，你也不能认为这是获得更高净值的唯一途径。

你可以加快获得知识和经验的速度，同时立刻就要相信自己的价值。致力于提升自我而非其他的事。想要精通商业，先要自我掌控。想拥有巨大的财富，先开发心理财富。让别人知道，在渴望成长的领域你永远都在学习。找到顶尖的专家，去读他们所有的书，订阅他们的播客，听他们的音频，去参加他们的研讨会和活动，观看他们的优兔视频，得到他们的指导，看看如何与他们取得联系并回馈他们的帮助。学得越多，赚钱越多。

● 设定目标，放手去做

是深思熟虑还是孤注一掷？当然，你想获得财富和成功，但孤注一掷会让你失望，因为人们对你为自己实现的财富不感兴趣。设定一个鼓舞人心的目标，无论你选择什么形式的咒语或者图像，把你的目标注入其中，然后不考虑结果，享受这个过程。对企业家来说，这是一种平衡的相对论：你如饥似渴、充满热情并坚持不懈，这些特质虽然在一开始时令人钦佩，但对其他人没有吸引力，还会阻碍你的财路。给自己太大的压力或对某个结果过度控制会给自己带来不切实际的期望，也会引发阻力。

● 提高财富上限

无论我们的净值如何，我们的收入都有上限，价值也是如此。这可能是咨询费、小时费率、工资、年度赎回、艺术（产品或服务）收费，还有所有被动收入的总和。这个上限是赚钱能力的最高点，既包括实际的货币，也包括你所相信自己价值的极限。正是这个上限让你不敢收取更高的费用，它与你的自我价值直接相关。内心的想法会极大地阻止你提高收费，上限就是让它保持在那个水平。将本书目前为止提供的技术和信息与第42章的定价与价值结合在一起，用于提高财富的上限，并打开财富的闸门。

● 价值就是财富

你赋予自己更高的价值，这个世界就会给你更多。给自己投资越多，世界给你的钱就越多。你感到自己有价值的话，就会变得很富有。人际关系、同情心、爱好或运动、专业知识领域、孩子，或者任何你持有的最高价值，连同你一直专注的领域都可能给你带来财富。如果手头还不宽裕，你只是还没有学会或是找到将财富转化为现金的关联方法，下一章将提供这方面的策略和方法。世界上有几千万人这样做过：摇滚乐队、艺术家、厨师、巧克力制作商、设计师、发明家、驯狗师、木偶戏表演者、乐高玩具搭建者、飞镖手、马语者……各行各业，林林总总。如果他们都能做到，你也可以。不过首先，我们要除掉一些阻碍财路的东西。

23

消耗财富的四要素

责备、抱怨、辩解和证明是消耗财富和资金最为严重的四个要素。它们绝对地排斥所有的现金流和人。它们将你置于结果，而不是原因；它们使你成为受害者，而不是胜利者。要么有钱，要么有借口，但你不能兼而有之。现在就全力以赴去消灭以下四种财富的拦路虎：

责备、抱怨、辩解和证明。

用单独的一章写它们，是因为我把它们封闭起来，不能让它们去毒害这本书的其余部分。感染了病毒，就要迅速去控制它，以防其大规模暴发。

责备

你可以责怪政府、体制、银行、政客和政策制定者，父母、理财师、媒体、你的客户和顾客、买家和卖家，以及那些有钱的浑蛋，但这不能改变任何事情。反正他们也不在乎。事实上，我要纠正一下，这会改变两件事：别人对你的看法和你对自己的看法。你会变得更痛苦，而不是更舒服。你会变得令人反感，别人会不惜一切代价躲开你。

我们都曾经自作自受地成了责备的受害者。我的目的不是让你更加自责，而是让你尽力不要再去指责任何人和任何事，并对生活中你可以掌控的一切承担全部责任。而那些你无法控制的事情，就随它们去吧。以可控的东西为代价，对无法控制的事情发牢骚太浪费时间和精力了。

抱怨

作为责备的结果，发泄沮丧、愤怒、不平、愧疚及其他情绪的出口就是去抱怨。抱怨抱怨这个，骂骂那个。那些听你抱怨的人谁会想"听你抱怨我真的很开心。谢谢你给我的人生带来这么有价值的礼物。继续抱怨，不要停"？

之前我听蒂姆·费里斯的播客，节目里的一位受访者建议他做一个"30 天不抱怨"的挑战。这个想法太棒了！有些人会系一条腕带，在发现自己抱怨的时候就用它弹自己。也有人一旦抱怨了就从头开始这 30 天。我建议你接受这个挑战。用 30 天养成一个新习惯足够了，到挑战结束的时候，你可能会抛弃抱怨的坏习惯。它不仅会极大地改变你的外表以及你可以吸引到的人和财富，也会对你内心的幸福感和健康产生积极的影响。

辩解

当你需要捍卫自己的立场和决定时，你会耗尽全部的能量。最有可能的是，你去辩解的对象无论如何都不想改变。很多人喜欢为了打架而去挑战，那么你如何说服一个只是想打架的人呢？答案是，你不能。这不仅浪费时间，还会耗尽你的精力和热情。你无法把注意力集中在自己的愿景上。平衡好自私与无私，去创造，去做那些对你和他人公平和有益的决定，然后让人们想怎么说就怎么说，想怎么做就怎么做好了。学会倾听和微笑，感谢人们的批评，不要多说什么，继续前进。在想要捍卫自己的立场的时候，把控自己，并保持沉默。你可以把省下来的时间投入到赚钱和做有意义的事情中去。

证明

想证明自己的决定和行为，可能是在怀疑它们，或者是在怀疑你自己。和辩解一样，它也浪费气场和能量。你为什么要得到人们的赞同？当然，除非他们是你最尊重和关心的人。你知道对自己和其他人的每个正确行动是什么。出于本能，你知道自己是否是真实的，这是你需要知道的。一般来说，最好不要告诉人们你的计划和正在做的事情，这样就不会出现那么多的阻力。继续前进。下面的内容不用看。

无法致富的小提示

以下是一个基于上述四要素的"无法致富"小提示的简单列表。请不要：

1. 听穷人的话。

2. 看街头小报。

3. 把其他人的看法或评论当作针对个人的。

4. 随大溜。

5. 找借口。

6. 害怕做自己。

7. 跟那些不太重要的东西较劲。

你让自己的恐惧、怀疑或是其他人支配你的想法、行为和行动吗？很多人身陷其中，不是因为生性刻薄，而是因为和其他人一样，感到愧疚、羞耻和恐惧。或许他们害怕未知、嘲讽、失败、成功、批评、改变、损失、压力或脱颖而出。他们处理这些令人恐惧的东西的唯一途径就是去猛烈地抨击别人。你有这些恐惧吗？你是否在努力克服它们，并确保不会把它们发泄在那些你关心的人身上？你在尽力做到最好，请继续前进、继续成长。学会放手，不去责备、抱怨、辩解或证明，对自己可以控制的一切承担全部的个人责任，接受其他的一切。

第六部分

驾驭金钱

Money

Second

Proofs

在这一部分，我们将揭示财富大师和巨富们所共有的可量化的、可持续的和生态学中的秘密。创造巨大的、个人的和全球的财富是有规律可循的，超级富豪们，而不是超级穷光蛋们，已经为我们做出了榜样，我会把这些规律告诉你。

我们给你提供如何赚钱和管理（更多）资产的技术，还有如何增值和保值。我们会告诉你利用财富去贡献力量的方法。

24

VVKIK（愿景、价值观、关键结果领域、创收任务、关键绩效指标）

从宏伟蓝图到具体细节，排列顺序和优先级，才能了解更多，赚得更多，贡献更多，我们把它定义为 VVKIK：

愿景（vision）、价值观（values）、关键结果领域（KRA，key result

area）、创收任务（IGT，income generating task）、关键绩效指标（KPI，key performance indicator）。

有些人高瞻远瞩，有些人目光短浅。有些人很清楚自己的愿景，但没有处理好细节，而另一些人"做一天和尚撞一天钟"，并不知道自己的目标是什么。VVKIK 系统将帮助你拥有清晰的愿景，专注于那些可以完成的最有意义的最高优先级的事，并提供量化数据，帮助你在进程中获得反馈。

愿景

愿景是生活目标的清晰写照。它既体现在你离世后的不朽遗产中，也呈现在当下的每一天中。愿景是鼓舞人心的价值观的终极体现。愿景是人生的路标，它在你处于重要抉择的时刻，面临艰难的选择、挫折，偏离方向和短暂困惑的时候引导你。愿景就是有明确的生活目标。

愿景能为你带来巨额财富。历史上最富有的人所共有的，不朽的遗产，是伟大的或全球性愿景的自然结果。遗产和远见是相互推动的伟大伙伴，也推动你走向巨大的和可持续的财富。想要完成一些超越自我的、更有意义的事情，你不能只盯着自己或者本地，需要放眼全国甚至全球。在他人的支持下，宏大的愿景推动你前进，迈向不朽的遗产。

价值观

价值观是生活理念和指导原则，是人生的各个方面中最重要的理念和原则。它们会过滤你所有的认知、思想、决定和行动。你通过价值观来体验这个世界。你的人生中最重要的领域会高效地自我排列并分出优先级别。你的价值观是独特的，其他人的价值观和你的不一样。你是独一无二的，保持真实，就是最好的自己，比任何人都更好。按照自己的价值观去发现和生活是自由的和鼓舞人心的。去唤醒内心的天赋，它早已存在，不需要"修改"，首先必须允许自己这样做，其次要遵循一个简单的程序。所以最重要的是，你允许自己这样做吗？如果允许，以下的练习是第二步。

绘制一幅理想生活的蓝图

★积极的健康建议：这个练习会改变你的生活★

这个练习将带给你顿悟、清晰的思维能力和专注。它将让你更看重自己，并阻止那些自我挫败的情绪和错觉，它们会逐渐侵蚀财富。出于直觉和自发的清晰思维和金钱，会让你的生活和行动变得更加有序。现在就为改变生活和财产增值做好准备。花些时间好好地、完整地做这个练习。集中注意力，按照下面的要求去做：

1.把你认为生活中最重要的事情记下来。考虑更高等级的抽象概念和想法，比如健康、家庭、财富、自由、幸福、学习、成功、成长、旅行和教育等。不停地写下去，直到没什么可写的时候，或者看到这些概念没有什么激动的感觉的时候再停下来。

2.认真地评估列表，然后根据你想要为生活做出的改变来重新排序（例如把赚钱或家庭放在列表最前面）。

要想做到这一点，请考虑以下问题：

● 你大部分时间在做什么？

● 如果没有外部压力，你愿意花一整天去做什么？

● 你的（家、办公室、汽车等）里面放着什么？

● 你一直在思考什么？

● 你最出名的是什么？

假设你已经完成了练习，现在你有一个可以代表自己的列表做参考。它是你的一面镜子、你的生活指南，它指挥你的每一个行动。想象一下，如果上学的时候你能这样做。想象一下，如果你知道控制和操纵自己生活的蓝图。想象一下，如果每年或每半年可以这样来检查、调整和重新协调你的生活。

选择自己随手可得的模式，随时都有人生的价值观清单对于过上理想的生活和拥有充裕的财富是至关重要的。你经历着把无意识变为意识、把不可见变为可见的过程，在刚开始的时候，你需要不断提醒自己。

在睡觉前和刚睡醒的时候看看价值观清单，是让你的价值观从无意识变为有意识的最好的方法之一。花 2 分钟把列表看三遍并思考一下，在短短几周内，你就会无意识地从直觉上明白自己的价值观，在你的行为和表现中去实现它们。无意识的思维不会跟有意识的思考一起休眠。你发现你经常会梦到白天发生的事情，或者在睡觉前突然感到很激动。很明显，你的想法会出现在无意识的思维中。现在，你有机会去控制它，你可以"自我编程"。

看到价值观清单的时候，你能够看到自己的激情和痛苦，假期和职业，什么东西能激励你，你就要为那个目标而努力，这些事项就在你眼前。从

127

此刻开始，你被无意识地拉去关注列表上最前面的那些东西，不再考虑那些下面的和根本不在表里的东西。如果你不喜欢眼前的一切，希望自己的生活发生改变，那么就有意识地去重新排列你的价值观。为了吸引更多的财富，你马上可以做的事情就是把钱和与钱相关的价值观放到列表的最前面。你的价值观将会随着生活改变，或者是随着时间的推移而有机地变化（例如，随着年龄的增长，健康的排位通常会提前），或者是一次痛彻心扉的重大情感事件迫使你发生改变（比如落魄毁掉了你的感情），或者是通过有意识的决定来改变。如果想赚更多的钱，最深层的改变和最有可能创造快速持久的财富的方法是改变价值观，因为价值观是生活中一切行动的驱动力。

价值观往往来自虚无，因为我们高度重视生活中还没有实现或还没有得到的东西。认为自己足够有钱的人就不会把钱看得那么重要。他们已经填补了这个空白，因此其他的东西自然会在他们价值观排名中占一席之地，比如健康、自由或贡献。这就是为什么用不健康方式减肥的人的体重会不断上下浮动，因为饮食在他们的体重最糟糕的时候对他们来说是最重要的，那也是他们最痛苦的时候。一旦节食成功或者减掉一些体重，痛苦就会消失，冰激凌会复出。

享受这个练习。我为你感到非常兴奋，因为一旦专注于自己的价值观，你与生俱来的赚钱能力和贡献会比你想象中来得更快。这个练习最好每半年到一年做一次。我喜欢在8月初和12月初做这个练习，那时的英国稍微清净一些，让我有清晰的思考空间。我会重新审视自己的愿景、价值观、关键绩效指标、关键结果领域、遗产、使命、事业和个人目标，这让我在未来几个月的生活中获得激励。

问自己这些问题，并把有关愿景和目的的想法记下来，然后马上采取行动。之后再去完善它。它会慢慢地变化，所以不要因为你觉得自己不值得那么大的愿景，或者你还不知道，或者你认为它实现起来太困难而去拖延。现在就好好想一想：

- 你的生活目标是什么？

- 你生命中能服务他人和长远的愿景是什么？

- 它为什么对你这么重要？

- 未来的 3 年、5 年、10 年、25 年、50 年后，你希望自己的生活是什么样子的？

- 你希望人们如何缅怀你？

一旦思考过愿景，你就可以把它与自己的价值观联系起来。你的价值观如何服务于自己的愿景，并帮助你逐步地实现它？要让它们齐头并进。当财富甚至没有入围你的价值观前十名时，你说你想进入财富排行榜是没有意义的。所以现在就花点时间把愿景与价值观对齐，在适当的地方进行调整和重新排序。

VVKIK 为你提供在人生中获得清晰的愿景、财富（按照这个顺序）的必然方式，出于直觉并自发地知道在适当的时候做正确的事情，因此在每一刻做正确的事情。

如何知道你所做的是正确的事情，并朝着正确的方向发展？你是否曾感到不知所措或沮丧，或拖延行事，害怕犯错或怀疑自己的正确做法？大多数人从错误的起点出发：从底部开始。他们加班加点地努力工作，忙着做无足轻重的工作，还以工作效率高和赚到了更多的钱为由来欺骗自己，实际上他们每小时的收入更少了。老板、"导师"和他们的良知告诉他们工作要努力，努力，再努力。他们在错误的方向上越走越快、越走越远，削弱了自己的赚钱能力和自我价值。

请从 VVKIK 系统的最上方开始检查进度和生产力。你在这个系统中工作的层次越高，后面的步骤就会按部就班，需要付出的努力就越少。

关键结果领域

"关键结果领域"是要全力以赴地去实现自己愿景的最高价值领域。关键结果领域是要投入大部分时间以最大限度地影响你的财富、收入、公司和遗产中的三到七个领域。

关键结果领域通常是战略性的、具有杠杆功能的任务和机能，例如发展和维护关系、构建令人惊叹的网络、培训领导者、开发系统、提高融资、商业规划和战略、董事会议和不断地自学等。

如果日复一日身陷低现金价值的琐碎工作中无法自拔，你很可能已经失去了对关键结果领域的关注。那些细致的、操作性强的和实用的工作大多不是 KRA——它们只是"任务"。如果感到不知所措、困惑或沮丧，你很可能已经被拖入别人的 KRA 里，能从你身上赚钱让他们很高兴。你明白那种"工作"了一整天，却觉得什么都没做的感受吧？筋疲力尽，懵懵懂懂，也没赚到多少钱。

每天、每周、每个月、每半年和每年，根据你正在发挥的最重要的作用，收入对实现你的愿景产生的影响最大，它会按照你的最高价值观的生活，去检查和调整你的 KRA。

检查待办事项清单、任务和那些与你的 KRA 背道而驰的要求。如果那些任务有助于你的 KRA，你就去做；如果不是的话，要不留情面地让别人去做或把它放在一边。KRA 为你提供了清晰的视野，还为你提供了获得最高收入的捷径，KRA 快速消除了你的不知所措、挫折感和低价值工作，刺激你的内啡肽，因为直觉会告诉你做得对。进步和动能让你感觉良好，并建立自我价值感、赚更多的钱和创造更多的能力。

如果有员工或需要雇员，你必须为他们的工作创建 KRA。以下是一些让员工反感或员工辞职时常见的抱怨：

● 没人赏识。

- 没有明确的目标（个人的和公司的）。

- 觉得没有什么影响力。

- 老板不在乎自己。

- 工作预期不切实际。

- 同时开展太多的项目。

其中至少有四项（尽管可以认为所有的）都与 KRA 有关。你的员工（团队）需要清晰的愿景。在工作中他们需要有明确的目标，它与企业的明确目标相关。他们需要知道他们应该做什么来实现现实的预期，明白他们的工作有价值并会产生影响，他们需要知道应该优先去做什么。如果他们正在为自己的职业生涯和你的企业发挥最高价值的功能，他们会觉得自己的工作有意义，因此会有价值感并获得激励。他们会投入地为自己和你获取最大的利益。

对于团队成员和你本人，KRA 应该放在工作描述的最前面。别再写那么多的任务和工作了。用一段文字清晰地说明职位，然后马上在下面列出担任该职位的三到七个 KRA。这是完成该工作的强制性要求，也是如何为个人和企业提供最大利益和满意度的明确指导方针。

在目标（愿景）文档中，你应该随时把 KRA 放在最前面，仅次于愿景和遗产。在本书的结尾部分，我会把这些内容汇总，送给你。

创收任务

"创收任务"对你（或你的公司）来说是最高价值——与 KRA 一致，并为它服务的任务。IGT 会尽可能高地利用财务价值，并把每小时的收入最大化。IGT 是在最佳时长内实现与收入直接相关的最高的杠杆化任务，它能带来最大的效益和最小的损耗。IGT 在更短的时间内完成更多的工作，赚到更多钱。

忽视 IGT 并把所有的工作看得同等重要，或者没有在序列中给予 IGT 正确的优先级别，会让你在面对不断变长的待办事项清单时感到不知所措、困惑和沮丧。并非所有的工作都是同等重要的。在高尔夫球比赛中，大多数职业选手 40% 的击球都是用推杆完成的。花更多的时间去优先练习推杆技术，可以在最短时间内最高效地提高高尔夫球手的分数。同样，以最高级别优先关注 IGT，可以让你在最短的时间内获得最高的收入，让你能够腾出更多时间做更多的 IGT，或者做更多你喜欢的不是"工作"的事情。

用最方便的英镑或美元计算出你当前的 IGT 价值，学习一个简单的算法，几乎能让你的钱立即翻十六倍。任何时候，如果没有高优先级，低优先级和其他人的优先级会自动填充你的时间，他们会利用你去赚钱。

关键绩效指标

"关键绩效指标"是公司、企业和个人目标中重要的、真实的衡量标准。它能帮助你不断前进、减少错误并优化效率。你无法控制那些没法量化的东西。KPI 是最有可能实时地显示出你的业务中正在发生什么或损失了什么的重要数据集。随着企业成长，移交控制权，管理变得越来越分散并更具有战略性，KPI 就变得越来越重要。

一个常见的错误是没有尽早设置 KPI，或者根本没有 KPI，因为它们需要花费时间，你要从紧迫的、更实际的任务中抽身去设置它。但这个错误就像因为工作太忙而不吃饭，因为工作太忙而不学习，或者因为工作太忙而不去银行把支票兑现一样。

KPI 为 KRA 服务，因为 KPI 提供实时反馈，即你的 KRA 和 IGT 操作是否产生了正确的结果和收入。通过 KPI 的反馈，你可以测试、调整或改变 KRA 和 IGT。如果没有 KPI，由于不了解未知的信息，你很可能，也很容易犯错误和赔钱，辛勤工作却一无所获。

想象一下，如果销售公司没有销售指标或者KPI。你一直在销售很多净亏损的东西，却一点都不知道，然后完全事与愿违地，甚至有些疯狂地做越来越多的无用功。然而，很多小企业并没有足够的KPI数据。因此，多达九成的新企业会在第一年倒闭，然后有八成的企业在接下来的三年内倒闭，这就不足为奇了吧？

现在开始设置KPI吧，特别是它关系到你个人和企业的收入。从那些你能想到的开始，比如设定可调整的目标、销售指标、市场营销和财务报告。从这些开始，创建你的体系，在更短的时间内，化繁为简地赚到更多的钱。

开发 KPI

要进一步开发KPI，这里有一些练习：

1. 阅读有关数据和业务增长的书籍。
2. 向大企业主们咨询他们的衡量标准。
3. 为你的企业排除问题，寻找解决方案。
4. 分析现有的KPI。
5. 在团队和客户中做调查。

向以前做过KPI的企业家咨询，他们已经解决过你正在解决或还没有想到的问题，会帮你提出更多有用的KPI。问问他们在衡量什么。如果你向团队和客户提出了恰当的问题，就会得到正确的答案。存在什么瓶颈？他们无法得到哪些信息？你应该启动什么，叫停什么，保持什么？寻求解决生活和业务中的问题，你会发现需要衡量的东西，这样它就不会再次出现。审视和思考当前的指标能够激发你的大脑中关于新指标的想法。失败的KPI将成为新的KPI的基石，它将为你提供全面的、有价值的数据。失败的

KPI 会造成员工士气低落、请病假和缺勤，或影响员工的留任率，也就是与员工的离职、解雇与退休有关。所有潜在问题的答案都是显而易见的。

VVKIK 的结论

你现在有了一直保持在正轨循环的反馈机制，从独一无二的最高价值到微观指标，"流动"性更强，"震动"更少。你有了可以减少工作去赚更多钱的体系。你有了系统和层次结构，他们给你提供清晰的愿景和方向，让你去做那些对你而言最重要的事情，去为最多的人服务，展现独特的遗产和财富。你应该把时间花在自己身上，所以要摆脱那些无聊的东西，让自己静一静。远离噪声，自上而下地工作，了解更多，赚到更多，贡献更多。

25

财富方程式

有一些规则在管理货币。富人了解这些规则并利用它们，而穷人则是这些规则的受害者。因为金钱从最不把它当回事的人那里流向那些最看重它的人，财富总会转到了解规则的人手里。财富的方程式是我开发的一个公式，它经受了时间的考验，在经济周期的每一阶段都能保持一致，在过去的几千年里从每一位财富巨头身上都能看到它。对历史上的全世界最富有的人进行强迫症式的狂热研究是我最热衷的事，也是这个方程式的模板。实际上，它很简单，就是下面的这个公式。你可以和其他人一样，尽可能地利用这个公式来获得财富。

W=（V+FE）×L

财富（wealth）=[价值（value）+ 公平交易（fair exchange）] × 杠杆（leverage）

我们一项一项来看看，更加便于理解。

价值（V）

价值是你为他人提供的服务和他们可以感知到的服务。如果你能提供服务和解决问题，并表现出关怀，人们就会收获价值和利益，他们还想得到更多，然后为你的服务付钱，还会把你推荐给其他人。人们都希望他们的问题得到解决，痛苦得到缓解，一切变得更快、更好，也更轻松。时间是稀缺的资源，也是最有价值的商品，因此任何可以利用时间或能保存它的东西都有价值，并可以转换成现金。如果你一直于经济困境或情绪波动中挣扎，多去想想如何为他人服务和解决他们的问题，你就会有财富方程式的一部分，并让更多的钱流向你。

公平交易（FE）

要获得金钱和财富，必须进行交换或交易。你要为其他人提供他们认为足够有价值并愿意为之付费的产品、服务或想法，你要保持开放的心态和足够高的自我价值以获得公平的报酬。当你心存感激地得到经济上的（或其他的）公平补偿时，就产生了公平交易，这个业务和推荐也会不断地重复。你的感激之情会转化为价值，是买家可以感知到的价值。没有（公平）交换或交易的价值将造成人生中的财务空白，因为你只付出，却不允许自己收获。不公平交易的存在会造成收入比率中管理费用过高，那么业务和收入就不可持续。你也会心生怨恨和痛苦。愧疚感、信心不足、宗教或社会信仰的影响、可感知的市场上限和极端情绪会造成片面的和不可持续的低价交易。这会导致价值创造的减少，并会再次自我应验。

另一种极端情况是，如果相较于付出的价值，你的定价过高，其他人会认为你不公平、贪婪，或更糟糕的是，他们会认为你在"敲竹杠"。因为夸大其词，你可能在短期内实现销售增长，但当人们意识到价值不足的现实，这种状况就会逆转。最终，你将付出更高的管理费用，因为你不得不以额外的客户服务、退款、公关费用和减损措施的形式做出补偿。长期来看，这是不可持续的，并可能会导致破产。看到别人这样做并认为他们"侥幸逃脱"是很容易的事，但就像安然、马多夫和李森一样，最终天道轮回，谁也逃不掉。

要想在公平交易中获得平衡，你要测试价格并得到反馈。价格弹性是一种用于衡量价格变化的影响或根据产品或服务需求去改变供应数量影响的方法。将买家准备购买的最大量，以及卖家可以努力实现的最大价值结合起来并进行平衡是有好处的。有意思的是，有时这个最佳点的价值会高过你的要价，或者超出你的想象。你同样想要测试自己创造的价值量，提升价值创造会推高价格。有一些方法可以以较低的实际交付成本来提高买家的可感知价值，比如在线托管信息。不断向理想的客户群体征求反馈，以保持价值和价格交换的完美匹配。如果你能保持公平交易，买家就不会变得贪婪或者很难满足，因为他们感觉到物超所值，他们还会给你介绍其他客户，这会降低你的营销成本，心怀感激和更有针对性的服务又会吸引来更多的顾客。你重视服务，所以会用心地让它保值并改进它。

杠杆（L）

杠杆是服务和薪酬的规模和速度，以及它的影响力。为越多的人提供服务和解决问题，你赚的钱就越多。问题越大，业务量越高（问题的规模和大小决定公平性）。产品、服务或供应越有价值，它传播得越快。

在具有价值和公平交易的情况下，你才能利用杠杆来扩大财富。夸大其词可能会让业务量短时激增和大规模传播，但无法服务于他人和不能解决问题的东西都不会继续扩大规模，因为一旦别人发现了其中的不公平交易，你就会遭到唾弃，然后重归平衡状态。事实上，增长过快是非常危险的，因为缺点会被放大，或者如果你还没有做好增长的准备，业务可能会出问题。此外，如果承诺无法兑现为价值，它会随着规模扩大而加剧，管理费用会相应增加，利润率甚至可能变为负数。这就是为什么精明的商业顾问会建议你不要过早地或过快地扩大规模。

查询量是（价值＋公平交易）× 杠杆，即（V+FE）×L 这个方程式可以有效运行的标志，就是其他人以你的名义在视频平台、电视及其他有影响力的媒体上分享的，或者迅速传播的。在被光纤、社交媒体和更新颖的技术颠覆的世界里，你的价值＋公平交易（V+FE）可以很快地被杠杆化。生意和服务可以比以往任何时候得到更快的增长。这就是为什么我认为现在是有史以来可能创造巨大和持久的财富的最佳时机。你可以在优兔上获得 1000 万次的点击量，在众多的社交媒体平台上迅速传播，获得数百万次点赞和分享，全国性的或全球的电视台会报道你。这种"一对多"是非常高效的杠杆。未来的人工智能、虚拟现实和量化宽松可能会进一步加快规模化的速度。

V+FE，没有 L

如果有很高的价值和公平交易（V+FF），但没有杠杆（L），是无法创造巨大的财富的。客户基数的规模和影响范围将关系到财富的规模。你可能有个很伟大的小公司，或者压根没有公司。如果想获得更多的财富，就必须杠杆化。

V×L，没有 FE

反之，具有很高的价值（V）和杠杆（L），但没有公平交易（FE）。在这种情况下，就会扩大负利润率和不可持续性。你要屈从于客户的意愿，满怀痛苦和怨恨地加班加点工作。激情和职业精神会变成绝望和幻灭。有些东西将会崩溃——要么是你，要么是银行。

FE×L，没有 V

有公平交易（FE）和杠杆（L），但没有价值（V），财富就不会维持太长时间。这是方程式的几个变量中最危险的一个，因为在过度承诺后可以迅速扩张。最终，在公平交易中你无法提供价值的名声会被放大（杠杆化），而财富将会通过声誉成本、辩护成本、退款和将利润率降为负数的额外服务重获平衡。

可以以"便利贴"为例来看看这个方程式是如何发挥作用的。它的价值是通过解决我们很多人共有的问题而产生的。有了它，我们不用随时带着本子，可以快速记一些东西，然后把它贴在一个不会找不到的地方，还不会破坏任何东西。因为便利贴具有价值，也值得它的价格，就达成了一个公平交易。每年售出 60.5 亿个便利贴的销量实现了它的杠杆率。

现在有了一个已经得到验证的、可扩展的，但鲜为人知的方程式可以用以创建、维持和扩大巨额资产。对方程式里的三个要素要同等重视，但要按照正确的顺序（价值，之后是公平交易，然后是杠杆），在其中你不擅长的两个领域雇用别人或与最优秀的人合作。然后你就可以承担自己最愿意去做的工作了。一旦修复了方程式中破损的部分或创建了方程式中还没有的部分，财富的闸门就会打开。在扩大规模的时候，你需要继续测试，接受反馈并进行调整。工作的内容会改变，市场会发展，新的挑战会一直出现。如果能够接受这一点，而不是成为受害者，它会带给你可预期的最好的竞争优势。

26

时间与金钱的关系

有人说时间就是金钱。我还想说金钱就是时间。金钱和时间是相互依存的。大多数人穷尽一生只赚到一点维持生计的钱，耗光了所有的空闲时间，直到离开人世的时候依然两手空空。这是一个可悲的反讽，但有解决办法：要明白时间与金钱之间的关系。

努力工作并不一定会让你更有钱

有个最大的传说是：要想成功，你必须努力，努力，更努力。比其他人更努力，工作时间更长，你就是最好的。做出牺牲，拼到底，永远不要放弃。即使痛苦也要继续走下去，不要示弱。勇敢起来，击碎它，加油，努力。虽然这些话适用于角力或很高水平的运动，在选择职业和投入时间的时候，还有更多的因素需要考虑。勤劳的工人认为"业精于勤"，但聪明的工人会说"事半功倍"。

要选择正确的道路去投入时间。在一个不太可能有结果和创造出财富的职业中，努力再努力并做出巨大的牺牲是相当疯狂的。如果你每周工作60小时，寄希望于每3—5年可以升职加薪，增加的钱甚至抵不过通货膨胀，你延迟满足自己去做喜欢的事情，很明显，你的薪水从3万英镑涨到6万英镑需要花30年，然后更加努力地工作就是在消耗时间。考虑到所有额外的时间，下一次涨薪水实际上意味着更低的小时收益率。

如果你的人生的大半时间只掌握了一项技能，它可能会随着技术或周期性变化被淘汰，你晚年要靠政府的福利过活，那么更努力、更长时间地工作是违反直觉的。如果你花在工作上的时间让别人致富了，你却没有控制财务优势的能力，那么更长时间、更努力地工作就会事与愿违。

大多数人认为（还教导别人）工作越努力、工作时间越长，就会更富有、更成功。这是一种谬论。积累财富有几个阶段，虽然在创业阶段的努力和长时间工作会让你进步，但一旦进入战略、愿景、领导力和解决更大问题的阶段，就会恰恰相反：用力越大，结果可能越糟糕。你会进入辛勤工作却收益递减的怪圈。

写这本书的"苦工"模式

我们以写这本书为例。以下是写这本书或任何一本书的"苦工模式"：

1. 积累知识。尽可能多读书，尽可能多参加活动和研讨会，尽可能多接触了解金钱这个主题的导师们。

2. 获得经验。用10年时间积累财富和赚钱。

3. 进行研究。观看视频，对关于财富的书、课程和音频做详细的笔记。研究所有的历史、数据、事实、故事和传记。

4. 写一本书。大多数人要花费几年的时间。大多数人的内心都有一本书，只不过一直都留在心里。生活会阻碍你，在无法抽出时间写作的时候，你会感到内疚和沮丧。

5. 编辑整本书。这是一个你经历过的最无聊的过程，无论读了多少遍，还是会出错误。

6. 自费出版。你要经营一家图书印刷公司。我们曾经印过

5000 本书，但里面所有的纸都掉出来了。

7. 推广和销售。如果书卖不出去，你就浪费了几百小时。根据 2016 年美国出版信息服务商鲍克（Bowker）公司的报告，2015 年美国有 75 万本自费出版的书，非虚构类书籍的平均销量是 250 本。20% 的书销量占总数的 80%，其余 80% 的书一年卖出大约 50 本。如果你买了 100 股印刷行业股票，你不仅会赔钱，还要赔上几百小时。

8. 更新内容。大多数的书在印刷的时候就已经过时了。除非每 1—3 年更新一次，否则它们很快就滞销了。

我们将在本章的结尾处介绍在写书的时候如何利用时间杠杆，达成聪明而不用苦干的工作模式。对大多数踏实勤奋的作家来说，上面的列表是很冷酷的现实。这是我写的第 9 本书，所以我自己也感同身受，当然也犯过上面提及的大部分"苦干"的错误。

加班可能会让你得不偿失

加班是另一个具有误导性的概念。你以为自己多赚了钱，然而事实上你在用更多的时间换取递减的回报和益处。加班是用那些永远找不回来的时间去换取多一点点的钱，你可能用它们增加个人支出，买更多的东西，但并没有改善你的财务状况。这导致更大的压力，因为你必须赚到更多的钱，才能维持相同的财务状况，但需要付出更多的时间，而通货膨胀却在逐年攀升。

具有传统的"努力工作赚加班费"心态的普通员工确实创造了个人财富和企业：成为公司老板或者为国家提供税收。员工常常受困于抵押贷款、管理费用、对福利和"安全"退休的幻想，但可悲的事实是，在没有任何预警的情况下，州政府随时可能会花掉你的养老金，一个监管规定的改变就会让你失业，或者老板的一个决定就会让你丢掉饭碗。

做员工并不一定是件坏事，可能很适合你。你可以成为一个创业企业的内部创业者。重视、理解和利用时间与金钱的关系对于实现赚钱能力最大化至关重要。我们将在第 39 章中讲企业家、企业内部强人和员工。

并非每一块钱都有相同的价值

相同的货币单位并不一定具有相同的价值。要非常明智地选择如何利用你的时间单位交换货币单位的方式。以下是一些选项和示例：

1. 工作价格
你的工作价格对应的时间成本可能比你的小时费率要高，所以你每小时的收入变得更少了。如果能更好地利用时间，那么以你的工作价格，每小时能赚到更多的钱。

2. 小时费率
工作更长的时间去赚更多的钱会消耗时间。工作的最终目的是能够有钱去做你喜欢的事情，这需要时间，也需要钱。一旦达到了个人能力的极限，除非提高小时费率，否则就赚不到更多的钱了，这让大多数人感到害怕，小时费率通常是增量的，而不会以指数级增长。

3. 月薪或年薪
如果工作时间很长，回家还要继续加班的话，你的工资小时费率很低。在现在的职位上加班加点地努力工作，就小时费率而言，你现在的工资变少了，你希望能得到3%—5%的加薪。就像轮子里的仓鼠一样，你被困在这种小时费率更低，而工作要更努力，工作时间要更长的怪圈里，把本应留给自己做喜欢的事情的时间消磨殆尽。

在上述所有的例子中，你都在交换或消耗时间以换取金钱。那些时间是永远也找不回来的，实际上你为了很少的报酬缩短了寿命。有一些方法可以使你的时薪或月薪最大化，这样你仍然可以享受做个雇员或承包人的好处，因为并非所有人都适合成为企业家或商人。

4. 从别人身上赚钱

如果你的小时费率价值是 100 英镑，而你雇用或签约的人每小时赚 30 英镑，你能从中赚到 10 英镑，那么从十个为你工作或跟你签订合同的人身上赚到的钱就能替代你的时薪。这是时间和金钱的杠杆作用。你要么减少工作时间，要么每小时自己赚 100 英镑，加上其他十个人的 100 英镑，花费相同的个人时间，使自己的收入翻倍。和前三种与时间相关的赚钱方法不一样，它可以无限地扩大规模。如果你手下有一千人，那就是每小时 1 万英镑；有一万人，就是每小时 10 万英镑。当你雇用和签约更多的人，自然而然，他们承担的任务会低于你的小时费率，因此，指数化的结果就是给你赚钱的人越多，你的小时价值就越高。如果一万人每人每小时给你带来 10 英镑净收入，每周工作 40 小时，你每周可以得到 400 万英镑的净收入。你现在可以挑选自己喜欢的工作类型，也可以减少工作，或者根本不工作，也可以和你的团队一起工作，可以赚越来越多的钱。你还可以通过增加服务和创造就业机会去创造巨额财富，你的所有的收入都会产生税收。

5. 资产收入

人们需要管理，这就增加了一个"从他人身上赚钱"的耗时的变量。随着规模的扩大，你要引入管理层，这样的话，总经理管理总监，总监管理经理，经理管理普通员工，从而减少你亲自去管理的时间。你可以把时间用在资产、体系、软件、股票和房产上，它们会带来被动收入，并且不需要那么多管理成本。你也可以雇人来管理资产。花些时间创建它，扩大规模之后从中抽身。

一般来说，在创建资产初期是无法产生收入的，这就是为什么人们一直为小时费率或工资而工作，因为他们无法负担或是对于姗姗来迟的收入没有愿景。一旦创建一个资产，将其系统化并管理它，它就会启动并持续带来剩余收入。当你建立起一个庞大的资产组合时，你的收入与时间比会以指数级增长，因为你可以拥有的资产数量和被动收入是无限的。

6. 工作收入、小时费率、工资、其他人员和资产获得收入

在扩大业务规模和积累赚钱经验的时候，你可以通过以上五种途径去赚钱。你每小时都在赚钱。用时间换取数万或数十万英镑让你很开心。为什么不呢？你可以有其他的选择。你也可以把时间用在一个"生产定额"上，开发一座大型商务楼，或建立一个史蒂夫·乔布斯风格的团队去创建一个新的企业。你还可以从自己创建的所有公司中拿到高额的工资、股份和提款，然后离开。你可以从企业中成千上万的员工身上赚钱，并从你所创建的所有资产中获利。只要完成了每个阶段，就能以最少的时间投入，利用多种杠杆，获得多种收入来源和多种收入方式。

赚钱与享受时光

当然，财富不仅仅与金钱相关。财富关乎幸福，它用丰富的现金流去平衡自由的时间。你可以用自己的时间赚钱，一旦利用别人的时间赚到钱，你就有了选择权。你可以用这些钱赚取复利，将自己的收入潜力最大化，或者只是花一些时间去做更多自己喜欢的事情。不用我告诉你那是什么，但你一定可以去选择更好的。这也可能取决于你处于人生的哪个阶段。据说有三个与金钱相关的阶段：学习期、赢利期和渴望期。也许我们应该把它变成学习期、赢利期和杠杆期。

时间管理模型

下面是三个关键的时间管理模式，它们会保留并解放你的时间，同时加速财富增长：

● 时间模型的四个值

时间的四个值是：浪费、花费、投资和杠杆。

A. 浪费时间

如果有经常性的重复收入，你才有资本去浪费时间。否则，你耗尽时间和生命，也赚不到什么钱。你是否曾经问过自己："时间再也回不来了？"我是不是说得太多了，下一个。

B. 花费时间

花费的时间是指在经济或情感方面，兼具低价值和高价值，但没有产生剩余的、持续的利益的时间。按小时费率工作，完成非杠杆化任务或用时间换取金钱，和给别人赚钱，都属于花费时间。

C. 投资时间

这是完成最初的任务后很长时间内持续赚钱或使用杠杆的时间。它具有可以带来持续很长时间甚至持续一生的剩余和重复收入的好处。

D. 杠杆时间

杠杆时间建立在投资时间的基础之上，但可以利用或设置初始任务。你完全可以把生意或资产的主体外包出去，依然可以从持续收入来源中获得份额。

被动收入源于投资的和杠杆化的时间，以及股息、提现和特许权的使用费。工资来自人们花费的时间。只要有投资的愿景，用时间交换金钱没什么错。你可以为了钱而努力工作，也可以让钱为你努力工作。以掌控时间为目标，去衡量和管理它。要严格地、无情地和自律地去投资时间。引领它、管理它和利用它。这不只关乎你付出了多少时间，还关乎世界给予你多少回报。你可以扪心自问："相对于我投入的时间，这能带来最好的回报吗？"这个问题能促使你付出最少的时间赚取最多的钱，创造经常性收入，做更多自己喜欢的事情，它让你赚到更多的钱，而不是耗尽或出卖自己的时间。

● 创收价值计算模型

确认是否正确使用杠杆的唯一方法是确认你的工作是否具有最高的财务价值，同时外包的业务低于你的财务价值，这样就可以算出你每小时的价值。

第一阶段是计算创收价值（IGV, income generating value）。IGV 是每小时工作的价值。如果你确切地知道自己 1 小时的价值是多少，就可以精确地计算出哪些工作你应该自己做，哪些应该利用其他人做，去雇用或鼓励别人来给你做。

要计算自己的 IGV，请计算出你每周工作的总时数。其中包括工作（职业、兼职工作），以及所有投入资产构建的时间，就是你用于赚钱的全部时间。你可能要工作 55 小时。

现在来算一算，或者大概估计一下，在这个时间框架内你赚了多少钱。包括所有收入来源：工资、股息、利息、房产收入等，如果你有的话。包括除去馈赠或贷款外的所有收入，得出一个总额（不扣税等）。你一周的收入可能是 1000 英镑。如果只知道每月的收入，而不是每周的收入，把每月收入数据除以 4.3 就可以得到每周的数据。现在用总收入除以总工作时间，就得到了你的 IGV，即每小时的时间价值。

在这个例子中：IGV=1000（英镑）/55（小时）=18.18（英镑 / 小时），

即 IGV= 总收入（每周）/ 工作小时数（每周）。

那么，你从中明白了什么呢？所有每小时（可能）赚得超过 18.18 英镑的工作，都可以自己做，因为它不会削减你的 IGV。但那些每小时（可能）赚得少于 18.18 英镑的工作，或者用 18.17 英镑或更少的钱外包出去的工作，务必要外包出去，否则你的 IGV 就会下降。这是一种复利，因为从低价值工作中腾出时间去完成高价值工作时，会赚到更多的钱，从而提高你的 IGV。

这就是人们工作更长时间或加班都不可能致富的原因。这就是为什么富人会变得更加富有，因为他们使用杠杆、外包和雇人去做较低价值的工作。要想让这个模型对你有用，你需要自律，并要相信这个"模型"。对于任何到手的工作，如果你觉得它能或者可能让你赚到高于自己 IGV 的钱，你就自己做，因为它值得你去做。如果坚持这样做，你的 IGV 就会一直上升、上升。

但更重要的是，如果遇到的那些工作给你带来的收入低于你的 IGV，你就必须利用杠杆或把它外包出去。如果不这样做，你会变得越来越穷，实际上你推出去的钱比赚到的多。坚持去贯彻这个体系，它会永久地改变你的人生和财务状况。

● LMD 模型

这是可以将时间与金钱的关系最大化的体系，去管理你的工作，你就能够完成最多的工作，并且花费最少的时间去赚到最多的钱。L 第一，M 第二，最后是 D：首先利用杠杆（leverage），然后去管理（manage），最后去做（do）！

在忙碌的时候，你最先想到的事可能是："我要做什么？""有那么多事情要做，我该从哪个开始？""我什么时候才能把这个做完？""我要怎么做？"

现在试试这个：下次开始工作或处理待办事项的时候，不是从干工作开始，而是从那些可以使用杠杆或外包出去的工作入手。你原本要做的第一个工作可以找谁来做？第二个呢？第三个呢？在当天的七项工作中，如果你把四项分配出去，自己做三项，你就可以花费不到一半的时间达到两倍以上的结果。

一旦把自己平常完成的工作分派出去，第二天它们就不会被放在有闪亮的包装纸和丝带的盒子里神奇地出现在你的桌子上。任何"杠杆"任务都需要管理，直至完工。检查你分派出去的工作，并管理（指导）它们，一直到它们完成。经过这两个步骤后，你再考虑自己"做"一个工作。从"做"转到"使用杠杆"的几小时就会产生巨大的复合效益。最终，你可能分配了三个工作，"正在管理"两个，只有剩下的两个必须自己完成。

如果因为太忙而无法投入时间，那很可能就是你需要这么做的原因。如果除了你之外，没有人能完成那个工作，这也很可能是你需要这样做的原因。

27

财富巨头们的共性

这是我最想写的一章。据我所知，对于巨额财富的创建和积累，没有什么比向财富巨头学习更好的方式了。有些人说最好的方法是从自己的错误中学习；我认为最好的方法是间接地从其他人的错误中学习。让他们去做碰撞测试的假人，当你知道它可以用的时候，再入手。不光可以赚钱，还能赚快钱的真正策略是去效仿和拥有伟人们的特质。

财富手册

　　美国历史学家休伯特·豪·班克罗夫特，从 1874 年至 1917 年间写了 27 本书，并于 1896 年出版了《财富手册》(*The Book of Wealth*)。他花费了 6 年时间完成了这套跨越 6700 年的史上最富有的人的编年史。这套书共 10 卷，每套售价 2500 美元，在 1898 年只卖出了 4000 套。班克罗夫特的这套书里记录了西方世界所有最富有的人，如摩根家族、罗斯柴尔德家族、洛克菲勒家族、范德比尔特家族、肯尼迪家族、卡耐基家族、弗里克家族和福特家族。我要向这套书和我从中所学到的一切致敬。如果我可以总结贯穿于《财富手册》里的思想和史上将近 1900 位财富巨头的共性的话，他们中的很多人积累了巨额财富，如果不考虑通货膨胀的话，现在的一些亿万富翁与他们相比也相形见绌，其共性包括：规模化服务，物质丰富和对于财富的智慧。以上是过去 6700 年里最富有的人的三个共性。在《财富手册》出版的 120 年后，可以看到最富有的人依然具有这些共同之处。随着个人财富的增加，我看到自己在朝着这些共性的方向变化，一部分是因为教育，也有一部分来自内心的欲望和命运。史上最富有的人都有以下信念：

1. 他们注定要为大多数人服务

　　富人们越来越深刻地意识到，他们要为大多数人服务，这个想法在不断成长，慢慢地实现并服务于越来越多的人。这个范围是没有止境的，因此可以积累的财富也是没有上限的。这种对于服务规模化的愿望与想要做出巨大贡献和留下持久遗产的渴望是一致的。虽然他们得到了巨额的财富，但结果似乎不仅仅是钱。它是记忆和经久不衰的历史。

富人们要经受全球财富带来的挑战，这个愿景要比其他的阻力更大。他们要解决世界上最大的问题。他们一定可以完成使命，这似乎就是他们的宿命，他们在服务、规模化和解决问题之间搭建了桥梁。

史上最富有的两个人（调整了通货膨胀之后）是约翰·洛克菲勒和安德鲁·卡耐基。洛克菲勒的财富相当于3410亿美元（1918年为15亿美元），卡耐基的相当于3720亿美元。洛克菲勒控制着美国90%的石油生产，他为国家，甚至全球提供服务。也许卡耐基是有史以来最富有的美国人？1901年，他以4.8亿美元的价格将美国钢铁公司出售给了摩根大通，这相当于当年美国GDP的2.1%还多。卡耐基颠覆了钢铁产业，他建造了一个面积比八十个美式橄榄球场还大的巨型钢铁厂，到1900年，卡耐基一年的钢产量达到1100万吨，雇用了20万名工人。

通过利用自己的愿景克服对规模化的恐惧来增加财富。这些大亨已经开辟了道路，他们雇用了成千上万的员工，为几千万人服务，克服了全球性的困难，不断前进和成长。他们以自己的方式表现出了对全人类的极大关怀和忧虑，并将自我利益平衡其中。

我相信赚钱的力量是上帝赐予的，要尽我们所能为人类的福祉而努力，以我们的才能一直去贡献。继续赚钱，赚更多的钱，然后在良知的指引下，把赚来的钱用于我的同胞，我相信这是我的责任。

——J.D. 洛克菲勒

2. 他们意识到了钱是什么，不是什么

如果不明白钱是什么，你就无法获得巨额财富，如同不知道汽车发动机的工作原理，你就没法修理它一样。这只是一个常识，却让我耳目一新。我以前一直认为经济学、商业和历史都是枯燥乏味的。有趣的是，这种想法被反转了，现在我喜欢上了它们。如你所知，金钱也不好，也不坏。它只是一种普遍的价值交换机制，一种储存未来价值和财富的方式，

可以应对不确定的未来，并实现公平交易。金钱是信用，包含信托和债务。金钱是转化为物质的精神。历史上最富有的人已经超越了金钱的情感意义和信仰，洞察到它真正的运行规律。明白了这一点，你就可以放手去拥有财富，而不会害怕被人评判而感到愧疚。这真是让人如释重负啊。

● 百万富翁和亿万富翁的其他共性

在研究百万富翁、亿万富翁、商业领袖、创新者和有远见卓识的人的时候，我有幸和很多人成了朋友，我认识到不要想当然地对一种类型的人形成刻板印象。他们高矮胖瘦各不相同，价值观各异，出身背景不同，来自不同的国家，有男有女，有老有少。没有典型的亿万富翁人口学特征，但是那些将潜在财富转换为大笔美元的人，他们始终如一和不屈不挠的品质是我们可以效仿的。

富人们一直致力于通过垄断去建立大规模的服务型企业，通过创造价值、提供服务和提高投资创造巨大的市场份额。偶尔会有最大的企业违反反竞争法，也有少数企业可能通过非法手段获利。奶油总会浮到表面上来，顾客们会用脚投票，他们会去购买物有所值的商品和服务。如果哪个企业或企业家滥用权力的话，社会自有监管的办法，比如丢失大量客户、制定监管法律和法规、抹黑战略，以及迫使企业主去做更多的慈善事业等，在极端情况下，会出现监禁和暗杀。追逐合法利润并没有错，只要懂得合理支出和回报社会即可。

拥有远见卓识

身边一切被你称为"生活"的事物，都是由那些并不比你聪明的人创造的。而你可以改变生活，影响生活，创造属于自己的东西供其他人使用。

——史蒂夫·乔布斯

苹果公司现在每分钟的收入是 30 万美元。

有远见的人通常把世界视为他们的游乐场。亿万富翁是为数不多认识到世界是可塑的，而不是一成不变的或者被事先安排好的人。他们能看到别人看不见的东西。他们会受到新的想法的启发，其中大多数是被别人认为太大、太不切实际的想法，比如埃隆·马斯克想殖民火星。他们看到了为人们提供价值的可能性，他们可以让你看到规模化。他们激励其他人，驱动人群和资源，将想法变为现实，把想法转化为收入。你也具备把想法转化为一个清晰的愿景和物质现实的能力。这些有远见的人与他人共享灵感，并把他们招入麾下。一旦计划、人员和材料到位，会有投资者来为愿景融资，就会激励更多人加入，与你共赴使命，以实现这个愿景。持有愿景并以它为目标赋予你力量和权威。

一些传世之作、基础设施和建筑要花几年甚至几十年才能完工。那些有远见的人能清晰地看到遥远的未来，他们看到了无限的可能性，以及在"凡人"看来似乎不可能的东西。有远见者提高了生活的标准。事实上，所有世界上最富有的人都相信自己拥有这种高瞻远瞩的力量，相信自己配得上所有他们渴望的好东西。

目标确定且清晰

保持自信和清醒，相信自己和你的愿景，每半年到一年去调整一次，然后它们就会变得更加明晰。坚不可破的目标和持久力是世界上最伟大的财富创造者们身上最醒目的特质。如果你都不相信自己，别人为什么要相信你呢？模糊不清的愿景不会激励任何人。你的坚定会带给别人信心，以及想要支持和帮助你实现事业的愿望。

以大师为榜样

人们常说以史为鉴。伟人们的一些共性是可以模仿和学习的。你会成为自己的偶像，你的内心已经拥有了他们所有的特质，通过研究和学习那些伟大的人去唤醒你的潜质。在那些已然在这个世界上留下印记的人中选择你最想成为的那个，认清他们的特质并去学习。

我见过的或者研究过的财富巨头们没有一个人不把大量的时间花费在和其他成功人士，甚至是那些比他们还成功的人在一起的。人脉是净资产，要用一生的时间去寻找、服务和与其他的巨头建立关系。你要和自己经常交往的人一样成功，所以要像构建帝国一样建立你的人脉。去寻找同行、专家和导师，从别人的错误中学习，与最好的人建立关系，以此为基础再去建立关系。成功的人认识成功的人，有钱人相互吸引。第43章详细介绍了这个问题。

不悲观，也不妄想

你可能会听到这样的说法："百万富翁们都是积极向上的人。"你要做个"乐观"的人才能成功。我认为这类表述过于简单化了，通常出自那些只会纸上谈兵的人。处于两个极端的人都不会积累巨大的财富，太"乐观"的话，你会太天真；太容易怀疑的话，你永远不会在精心策划和深思熟虑后采取行动。理查德·布兰森，按理说算是最"乐观"的亿万富翁之一了，他建议："相信本能，但要保护自己的缺点。"这是一种前进与避险的综合体。不要做悲观主义者，但也不要妄想，或者对错误视而不见。总体上看巨头们似乎有着乐观的人生态度，掌控了改变和颠覆格局的能力，但在必要时也有怀疑主义的心态。依赖别人，但不能让他们欺负你；公平合理地去谈判，但要坚定；可以信任，但要去验证。能够做到快速开启和终止这些极端情况会加强你赚钱的能力，也许你可以把自己称作"现实的乐观主义者"。

终身学习

已经研究过 1200 多位百万富翁的史蒂夫·西博尔德说："走进富人的家，一眼就可以看到内容广博的藏书，他们靠这些学会如何让自己更成功。"他还说："中产阶级爱读小说、小报和娱乐杂志。"

据《商业内幕》报道，沃伦·巴菲特估计他 80% 的工作时间都用于读书。Richhabits 网站创始人汤姆·科利说："85% 的百万富翁每个月读两本以上的书。"这些书大多是有关职业生涯、历史、成功人士传记、自立、健康、时事、记忆改善和学习、心理学、领导力、科学、新时代、励志和积极的人生观等方面的。

从我和其他研究财富的人获得的结果中可以很明显地看到，富人们通过读书和文章自学。他们向其他的巨头学习，并参加有关商业、财富和上述主题的活动和课程。虽然这项研究并不是在曝光真相（"读书与致富"），但事实确实如此。汤姆·科利说每个月读两本好书并不难，如果每月就读两本相关的书，那么平均下来，你在 32 年之内能成为百万富翁。你思故你在，想法会变成现实，所以在阅读和自学的过程中，你把装进头脑中的东西变成了物质财富。

有多种收入来源

根据汤姆·科利的统计，65% 被研究的百万富翁在赚到第一个 100 万美元之前至少创造了三种收入来源。我还没有见过哪一个财源滚滚的人没有多种收入来源。很多人最初通过一种模式赚到了第一桶金，但后来通过投资房地产、股票、其他生意、技术、知识产权及其他资产类别实现了多元化。无论一个收入来源多么深入和巨大，它都面临着解体和市场变化的风险。明智的做法是平衡好资本和收入、周期性和反周期性的收入来源、较高风险与较高回报、更持续的和安全的收入来源。

有品质的生命力

当被问及获得如此成功并拥有那么多财富的原因时，沃伦·巴菲特回答说："三个原因：美国给了我很大的机会，良好的基因让我活得长，还有复利。"

这一席话越想越有道理。现在沃伦·巴菲特已经年近 90 岁了，50 岁之后他创造了自己 99% 的财富。活得长帮助他积累了巨额财富。这不仅仅要尽可能活得长，还要有活力、健康和保持良好的精力。生病或疲劳会像糟糕的投资决定一样减缓财富创造。汤姆·科利研究过的 76% 的百万富翁每天锻炼 30 分钟或更多。和曾经的史蒂夫·乔布斯一样，许多人都以热衷于远足闻名。科学研究证实，运动可以增加精力、智力和寿命。50% 白手起家的百万富翁至少在工作前 3 小时起床，因此你可以把早起、锻炼、听播客和有声读物结合在一起，三倍利用时间。

测试状态最佳的一天

关于应该几点起床和应该睡多少觉，有很多相互矛盾的建议。特别富有的人有习惯早起的共同特点，所以你应该认真考虑一下这个问题。然而，通过对自己的多次测试和在我的播客上采访过的一些专家，我认为每个人一天中有不同的能量高峰和低谷，应该根据个体差异在高峰时段工作。许多商界人士喜欢早起，而很多有创造力的人则喜欢工作到很晚。有些人每晚只需要 5 小时的睡眠，那些努力锻炼的人通常需要睡 8 小时。所以，与其盲目地早起和晚睡，不如测试一下自己什么时间起床最好，找到最适合你的睡眠时长。

把自己变成富一代

大多数百万富翁都是第一代富豪。有悖于普遍的和令人嫉妒的传统，没有继承遗产、得到施舍或彩票中奖，他们白手起家，和其他人从相同的起跑线出发。80% 到 86% 的百万富翁是自我创造的。（我并不认同所有人的财富都靠"自力更生"的观点，因此我选择把它称为"自我创造"。）据《福布斯》报道，自 1984 年以来，亿万富翁从继承家产的人群更多转向自我创造的人群。2016 年 1 月 Entrepreneur 网站的一篇文章提到，62% 的美国亿万富翁是靠自己发家的。

团队合作实现工作梦想

如果想要更多的财富，你需要很多聪明的人和你一起工作。在创业的时候，你只需要一个人、笔记本电脑和你的梦想。你可以外包和利用其他人，可以通过几个虚拟员工让自己赚到 30 万美元。然后你会进入瓶颈期，因为工作量太大了，你需要导师、顾问和员工。你从雇用行政助理、私人助理、办公或运营经理和销售人员开始，并从此开始扩大规模。随着事业的发展，你需要经理、总经理、市场营销和设计部门、财务、税务和法律顾问、公关人员，一旦有了 50 名员工，你可能还需要一位人力资源经理。你的企业收入越高，需要的人就越多。很多人害怕招聘或者有不愉快的经历。这说明他们面临的规模扩大的挑战超出了他们的愿景，并不意味着这是无法完成的。

山姆·沃尔顿[1]曾是世界上最富有的人之一，调整通货膨胀后，无论在他的时代还是以今天的货币计算，都是如此。他给继承者们留下了 1000 多亿美元。2015 年，沃尔玛有 220 万名员工。相比之下，脸书

---

1 山姆·沃尔顿，沃尔玛、山姆会员店的创始人。

的员工比较少，有 12 691 名，但也相当可观，马克·扎克伯格的身价为 548 亿美元。企业的驱动指标之一是每个员工的收入（RPE, revenue per employee）。我对此进行了深入的研究，发现传统企业员工的人均收入为 51 000 美元，最高可达 1 865 306 美元（苹果公司）。领英公司的 RPE 为 32 万美元，雅虎是 37.5 万美元，亚马逊为 58 万美元。技术和创新驱动公司的 RPE 很高，其中很多公司在过去 10 年增长显著。

富人与穷人的表现、行为和习惯

以下总结了财富巨头与其他人之间一些明显两极分化的差异：

富人	（发达国家）穷人
勇于承担责任	常常找借口
人们应该去赚钱	人们梦想发财
有很大的想法（敢想）	小心思
创造	消费和依赖
看到机会	看到问题
研究金钱	认为为钱做事是坏的
欣赏富人	憎恨富人
有丰富的人脉	缺乏人脉
推销、做营销和自我推销	不会推销、营销和自我推销，也不学习
善于赚钱	不会赚钱
会使用杠杆	被利用
一直前进	一直重新开始
付出	消耗

善于理财	不善理财
能让金钱为自己工作	努力为钱工作
学习并成长	认为已经懂得很多
控制恐惧	被恐惧控制
展望未来	沉溺过去
听导师的话	听朋友的话
平衡自己的情绪	遭受极端情绪打击

成为富人，既是你的权利，也是你的选择。

28

信任经济学

所有的经济现象都建立在一个最重要的基点上：信任。金钱依赖于信任。微观的、宏观的、地方的和全球的经济完全依赖于信任才能运转。如果失去信任，系统就会崩溃，而且速度很快。人们对银行的挤兑就是大众缺乏对货币安全或者货币可以兑付的信任。暴乱和无政府状态造成人们对政府、当局、银行和警方缺乏信任。未来的不确定性越强，信任度就越低。

货币政策和社会可以衡量信任度。贷款方、个人或银行越是信任你的还款能力，你越有可能获得贷款。衡量标准还可以更加具体地量化。贷款人对你越信任，就会给你更高的贷款存款比率，或者贷款价值就越高。贷款人越信任你，利率就会越低。贷款人越信任你，你所要提供的担保或抵

158

押物就越少。更多的信任＝更低的成本；更多的信任＝更少的损耗。信用是对未来的不确定性的押注，为了抵御这种风险和未来货币贬值（通货膨胀），贷款人需要收取"利息"。"利息"和"信用"这两个词以前的意思揭示了货币中信任的部分功能。"利息"从字面上看有"有兴趣"的意思[1]。

收取利息以对冲未来的不确定性和通胀，让借款人对偿还贷款"有兴趣"。利息越高，他们对偿还债务就越"有兴趣"。"利息"这个词来源于中世纪拉丁语"对债务人违约的赔偿"。"信用"一词的起源是拉丁语中的credere，意思是"信任、相信或有可信度"。

人品可用作抵押品

人品可以用作抵押品。声誉、责任心和履历越好，摩擦越少，贷款或投资所需的抵押品和利息就越少。穷人们完全无法理解这个概念，而富人们却给予它高度的保护和重视。信誉度是你的金钱履历，贷款价值是对你人品的信任，表现为更高的确定性。从在线信用评分上可以看到这些，它是一个反映信任和信誉度的评分系统。分数越低，押金和利息就越高，通常需要抵押品。当这些信用贷款法则遭到破坏时，比如贷款人认为贷款价值更高而随便放贷的时候，他们相信那些东西未来仍然是确定的。有时这种信任过于自信、乐观或狂妄，但它仍然存在。

信任也有涨跌

金钱会很快从怀疑流向信任。信任像四季一样周而复始。信任从看涨到看跌，从确定到恐惧，循环往复。每一个繁荣与萧条、增长与衰退、高低起伏和潮起潮落的故事，从货币计划到金钱骗局的故事，都是基

---

1 "利息"和"有兴趣"的英文单词都是 interest。

于对个人或机构的信任程度。要相信今天的价值储备到明天还具有同样的价值。要相信明天的钱会得到偿还。信任整个系统，信任人们，信任自己。

你就是钱

虽然这是很短的一章，但它可能是全书中最重要的章节之一。你就是钱，你要相信自己能赚到钱。金钱喜欢速度，而信任则通过减少摩擦来提升速度。致力于持续打造你的声誉、品牌、思维空间和信誉度，以管理、维护和掌控个人的"信任经济"。订阅益博睿（Experian）[1]去查查自己的信用评分。看看今天能做些什么去改善它。给所有的信用卡设置借记卡自动还款，永远不要错过任何一次还款。不要拿这个去碰运气。如果你借了钱，无论生活多么艰难，去尽力还清它。如果不得不协商一个长期的或折扣利率，把该做的事情做好，因为违约会比一个因为没拿到钱而生气的贷款人让你付出更昂贵的代价。它会告诉所有人不要给你贷款，因为你不值得信任。这会是你欠的最大一笔债，而且会持续几十年。但今天你就可以开始扭转局面，用每个决定来提高你的信任经济，也是为了你的长期利益。这适用于贷款和借款。要一直做到公平交易；如果变得贪婪，也会降低自己的信任经济，人们不会再向你借钱。

声誉 = 证明 + 信任 × 杠杆。它总是无处不在。

更高水平的信任经济可以减少摩擦，从而降低成本并增加利润。客户的介绍和推荐会降低营销成本。你仅有的最好的资产就是信任。去做那些直觉告诉你是正确的事情。要比其他人目光长远。尽可能帮助别人。即使没人看到，也要做正确的事情。信任就是金钱，金钱就是信任。

---

1 益博睿，一家跨国数据分析和消费者信用报告公司。

29

个人 GDP

国内生产总值（GDP）是指一个国家在一个特定时期内，通常是一年，实现的所有产品和服务的总货币价值。国内生产总值是用来衡量一个国家的经济是否健康的主要指标之一。它代表所有生产的商品和服务的全部货币价值，也可以将其视为经济的规模。

一般来说，用这两个方法中的一个来计算 GDP：所有人一年中的收入总和（收入法），或者一年内所有人支出的总和（支出法）。从逻辑上讲，两种计算方法应该得出相同的总数。收入法，GDP（I），是将员工的总薪酬、股份有限公司和非股份有限公司的毛利润以及扣除补贴的税收相加得出的总和。支出法 GDP（E）是更常用的方法，是将总消费、投资、政府支出和净出口相加来计算的。通常将 GDP 与去年同期比较，以百分比显示出数据的增长或下降。

你是国家或全球的一分子，因此，我相信你应该衡量、瞄准并创造个人的 GDP。

GDP 增长是经济体和国家的主要目标和指标，对你而言也一样。如果 YGDP（个人 GDP）在增长，你也在成长。YGDP 为你推动财富和相关的经济增长。提高 YGDP 需要支出和投资，而不仅是储蓄和囤积。它衡量你吸引、创造和生产的总吞吐量。你可以通过创造更多的现金流和企业、将精神转化为物质、把想法转化为解决方案和加快资金的速度去赚到更多的钱。无论在哪里，都要做那个加快资金流动的人。财富的多少存在于储备价值之中，这个说法很荒谬。没错，净值是个人进步的一个重要衡量指标，我建议你去计算它，但节俭概念的悖论表明，储存和囤积财富限制了个人和国家的经济发展。因此，财富的真正衡量标准，是在付出和获得的同时，在关心自己和顾及他人的同时做好平衡，它是货币流通速度、交易量、货币量以及支出和收入的总和。因为货币是动态的，总在流动，而不是一次性交易，它的价值在不断增加。如果囤积的话，它只有一个价值单位，但如果共享的话，就有成百上千个价值单位。

想让企业实现增长，就要把利润进行再投资。想获得新客户，就需要投入营销资金。想让员工与你一起成长，在培训和发展方面投资是至关重要的。将股息再投资会加速股票的增长。GDP 和 YGDP 也是如此。

如同重新审视愿景、目标、净值和其他 KPI 一样，每半年检查自己的支出、投资和收入，以所有指标的增长为目标。想要给慈善机构捐赠更多的钱，就要把更多的利润用于再投资，让资产升值，把从中赚到的钱再投资，多做举手之劳的善举和捐赠，享受更优质的假期，去旅行，拥有那些对你来说重要的高级物质享受。以加速周围和自己的资金流速为目标，你的个人财富会增长，当地的、国家的和全球的财富也会增长。在后面的章节中，我们将为你提供增加 YGDP 的策略和方法。

30

资产，你的炼金术士

"炼金术"一词的定义是"关于物质的转化，特别是试图将廉价金属转化为黄金或找到一种万能的灵丹妙药"。有趣的是，在字典的定义中，以及在中世纪化学家的首要用途中，炼金术主要与把金属变成黄金有关。我们都在寻找传说中的炼金术，一种可以把水变成酒，变出黄金的方法——成功的捷径。人们通过有限的视角，试图直接将物质转变为一种更新形式的物质，这比把精神变成物质，或把思想变成黄金要困难得多。每一个百万富翁、亿万富翁或任何一个你想要成为的富翁都是最真实的、形式上最接近炼金术士的人。他们把思想变成了真金白银，把想法变成了真金白银，把决策和行动变成了真金白银。

接纳内在的天赋，把它当作你价值观里的炼金术士。你没有破产，什么也不缺，一切都在那里。你可以通过"炼金术"（调查、服务、解决问题，然后扩大规模）将自己潜在的财富转化成现金。所有实际的解决方案最初都是虚无缥缈的问题，所有的纸币曾经都是精神，我们所有人的内心都有天赋。问题是，对大多数人而言，天赋一直待在里面。要做炼金术士，而不是悲观主义者。

你是自己的最佳资产

要唤醒内心的炼金术士，需要启动、发展和改善自己。你是自己的最佳资产，明智地为自己投资，让自己获取最大的利益。学习越多，赚钱越多，金钱会与你的成长同步增长。致力于给自己投资，你是值得的。如果你都不重视自己，其他人为什么要重视你呢？自我投资的一些可杠杆化的领域有：

● 知识（教育）

构建知识有三个部分或三个阶段：学什么，了解你是谁，你想变成谁。人品是抵押物，信用是资本，研究自己就是研究业务和金钱。你可能读过彼得伯勒图书馆里所有的书，但如果放任情感、信念、过去和未来控制你，那么知识就毫无意义了。以下是在商业和个人发展中从自我意识到自我掌控的三个阶段：

A. 自我意识

你对自己的优点和缺点了解多少？你是夸大了它们还是淡化了它们？你了解别人对你的看法吗？其他人如何看待你的优点和缺点？你了解自己

的能量高点和低点吗？你的情绪诱因和反应是什么？你了解自己的价值观吗？你能接受什么，反对什么？你喜欢做什么，你想利用什么？你一直在犯哪些错误？这是一条长路，但是你越了解自己，就能赚到更多的钱。每半年用1—10分重新评估自己的表现。

B. 自学

你为自己投资了多少钱？你把自己的薄弱环节外包了吗？你周围是否有合适的团队去平衡你的个性特点？你在给他们让路吗？你在挑战自我，还是自我意识只允许你和那些只会说"是"的人一起工作？你有比自己水平更高的导师吗？你每天都会读书和听音频吗？你是否参加相关的培训课程，用有助于业务发展的知识充实自己的头脑？回顾上述问题，以每个问题满分十分去给自己打分。如果让我总结以前那个负债累累、混账的我和崭新的、脾气不再那么暴躁的、有钱到被曾经的自己憎恨的我之间的主要区别的话，那就是我的导师告诉我要去改变的两件事：读过的书和遇到的人。拓宽这两个领域，就可以扩大你的财富。以下是自学可以带来的最高回报，你可以研究的主要领域有：

- 书籍和音频节目
- 课程、工作坊和研讨会
- 教练和导师
- 与智者建立联系，集思广益
- 观看传记、纪录片和优兔视频，听播客节目
- 阅读增长智慧和普及常识的书籍
- 订阅专家的博客、网站和社交媒体
- 质疑传统，专心倾听

赚钱和赔钱都很容易，一旦学到了一些有价值的东西，就不会失去

它。你可以一直利用它，就像那些永远属于你的实物资产一样。

C. 自我掌控

你会根据能量水平来计划自己的一天吗？你会有意识地对自己和你的坏习惯重新思考吗？你会定期挑战自我，帮助自己成长吗？你经常研究自己吗？你会虚心接受反馈，并向所有人学习吗？你会利用和委托自己的团队，用愿景激励他们，并同样支持他们的成长，像对待自己一样为他们服务吗？

● 经验（应用教育）

毫无疑问，如果不亲力亲为，图书馆里所有的书不会教你任何知识。教育和经验是不同的，因为经验需要花费时间去学习，然后花时间去有效地应用学到的知识，再去完善自己学到的东西，它永无止境。日趋完美。现在就开始吧，不要像大多数人那样，两手空空地坐等着有了足够经验才能变得自信，这是个悖论。如果因为期待完美而不去做任何事情，你会一事无成。由于完美是无法实现的，所以现在就快步地迈向优秀，追求卓越，超越完美。经验终会到来，随着时间的推移，它将使一切变得更容易。

靠自己奋斗获得成功的传说

没人能靠自己一个人取得成功。我曾经认为通过决心、努力工作和运气就会成功，人们可以"白手起家"，这个思想在七年来无法控制自己命运的受害者的历程中得到了印证。这是进步，但也是损耗，这种想法让我出发了，同时也限制了我的进步。你不可能做所有的事，你不可能无处不在，你需要优秀的人，优秀的朋友，伟大的团队，可以拓展的业务网络，睿智的顾问和合作伙伴，保障团队，财务团队和共同体。一个 B 级队每次都会击败一个 A 级球员。一个 A 级选手组成的团队可以把你带到伟大的高度，领导和鼓舞一个伟大的团队能让你获得优势和金钱。或者，如果你更具支持者人格或是内部合伙人，你可以支持领导者，并在团队中找到适合自己的角色和自己能为团队提升的价值。

作为一个在自我利益和人类利益中权衡的物种，我们是相互依存的。当你施惠于人的时候，自己也会得到回报。我们天生似乎就是要与他人合作的。看看莱德杯高尔夫球赛的选手们是如何改头换面的：在比赛间从未见过的友情和精神。克里斯蒂亚诺·罗纳尔多[1]对自己的经纪人和老朋友豪尔赫·门德斯[2]赞不绝口。安迪·穆雷[3]认为伊万·伦德尔[4]是扭转他职业生涯的主要原因。那些看似自我成就的人背后实际上有很多伟大的人在"成就"他们。"白手起家"是媒体和文化上的传说，是成功的故事，它只是现实里的一小部分。这甚至应该被视为是自私的——那些一路帮助你成功的人呢？团队里没有"我"。有远见者和领导者不仅不是白手起家，他们还成就其他人。领导者会创造其他的领导者。实际上，这就是所有的商业领袖、世界级领导者和成功人士的做法。不要只靠自己，因为你不行，未来也做不到。抛开以前的想法，通过承担责任，创造愿景和解决问题让自己成为一个自我创造的亿万富翁，并把吸引所有最好的人作为自己的使命，这样才能建立一支伟大的团队，并让自己不断迈向更高的目标。

---

1 克里斯蒂亚诺·罗纳尔多，生于 1985 年 2 月 5 日，葡萄牙职业足球运动员。
2 豪尔赫·门德斯，葡萄牙足球经纪人，世界上最有影响力的足球经纪人之一。
3 安迪·穆雷，生于 1987 年 5 月 15 日，来自苏格兰的英国职业网球运动员。
4 伊万·伦德尔，生于 1960 年 3 月 7 日，是捷克裔美国前职业网球运动员，被广泛认为是有史以来最伟大的网球运动员之一。

● 人脉（社交的和业务的）

大多数人工作太过努力，以致无法致富。大多数人认为在那些可以上手的任务中更加努力就能让自己早日过上无忧无虑的退休生活。如果研究过那些被公认为最成功的人，电影里的和被塑成雕像的那些人，他们中的大多数都是有远见的人和战略家。他们中的所有人，无一例外地有一个共同点：他们周围有一群伟大的人。那些人里面可能有伟人们背后的贤内助、公司老板手下的伟大的员工、私人助理、价值分析师、运营经理、总经理、运动员团队中的优秀成员、卓越的导师、教练、顾问、优秀的经纪人、会计师、税务顾问、非凡的智者和创作人，以及精神治疗师。

人脉是你的净值，与这些人脉的关系决定了你能利用它们赚到多少钱。成功的最大因素之一应归结于长期的关系和你建立起来的信用和商誉，以那些愿意努力工作实现你的愿景的关系为基础创造杠杆。为你的人脉提供的业务越多，通过就业机会或合同帮助他们赚的钱就越多，你也能赚到更多的钱。

我的公司业务和投资工具之一是房地产。要购买和管理物业，需要经纪人、办理不动产业务的人、商业律师、银行、私人贷款人、合资伙伴、商业贷款人、代理商、建筑商、出租代理、房地产代理人、翻新工人、商业顾问、百万富翁、亿万富翁、税务专家、会计师、商业伙伴和员工、专业顾问（市场营销、公关、销售、设计、技术等）等等。

你不是万事通。尽可能搭建好的人脉，因为它能帮助你以最小的阻力和努力达到最大的结果。像对待你最喜欢的收藏品一样建立人脉。你可以把一周工作时间的三分之一用于构建和管理关系网，这绝不是在浪费时间。最有成就的人都经历过所有这些问题和痛苦，也解决过这些问题，并发展到了更高的水平。如果你是个聪明人，就要学会利用所有这一切，站在巨人的肩膀上。以"在工作中学习"或"不在课程和导师的身上花钱"的名义再去经历那个过程完全是在消耗自己，而且进展极为缓慢。让同行、教练、导师和专家们给你出谋划策，为此筹划和投资应该成为你的最高KRA 之一。

● 导师

有一些导师你需要花钱才见得到，也有用一顿不错的免费午餐就可以恳求、"收买"和接近的导师。有一些你认识的，当地的和国内的导师，还有一些你不认识，但是拜读过他们所有作品的导师。我以前认为一个人可以有导师，也可以没有。我错了。我们都有导师，只是因为我们中有些人周围都是些夸夸其谈、没资格提供任何有价值建议的人。你想听有用的还是没用的？

你要开辟自己的道路，但可以沿着已经成功的轨迹走，这样可以节省80% 以上的时间，从已经成功的和经历过的人那里，从他们的错误和遭遇过的挑战中学习。在导师这个问题上，我认为有三个主要方面：

A. 榜样

有策略性地寻找那些拥有你理想的生活方式的人。坚持不懈，但有礼貌地跟他们一起喝酒，吃饭，聊天，烧烤，去接近他们，分析他们的礼节、习惯和行为，利用他们已有的关系网让你事半功倍。那些你曾经的偶像很快会变成你的同行、朋友和商业伙伴，你的银行账户余额会向他们看齐。不要因为你以金钱为目标去结识他们而感到内疚，因为我们都是出于各自的动机去结识其他人的。谋求为伟大的人提供价值，同样他们也会被吸引到你的身边。

在《思考致富》这本书中，拿破仑·希尔讲到如何在头脑中想象那些决策者。他会闭上眼睛，事无巨细地想象自己崇拜的所有巨人，比如想象自己和安德鲁·卡耐基一起坐在董事会的桌旁。他会具体地想象一个挑战他们的过程，并问他们该怎么做。我以前认为这就是随便一说而已，但我必须表扬自己的是，我通常会相信它并去试一试。因此，从 2005 年我开始了这个过程，并坚持到了现在。我想象过的许多人逐渐出现在了我的生活中和关系网里，到目前为止，我们已经一起经历过一些很大的挑战。虽然我知道还会有更多的挑战，我也知道即使是独自一人，我也不会孤单。我建议你不要跟穷人们分享这个策略，因为他们可能会认为你已经失去理智了。做自己该做的，这不关别人的事。

B. 指导

我还不知道有哪个成功的运动员或者商人没有（好多个）教练和导师。你可以从自己的行业和不同的领域中学习。你可以有私人付费教练、成功的商业导师、"免费"的同行团体和付费策划者，你也可以熟读和研究成功人士和企业的故事。

在过去的 10 年，我在生活中增加的最有价值的一个爱好和研究是阅读传记和自传。你可以深入地了解某个领域的领导者：他们的道德观、特质、生活中精简的技巧、洞察力和策略。拥有导师对我的生活产生了巨大的影响。它的好处太多了，它把我从错误中拯救出来，让我免受不良建议的伤害，减轻了我的压力，让我不必无所不知、无所不能。

C. 决策力

决策力是"决策者们"的集合体，精明的人聚在一起互相帮助，把各自独有的和互补的技能相结合，形成"1+1 > 2"的更强大的合力。我是很多策划团体的成员，既是导师也是同伴，我离不开他们。把伟大的头脑聚在一起，让他们想出方案并去解决问题，就可以得到一些最深入的见解、最大的利益和战略方向。"桌边"的或小组中的某个人知道答案，从不同的角度看待挑战，或者认识可以帮助你的人。你不会再问以前那些无从下手的问题。无论是在同一行业还是在其他行业，即使作为其他人业务讨论中的一个"偷窥者"，你也会受益良多。你常常可以为自己的本业引入创新。作为导师和学员，都会学有所成。

计划、观察、行动、回顾、重复

作为自己物质生活的炼金术士，要从一个你想要创造的、清晰的计划开始。据说"许愿时要谨慎，因为它可能会实现"。为所有战略的、精神的和物质的目标和自己的愿望制订一个清晰的、明确的计划。我已经发现，随着执行迭代计划和设定目标，你可以好好地利用"吸引力法则"。刚开始的时候，我只有一些普通的财务目标，但在过去的 10 年里，我一直在年复一年地做计划（包括我的终身目标）。我的计划越来越具体、目标越来越明确，并且覆盖生活的各个领域。我会在下面分享我的个人目标和愿景文档的链接，帮你省去 10 年的测试时间。

在设定计划、愿景和目标的时候，要考虑到生活中所有的主要领域，你想要别人如何看你，想让其他人如何缅怀你，你想要留下的遗产，所有你想要实现的物质财富领域、慈善事业、对父母和家庭的目标、公司和个人财务目标，要事无巨细。设置得越具体，详细到你想要的汽车的品牌和型号，或者度假的地点，其他人、你的潜意识和宇宙的未知力量就越会帮助你。

目标和愿景文件

好好利用这份我即将分享给你的目标和愿景文档，或者用它来创建你自己的版本。用你最喜欢的格式把它在云上备份。在潜意识最开放和最容易接受指令的时候，每天早上起床时和每天晚上睡觉前去读它。每半年把整个计划回顾一次。如果感到进展缓慢，就定期检查它，必要时进行调整以确保它更加清晰。一些小目标完成后，在上面打钩或把进展写在目标旁边的括号中。把短期目标设置得更加现实，而长期目标要更加乐观。让年度目标与人生目标反向而行，这样它们就会产生同步的效果。学习去生动地绘制目标，这样能够提高你的表现力。当然，要坚持不懈，有意识的努力和无意识的系统协同工作，你的愿望才能实现。以下是为时间和金钱提供杠杆的目标和愿景的链接：http://tiny.cc/RMGoals。

● 健康与幸福（财富）

享受生活，好好照顾自己，这是你的最佳资产。积极锻炼，注意饮食，定期体检，并相应地调整生活方式。"健康就是财富"这句话完全正确。让我提醒你一下，沃伦·巴菲特将他的巨额财富归结为三个主要因素：生活在美国给他的好机会，拥有良好的基因让他长寿，还有复利。

你可能无法控制自己的基因，但如果负责任的话，你可以对自己的健康产生巨大的影响。不要成为那种为了追求金钱而忽视自己健康的有钱人，事后才懊悔不已。

● 激情与职业、工作和假期（合并）

做自己喜欢的事，热爱自己做的事，不要穷尽一生为钱而工作，那你会没有时间享受回报。我相信享有持续的财富、幸福和快乐的秘诀不是拥有自己热衷的爱好和讨厌的工作，而是把激情与职业、工作与假期结合起来。想象一下，如果可以没有任何风险地让一切重新开始。想象一下，在做自己喜欢的事、热爱自己做的事的过程中可以得到你所需的所有帮助。

创造理想的工作与生活的平衡

想象一下，如何创造出理想的工作与生活的平衡？好吧，现在可以了。方法如下：

1. 选择一个你能控制的阻力最小、优势无限的职业。

2. 选择一个工作如度假般的职业和一个充满激情的职业。

3. 研究你崇拜的或当作偶像的人做了什么，并复制它（其中大部分）。

4. 知道该坚持什么，该放弃什么。

这些内容将在第43章中详细介绍。

你真的可以把工作和生活当作一种激情，而不必担心在家还要工作，工作时候还在想家。你不必被动地接受一个职业，而是通过把自己的激情货币化来获得更持久的财富。你是一个财富的炼金术士，靠自己的努力把思想和精神转化为物质和金钱。这是金钱哲学的一部分，是引领你走向拿着多到数不清的钞票，过着充实而丰富的生活的指南。

31

延伸的银行账户

财富不光指银行里储蓄的现金。大多数人用账户中的"现金"衡量自己的消费、储蓄、投资或借款能力。但所有人的钱都是可以花光的，即使是富人。大多数人的积蓄甚至不够自己一个月的生活费。即使你现在银行里有足够可以度过余生的存款，按平均通货膨胀计算，差不多14年左右，你的存款数需要翻倍。

你的银行账户是全球性的。你可以提取任何人、任何地方的钱。真正的银行账户既不是现金储蓄，也不是账户里的数字，而是与人建立联系，进入人际交往的体系，这些是你可以利用的。它是利用关系网实现的资金总额。你认识的人越多，流动资金越多。人际关系和信用越好，你（个人）的 GDP 的损耗就越小。你交际圈里面的人和他们的关系网拥有的钱越多，他们和你的现金流就会更加自由和快速。

当你需要现金时，信用卡的透支是有"额度"的。透支越多，收费和利息就越高。广泛的关系网能去除这些限制，让你获得无限的现金使用权，从而使现金的流动性实现杠杆化。

像投资实物资产一样去投资你的关系网。寻找合适的人，和他们取得联系并关心他们，建立关系，创造价值交换，并保持终身的交往。他们能把自己信得过的关系网介绍给你就更好了。只要你能与十个这样伟大的人交往，你就能用无限的资金去赚更多的钱。据说，你的财富是和你待在一起时间最长的五个人的总和：你排在第六位。选择和谁一起共度时光要有策略，做你的关系网或者交际圈里的新手或者最穷的那一个。和那些可能拖你后腿的、跟你差不多的或者还不如你的人在一起，你只能慢慢向前爬。

善于构建关系网

比尔·盖茨非常热衷于和那些头号人物建立伙伴关系，他很愿意做他们的"副手"，这为他解锁了新的机会，并有了向其他成功的企业家学习的可能性，他们可以教他一两招。经常位居富豪榜榜首的比尔·盖茨，将他的成功部分归功于他的导师沃伦·巴菲特。在接受英国广播公司采访时，盖茨称赞巴菲特教会他如何应对艰难的状况以及如何做到高瞻远瞩。

巴菲特愿意教普通人一些复杂的东西，并把它们化繁为简，这样人们就更容易理解并从他所有的经验中获益。这让盖茨非常敬佩。盖茨从关系网中学习并将其杠杆化后得到了回报，因为以每天花掉100万美元的速度，需要218年的时间才能花完他所有的钱！

"导师链"并不停留在顶端，这只是他们能够到达顶端的原因。1949年，在阅读了本杰明·格雷厄姆的《聪明的投资者》后，巴菲特将格雷厄姆视为偶像。这本书不仅改变了他的投资理念，也改变了他的人生。巴菲特申请了哥伦比亚商学院，因为格雷厄姆在那儿做教授，巴菲特面对面结识了自己的偶像。后来，格雷厄姆聘请巴菲特在他的公司工作，两人结下了深厚的友谊，这些都是巴菲特成为今天的亿万富翁和投资家的原因，也对他产生了重大的影响。

同样，在接受脱口秀节目主持人查理·罗斯访问时，马克·扎克伯格谈及让他深受鼓舞的导师史蒂夫·乔布斯。扎克伯格说："他太不可思议了，我问了他很多问题。"他描述了乔布斯如何给他建议，告诉他如何成立一个专注于开发"高质量和优秀产品"的团队，正像扎克伯格所做的那样。理查德·布兰森说："如果你问任何一个成功的商人，他们总会（说自己）在创业道路的某个节点有一个伟大的导师。"布兰森在一家英国报纸上发表的文章中写道："一开始就有人帮助你就太好了。如果没有弗雷迪·莱克爵士的引导，我在航空业可能毫无建树。"布兰森认为，找到伟大导师的第一步是要承认你可以受益于导师："可以理解的是，一两个人的初创企业有很多自尊心、紧张情绪和来自父辈的骄傲。独闯天下是令人钦佩的，但那是一种有勇无谋的、有高度缺陷的挑战世界的方式。"

有些人把我们现在所处的时代称为"引荐时代"，因为时间太宝贵了。我们希望求助于自己信任的人，并从他们那里得到一些对于重要业务和财务决策的好建议。我们现在已经没有时间去完成每一件事了，出于同样的原因，也有人称当前的经济为"关联经济"。现在，将人们相互关联具有真实的、有形的价值。它为那些时间有限的人增值，而这种价值也投射在你身上。尽管是无形的，但它可能是最有价值的资源。所有精神层面的财富都是无形的，直到你把它转化为现金。沿着金钱流动的方向前进，其中一部分钱就会流向你。慢慢地用进入圈子、高净值的关系网和流动性，来增加自己的财富。

如何建立和利用关系网

我们都可以改善和发展关系网。你能多去参加社交活动，认识更多聪明人吗？当然可以。你能有策略地去择优参加富人和成功人士出席的活动吗？当然可以。尽可能多去成功人士出现的地方，然后用几个月的时间去关注其中的几个，继续到那里去。可以试试慈善舞会、商业天使活动、飞行俱乐部、高端健身房、帆船俱乐部、高尔夫俱乐部、扶轮社、船展、商业和房地产博览会、城市地产或商业社交活动。在这些地方你可以接触到富人和成功人士。如果知道哪些朋友认识有钱人，请他择机帮忙牵线。看看你能为他们提供什么价值，把工作时间的三分之一用在构建人脉上，并将其作为你的主要 KRA 之一。

聪明人的秘密是他们认识的聪明人。

——罗布·穆尔

32

感恩与欣赏

欣赏具有增长力，它会提升你的意识，而忘恩负义会降低你的意识。当你不欣赏自己的给予和获得时，你就阻断了财富流向你的渠道。这种阻断源自别人感觉你不值得信任，你不在乎、不感激或不看重自己，这会降低你的吸引力。

"欣赏"这个词源自拉丁语 appretiare，意思是"定价"（参见"appraise"，意思是"升值"）。你欣赏的东西升值了，它感激你，你的价值也上升了。感恩是一种源于欣赏的有意的情感。只有懂得感恩你才会成长，即使事情一开始看起来是个挑战或者是个问题。你要有"学到了经验或赚到了钱"的态度。无论是赚到钱或是经历了有所裨益的挑战，你都要心存感激。这种感恩可以是经济上的或是情感上的。不要在应当感恩和欣赏的时候感到失落或失去热情。

因为这会带给你最终的赚钱能力和杠杆，你要学会欣赏所有的事情和结果，而不仅仅是那些你想要的。我们很喜欢欣赏银行转款到账的瞬间，但账单、开支和花费呢？总是带着怨恨或不懂感恩地支付账单或花费，你释放出这样的信息后会得到什么样的回报？利用真空繁荣定律，原谅自己和其他人不喜欢的东西，因为怨恨或愤怒将很快填补空白。从现在开始，下决心去释放新的信号。每当收到账单或发票的时候，对那些非常欣赏你，所以为你预付了钱、产品或服务的人心怀感激。你要感激自己打开了一个可以用金钱去填补的空白。他们有信心给你投资，而你用欣赏去回报他们。你在推动他们的经济，也在增加你个人的 GDP。你在储存未来可以兑现的信誉。不是勉强去花钱，要记住花出去的钱是如何为你服务的，并以一种欣赏和感激的心态去付款。对已经得到的东西和有能力支付的东西心存感激，看看它们如何增进你与财富的关系。当把财富投入世界时，你有了不一样的感觉，世界也会以不同的感觉把财富返还给你。交易不再只关乎盈亏，就像大多数发达国家的穷人眼中的货币交易，交易还在于增加流量。

如果你都不看重自己和欣赏自己，其他人怎么会欣赏你呢？如果你都不感激自己所拥有的一切，那么其他人就不会感激与你的合作并为你带来财富。你配得上荣华富贵，感恩会欣赏那种价值感。欣赏自己价值的一个好方法就是每天练习感恩。一天中你可以随时督促自己去练习，在任何时刻你都可以让自己感恩。当孩子深情地抱着你的腿的时候，在咖啡端上来的时候，在陌生人冲你微笑的时候，在排队时有人给你提供方便的时候……事无巨细，心存感激。感恩是一种行动，它会成为增加财富的习惯。每天晚上，当你闭上眼睛时，在脑海中尽可能详细地列出所有你要感谢的事情。这有三倍杠杆的好处，因为它会在你的潜意识中编写程序，帮你克服睡眠问题，很可能让你更快入睡！

每天都要尽可能多说"谢谢"。你感谢别人什么，就会吸引什么。释放出感恩的能量，让它以你欣赏的货币价值回报你。

33

慈善、事业和贡献

> 最大的恶和最凶的罪是贫穷。
>
> ——萧伯纳

诗人萨罗吉尼·奈杜[1]，是圣雄甘地的亲密朋友，曾经斥责甘地窘迫的生活方式。据传，她问过甘地这个问题："你知道每天要花多少钱为你维持贫困的生活吗？"甘地的回答是他不知道，但很明显这并没有冒犯他，他知道这个指责是真的。他知道因为成百上千万崇拜者蜂拥而至，国家要花费多少钱为他安排专门的火车旅行。由于人群过于拥挤，需要给他安排专列，并为他预订包厢。

查尔斯·基廷[2]是美国银行家，以臭名昭著的"储蓄和贷款丑闻"而闻

---

1 萨罗吉尼·奈杜，印度政治活动家和诗人。她的诗作为她赢得了"印度夜莺"的称呼。
2 查尔斯·基廷，美国运动员、律师、房地产开发商、银行家、金融家、保守派活动家和被定罪的重罪犯。

名，他向特蕾莎修女捐款的金额高达 125 万美元，是修女的主要支持者和捐赠者之一。罗伯特·麦克斯韦尔[1]也对修女的慈善事业做出了重大贡献。特蕾莎修女毫不犹豫地接受了骗子的钱，她说："我会善用它。"

世界上所有伟大的慈善家要么是自己拥有巨额财富，要么是由非常富有的人推动和资助了他们自己选择贫穷的生活方式，比如圣雄甘地和特蕾莎修女。国家的财富由私营机构出资，广大富人为私营机构提供资金。还有更多的范例，包括：

- 成吉思汗的蒙古帝国曾拥有过巨大的国土面积，据称是史上最大的帝国之一。尽管权力很大，但史料记载成吉思汗从不囤积财富，还把它们分给指挥官和士兵们。

- 约翰·戴维森·洛克菲勒向各种教育、宗教和科学事业的捐款超过了 5 亿美元。其中，他出资建立了芝加哥大学和洛克菲勒医学研究所（现在的洛克菲勒大学）。1907 年，他帮助摩根大通策划了史上最大的紧急财政援助计划，在 12 分钟内筹集了 2500 万英镑，扮演了金融救世主的角色，现在只有中央银行才能承担这样的责任。

- 安德鲁·卡耐基为美国和大英帝国树立了慈善家的榜样。在他生命的最后 18 年里，他向慈善机构、基金会和大学捐赠了约 3.5 亿美元，特别是在地方图书馆、世界和平、教育和科学研究领域。凭借从商业中获得的财富，他建成了卡耐基音乐厅，并成立了纽约卡耐基协会、卡耐基国际和平基金会、卡耐基科学研究所、苏格兰大学卡耐基信托基金和卡耐基英雄基金。

- 克里斯托弗·霍恩[2]与前妻杰米·库珀－霍恩于 2002 年共同创立了儿童投资基金会。他们向该基金捐赠了超过 25 亿美元，还向其他的慈善机构提供了同等数额的捐款。

---

1 罗伯特·麦克斯韦尔，生于捷克斯洛伐克，英国出版业巨头。
2 克里斯托弗·霍恩，英国亿万富翁，慈善家。

- 李嘉诚从房地产、酒店、机场、建筑业、电信、钢铁生产、电力和航运中积累财富，他向个人基金会捐了15亿美元，并承诺将至少三分之一的净资产（2011年估计超过260亿美元）捐给慈善机构。

- 阿齐姆·普莱姆基[1]向他个人的慈善基金会捐赠了超过20亿美元。该机构致力于通过教师培训和升级学校课程来改善印度的公立学校。他的贡献对印度全国25 000多所学校的250多万名学生产生了积极的影响。

- 迪拜酋长穆罕默德·本·拉希德·阿勒马克图姆承诺向他的个人慈善基金会捐赠100亿美元，致力于缩小"阿拉伯地区和发达国家之间的知识差距"。该基金会支持初创公司和其他创业者，并助力人道主义事业，例如"非洲之角"的救灾行动。

- 卡洛斯·斯利姆·埃卢[2]是几家电信公司的首席执行官，他向慈善机构的捐款已经超过100亿美元，但他也表示，他创造的就业机会所提供的经济保障同样重要。

- 马克·扎克伯格拥有563亿美元的净资产，并已成为一个重要的慈善家。他在承诺将99%的股份捐给公益事业后，很快就卖掉了价值近9500万美元（税前）的脸书公司股票。2015年，扎克伯格和他的妻子普莉希拉·陈发起了"陈·扎克伯格计划"，其首要关注的领域是"个性化学习，治疗疾病，以人为本，建立强大的社区"。他已经在教育领域捐赠了1亿美元，在医疗领域捐赠了1.05亿美元。

在身无分文的时候，我甚至无法承诺每个月给乐施会[3]直接转账10英镑。在没钱的时候，我在消耗社会的资源。我以前是个消费者，靠贷款和信用卡生活，是刚才提到的那些亿万富翁作为大型生产者间接提供给我

---

1 阿齐姆·普莱姆基，印度商人、投资者和慈善家。
2 卡洛斯·斯利姆·埃卢，墨西哥商业巨头、投资者和慈善家。
3 乐施会，创建于英国牛津的国际发展及救援的非政府组织。

的。当我在肯德基吃吮指鸡的时候，他们赚到了也贡献了几十亿美元。只有在我足够有钱的时候，我才能为这些重要的事业做出贡献。

开明的自我利益

开明的自我利益是一个伦理学理念，它指一个人进一步地促进他人利益的行为（或群体利益，或他们所属的群体），最终服务于自我利益。基于这种理念可以同样平衡好自我利益和人道主义利益，并越来越多地接受和付出。慈善事业不仅仅是金钱形式的。以教育和支持的形式而非布施，会使你的遗产更有价值。给那些不知道如何理财的人现金，并不会让他们变得聪明、觉醒和受到教育。这就是为什么很多伟大的慈善家捐款的同时也投资于教育，并建立基金会。除了数百万或数十亿美元的捐款之外，你最大的遗产可能是教育和激励几代人。你可以现在就开始，即使你还没那么多钱，因为你最宝贵的财富是时间，你现在就可以投入时间去关怀和教育他人。

● 随机赠予

启动慈善事业和财富流动的一个好方法是做一些随机赠予（RAOG，random acts of giving）。经常用精心准备的礼物和私人致谢便笺去感谢别人；记住重要的纪念日，比如生日或者结婚纪念日等；给自己认识的人和不认识的人随机送礼物；为认识的人和不认识的人做好事。勿以善小而不为，每天都让其他人开心。

成为财富的给予者和接受者既是你的权利，也是你的责任。在发达国家，所有的信息和机会都触手可及，贫困被视作自私和对人类的漠不关心。如果关怀人类，那么你生产的要比你消耗的多，你要付出，也要收获。伟大的人们能赚大钱，也会贡献很多钱。提高你的生活标准，也要提升内在的财富。

第七部分

策略和体系

Money

Second

Proofs

在这个部分，我将揭示更多的途径和机制，帮你了解更多，赚得更多，贡献更多。我们从信仰、心态和概念转向致富所需的、更精密的特效药和细节。如果你最初被这本书吸引是因为你想了解赚钱的技巧，那这个部分可能是你最感兴趣的。

34

杠杆

使用杠杆让你以更少的成本，实现更多的收益：用更少（或其他人）的钱赚到更多的钱，用更少的（或少于你个人时间的）时间获得更多时间，用更少的（或少于你个人的努力）努力获得更多的成果。

给我一个足够长的杠杆，我可以撬动地球。

——阿基米德

大多数人没有利用杠杆，习惯性认为"更努力地工作"意味着赚更多的钱。为了"谋生"，你必须"艰苦工作"和"牺牲"。生存是你的权利，你不必去"赚"它，应该去享受它。所有人都有杠杆：雇主或雇员，领导者或追随者，贷款人或借款人，消费者或生产者。一方为另一方提供服务，但有一方在利用杠杆，另一方则被杠杆化。你要么利用杠杆，雄心勃勃地朝着愿景前进，利用他人的时间、金钱、资源、关系网、系统、经验、技能去赚钱，要么就是其他人利用你为他们的宏伟愿景服务。

如果为别人工作让你不开心，或者你为赚钱去工作，不工作就赚不到钱，那说明其他人的杠杆控制了你。他们从你身上赚钱，你处于价值链较低的位置，虽然努力工作，赚的钱却更少。你的控制力和自由度可能是最低的，而且你很可能感觉不开心。大多数人一直相信时间、工作和金钱是直接相关的。百万富翁、亿万富翁和有远见的人都知道它们是反向的。别人教导你要努力工作去赚钱，但你要让钱为你努力工作。别人告诉你延长工作时间和加班可以赚到更多的钱，但从现实来看，愿景、杠杆、领导力和建立用以实现这些目标的关系网和团队，才能真正地让你积累巨大而持久的财富。

然而，在英国最富有的 25 个人中，没有一个是员工。他们都是企业的创始人或继承者，他们都是雇主、企业主和投资者。全球所有目光长远的人都是财富的创造者、变革的制造者和风险的承担者。百万富翁和亿万富翁们创造财富，并且利用别人的时间、资源、知识和关系来节省他们自己的时间。来看看亿万富翁们的生活方式。他们真比矿工、仆人和清洁工们工作"更努力"吗？当然不是。杠杆是可以学习的，你可以学习富人们了解的、已经学会的、用来赚钱的、节省时间和制造影响力的策略和方法。

有了互联网、光纤和所有以它们为基础的应用程序和系统，使用杠杆比以往任何时候都更加容易。你可以把很多业务外包，可以租用一个按时计费的虚拟的私人助理，让你有更多的时间专注于 IGT。花费 40 英镑外包 5 小时的非 IGT 工作，节省下来的 5 小时可以投入开拓业务或购买房产，这些可能帮你赚到 3 万英镑，还有每年数千英镑的持续一生的剩余收入。

杠杆资产

我们以投资房地产为例，因为这是我最钟情的生意，是我的一个业务领域，也是超级富豪们的共同模式。它有"企业家 / 投资者"类型和"房东"类型。虽然投资者也要承担房东的职责，需要制定规范、管理和维护房屋等，但很多房东需要亲自动手，并没有实现杠杆化。他们通常是个体经营者，或者把照看房屋作为消磨时间的兼职工作。他们经常要参与整修、粉刷、装饰、收租及其他工作。当然，这些任务是很重要也很必要的，如果没有这些工作，这些房产就不好赚钱或者无法保持一个好的租住水准。然而，企业家或者投资者会有更宏伟的愿景，根据经营策略，雇人并把所有这些制定规章、管理和维护工作外包给其他人，把自己的时间腾出来去完成更高水平的 IGT。然后他们就可以实现规模化。这个例子和思维过程在大多数其他商机或行业中都是相同的。

身处不同时代的辛苦操劳的父母们认为应该"找一个工作，要埋头苦干，勇于奉献，不要去冒险"，很多人继承了这样根深蒂固的价值观，因此很难转变观念。大多数个体经营者都觉得必须控制自己小企业的所有领域。他们从老板这个身份中感受到了自己存在的意义。他们不会把工作交给别人去做，因为没人能比自己做得更好。他们认为自己没钱去雇人，或者可以通过 DIY（destroy it yourself，毁掉你自己）来"省钱"。他们从创业起就一直亲力亲为地降低成本，并一辈子用这种方式做生意。尽管这样确实避免了一些成本的浪费，但它造成了巨大的无形浪费和时间的去杠杆化。因为做了很多自己不喜欢也不擅长的事，没有赚到多少钱。

最初涉足房地产的时候，我以为查看房产、跟踪购买过程、与抵押贷款经纪人打交道、翻新、出租和管理租户是日常工作。刚开始我活力满满、热情洋溢，就像大多数人面对新事物的时候一样。但到后来这些却成了一种折磨（对我而言）。在迈向财务安全的第一年，在买了十几次房子之后，在问过自己"这就是我想过的日子吗？"之后，我有了一个重大的顿悟。现实是我想得到成果，但不想经历这样的痛苦。我想要房产和现金流，但不喜欢管理和维护的具体细节。但我已经深陷其中了，我在赚钱，而它已经成了一个我可能无法摆脱的陷阱。

如果没有远见和杠杆，房地产——世界上最好的一种资产品种——会跟其他的工作一样艰难，要处理各种杂事，还要跟那些对你不屑一顾的人合作。一旦掌握了时间、金钱、资源、想法和人的杠杆作用，做房地产的人经常可以进入富豪排行榜。几乎所有的生意都是一样的：利用杠杆时可以获利，太过谋划时就会失败。

大概一年后，我决定不能像那些我认识的过度操劳的兼职房东一样去做房地产生意。我研究了如何找人去查看、推荐、购买、出租、翻新、管理和维护我的房产，同时还能从中获得公平的份额。对我而言，这是一个二元选择：利用杠杆或选择退出。谢天谢地，我陷得太深，所以无法轻易撤出。事实上，这不是试图推卸责任或者临阵脱逃，而是需要弄清楚人生真正的目标。

我在和马克·霍默合作的时候发现，你感觉困难（或讨厌）的工作在有些人眼中很有价值。他们甚至很喜欢这些工作，能把它们完成得很好，还可以赚钱。我发现了一个秘密，不仅有人会做那些我做不了的事，而且有人真的痴迷于那些让我崩溃的东西。我以前不知道还有这样的人存在。如果能充分利用这一切，我就可以成长，赚到更多钱，做更多自己喜欢的事情，开展贸易、创造就业和发展经济。在从前的 26 年里，我从没有想到过这个问题，也没人教过我。

非暴富的快速致富策略

对商业、金钱和生活来说，杠杆化是一种非快速致富、快速致富、更快速致富和最快致富的策略。它是通往成功和自由的真正捷径。从每个人身上赚一点钱远比你自己赚很多钱具有更大的规模和可扩展性。每小时从1万人那里赚每人10英镑比你自己每小时赚1000英镑要好得多。

在首次开启我的第一个真正的生意——房地产时（我没把做艺术家算在内，因为那时我根本不了解什么是真正的生意），我和合作伙伴一切都是亲力亲为。我们"忙得团团转"，我们干得还可以，靠收紧成本以规避风险。我们开店后不久，就遭遇了公司经营以来最大的经济衰退和房地产崩盘。但回顾过去，如果能摆脱自己的做事方式，我们在不增加太多风险的前提下，想要更多地、更快地、更明智地成就事业，就应该更早地、更多地利用杠杆。经常有人问我："罗布，如果可以重新开始，能未卜先知的话，你会做什么不同的事情？"更多地利用杠杆，找到最好的人。我们本可以在战略、愿景和建设团队方面做更多的工作，把大多数乏味和困难的工作分配给那些在技术方面做得比我们更好的人，然后把自己解放出来。雇用别人的付费比我们自己去做要低得多，我们以前总盯着自己以为可以省下来的钱，而不是自己为代价花掉的或放在桌子上的几千美元。

我的一个物业培训公司，"进步物业"的许多学员和团队成员取得了飞快的进步，就能够说明这个问题。如果尽早并尽快地选用积极主动的人，他们会做得非常好，他们中的很多人现在是全职的房地产投资者。很多人在9—18个月之间实现了几百万英镑的房地产投资组合。很多人在相似的时间框架内的月度被动收入为3000英镑、5000英镑、1万英镑或2万英镑，他们中的很多人现在成了百万富翁。他们辞去了以前的工作，其中有些人已经成为培训师和业内受人尊敬的专家了，正在回馈社会并创造出另外的收入来源。他们不用再重复我们刚开始创业时的错误，更快、更好地获得成果，因为他们利用了杠杆，并从我们所犯的错误中吸取了教训，然后去做自己做得更快、更容易、更好的事情。而那些不接受杠杆的人需要花费更长的时间。

非杠杆的机会成本

你收获的结果和赚到的钱不在于你做了什么，而是你没有做什么。如果你在卖敞篷小船，就不能去卖超级游艇了。如果你的定价很低，那么就吸引不到付款能力更高的客户了。人们很容易相信要更加努力工作、要加班加点、要做出牺牲的"传统"建议，这就是我们一开始时所做的。我们陷得太深，所以看不到问题。没人为这艘船掌舵，而它则更加盲目地全速前进。我们的业务无法增长，因为一天只有那么多小时，无论工作多少小时，多么努力，甚至工作效率非常高，我们都只会不停地撞到天花板上。随着我们越来越忙，不仅与 IGT 渐行渐远，而且过度疲惫让我们开始犯错误。我们把错误的事情做得很好，做了很多，但是根本没做任何该做的。我们一直堵在自己的路上。更具有讽刺意味的是，为自己工作的全部意义是为了让我们腾出一些时间去做自己真正喜欢的事情。但我们太忙了。尽管在合作的第一年，我们就购买了大约 20 处房产，也赚到了我们该赚的钱，但这些收入实际上妨碍了我们赚大钱。

我在 30 岁到 31 岁时成了百万富翁。我儿子九个月大的时候，正是我工作最焦头烂额的时候。一天我很晚回到家后，我的妻子让我坐下来，并对我说："你的工作和你的生意让我感到很自豪。但如果你一直保持这个节奏，在博比醒来之前就去上班，然后在他睡觉后才回家，等他 18 岁的时候，他都不知道他爸爸是谁。"

那时我会为自己辩解，因为我那么努力地工作就是想为家人创造美好的生活。在我的自负消退后，我看到了两种未来将出现的愿景。一种是每周工作 80 小时，人们看到我赚了很多钱，拼命工作仿佛是我的荣誉徽章，但我会筋疲力尽，还会危及我的家庭生活，为了生活而工作，追求一个无止境的目标。另一种是我可以在家或在世界各地工作，想去旅行就去旅行，我可以与家人共度时光，直到有一天他们想把我赶出家门，可以用被动收入来为这种生活方式买单。想明白这些道理为我开启了杠杆、系统、用人和流程，这些也成就了我的《生活杠杆》那本书和我的人生哲学。你只需下定决心去做同样的事。从那时起，我把赚钱视作一个结果，而不是一个目标，一切就变得更容易了。

　　快进到现在，对我和我们公司来说，业务存在很好的杠杆率。它还不完美，有时杂乱无章，总给我们惹麻烦，还在不停地变化，但过去那些我们自己管理的物业，已经转给了代理商，然后我们和商业伙伴一起成立自己的租赁代理。那些以前我自己去做的所有的演讲和培训活动，每年多达250场，现在由我们的教育公司100多名培训师共同完成。那些过去我们亲自去做的所有巡视和收购，现在交给了一支收购团队。我们过去购买单人公寓，现在收购更大型的商业建筑。过去我们只在本地培训，现在我们在全球做培训。我们曾经没有员工，现在有数百名雇员，还有外包。过去我们一个周末赚60英镑，现在可以赚60万英镑。过去我们所有的事都要亲力亲为，现在我们有导师、策划者和专家。你也可以这样做，这是一个过程。我自己是不可能完成这一切的，仅凭努力工作也不可能做到。长风破浪会有时，直挂云帆济沧海。我希望未来再读这篇文章时，我会觉得，相比之下，我们现在拥有的这些公司是一些多么可爱的小公司。如果我妨碍了那些发展，一切就不会发生。

五种具有杠杆作用的工具

1. 时间（寿命）

　　没有所谓的"时间管理"。你无法管理它，因为你无法控制或改变时间。你可以管理自己，以及如何花钱、储蓄、投资和浪费时间。时间管理应该更名为生命管理。你的目标应该是通过"留住"时间，并尽你所能减少浪费而"获得"时间。时间是最宝贵但很稀缺的，且在不断减少的商品。因为时间是从你出生的那天开始倒计时的钟表，你投入得越多，浪费得越少，就有更多的时间在你愿意的时候，和你爱的人一起去做自己喜欢的事情。

对待时间的态度将直接决定你控制和利用时间的能力。你是否把时间视为要不惜一切代价去保护的最珍贵的商品？你是否把时间当作礼物，并最大限度地利用自己拥有的每一刻？你是否渴望加倍利用和杠杆化时间？还是陷入了不断复制的模式？你是否在品味和享受每一刻？你是以感激之心活在当下，还是懊悔地回顾过去，并恐惧地展望未来？

始终重视和评判时间的价值。永远不要浪费可以保存和利用时间的机会。有一次，在我理发的时候，商业伙伴让我在社交媒体上参加一个他召集的会议，我用他的数字化思维思考了一下：我每个月理发两次，每次30分钟，那么我每月可以节省1小时的会议时间，假设我能活到97岁，就有720小时可以利用。如果我每小时值1万英镑，再明智地用这些时间去投资，60年后就是720万英镑。

很多大老板并不日复一日地工作，但他们雇用了成千上万的人。他们知道自己时间的价值，你经常听他们说，"这不值得花费我的时间"或者"我不会为那件事起床的"。现在知道原因了吧，以同样的态度，把时间视为有价值的商品和投资是非常明智的。

以下是与金钱相关的三种最具价值的时间杠杆模型：

● RoTI（return on time invested，时间投资的回报）

时间投资的回报是一种模式与操作方法的结合，这是一个用来分析你如何利用时间的系统。不断地问自己："它能给我最佳的时间投资回报吗？"

这个简单的问题让你必须不断地检查自己是否很好地利用了时间，完成适当的工作并获得最大的杠杆。它让你在最短的时间内赚到最多的钱，将那些没有杠杆价值的工作委托给别人去做或者放弃它，这样才能在所有的任务中创造最经常性的利益和收入。

● TOC（time opportunity cost，时间机会成本）

时间机会成本是当前任务所花费或者消耗的时间、财务或其他的成本。大多数人不知道这是什么（或者看不到它），因为他们的眼睛里只能看到他们正在做的事情的利弊，但是看不到他们还没做或可能会做的事情的好处或缺点。从货币的角度来说，衡量机会成本很容易。如果你每天花3小时在管理上，而外包这些工作每小时花费10英镑，那就是说每天有3小时你不能用于销售超过10英镑的产品上。如果你每天花3小时做房产的文书工作，那就意味着每天有3小时，你不能用它去寻找一笔新的、可能让你赚几万英镑的房产交易。多去考虑还没做的事或能去做的事，而不仅是手头的事情。和RoTI一样，不断地监控和评估两件事："我要如何投入时间，我还能用这些时间做什么？"

● NeTime（no extra time，不需要额外时间）

实际上，多任务处理只会分散注意力，想要同时做太多的事情，玩转太多的盘子或任务跳转，是在浪费时间和脑力。NeTime是一种"无须多任务处理而完成多个任务"的方法。NeTime的意思是"不需要额外时间"，你可以在一个时间单位内获得多个结果。以下是一些NeTime的功能：

● 旅行、在健身房、走路等时候安静地听音频节目；（火车、汽车）旅行时打电话；观看自传体纪录片（享受和学习）；坐火车或者在司机开车时创建内容或者工作；做园丁、清洁工、厨师、干洗工、司机、保姆、女仆；与度假合并在一起的商业计划、愿景、出席演讲或策划活动；与课程或活动合并的购物或旅行；与导师或商务人士共进晚餐；与商务合并的社会活动。

- 如果需要更多的关于如何利用 NeTime 的信息，在《生活杠杆》一书中有详细介绍。

2. 货币（资产）

通过创造和投资资产，去利用收入和财富产生的杠杆，一旦完成，在公平交易的环境中，要尽量减少时间交换。将时间、资本和资源投入到产生剩余收入的资产中。把它们建立起来，让其他人或者系统去管理它们，你可以置身这些操作之外。将资产所需的持续维护工作外包出去，其中一些比较密集，另一些比较被动，然后将利润再投资于更多的资产中。以下是可以构建的资产类型，最相关的部分稍后会详细介绍。

- 业务（实体、在线、电子商务）
- 房地产
- IP（知识产权：创意、专利、许可证、信息、音乐）
- 投资（股票、债券、票据）
- 放贷
- 实物（贵金属、艺术品、手表、葡萄酒、老爷车）
- 商业合作（特许经营企业、合资企业）

● 杠杆炼金术

货币杠杆是资产的炼金术。可以以部分准备金制度为例，在很多经济学家看来，这是一个金融奇迹，为投资性房地产和其他的资产类别筹集债务；在没有存款、交易或购买的情况下，用期权和合同来控制资产。合资企业也是进一步利用杠杆的例子，由另一方提供 100% 的资金，以换取时间和管理。还有服务式公寓和标准的单次出租或多重出租房产的转租。金融机构通过将贷款重新打包使 CDO（collateralized debt obligations，债务抵

191

押债券）进一步利用杠杆，债务抵押债券是将集合抵押、债券和贷款合并为一种新的信贷产品。想象力和想法的限制似乎是运用杠杆炼金术的唯一限制。

● 平衡杠杆

在我们详细地介绍很多可以用更少的抵押品和时间去赚更多钱的金融杠杆之前，讲一讲杠杆平衡是很必要的。过多地利用杠杆和市场的小的（或大的）波动会让你陷入负资产状态，也可能会触发与贷款人的贷款价值契约。如果无法填补亏空，他们会收回贷款，让你失去资产。如果"存款准备金率"较低（存款与贷款的比率），使用大量复杂的金融工具杠杆或银行挤兑，银行也会发生同样的情况。在另一个极端，非杠杆化会使金钱或资产闲置和浪费。非杠杆化资本要面临通货膨胀。良好的债务杠杆会产生相反的效果，随着时间的推移，通货膨胀会抵销债务的实际价值，因此可以通过智慧的杠杆化获得双重收益。

● 部分准备金制度的杠杆

这是银行接受存款、提供贷款或投资，并持有其存款负债中一小部分作为准备金的做法。银行以货币或者银行账户的存款作为储备金。成立于1668 年的瑞典中央银行是世界上第一家中央银行。在 17 世纪末，许多国家纷纷效仿，设立央行，这些央行被赋予设定存款准备金率的法律权力，称为货币基础，即现金与存款准备金的比率（或备付金率）。

虽然部分准备金制度遭到批评，但它让银行可以充当借款人和储户之间的金融中介机构，在向储户提供即时流动性的同时，为借款人提供长期贷款。尽管如果储户想要（一次性）提取比银行准备金更多的资金，银行会存在非常小的挤兑风险，但这种情况是非常罕见的。为了降低银行挤兑和罕见的大规模危机的风险，大多数国家的政府对商业银行都会进行管理和监督。这是通过存款保险来实现的，作为商业银行的最后贷款人，法定准备金条款设置了客户存款的最低比例，每家商业银行必须持有现钞作为准备金（而不是贷款），以及利率和通货膨胀目标。这些规定保证了系统的高效运转。银行挤兑行为更多的是信任问题，而不是流动性问题，因为银行从来都没有足够的存款可以在任何时候同时给付所有人的提款。只有恐惧和缺乏信任通过媒体散布的时候，这才会成为一个问题。

因为银行持有的准备金低于其存款负债，部分储备金制度允许货币供应增长超过央行最初设置的相关基础货币的数量。这是经济杠杆创造增长和增加 GDP 的一个伟大发明。事实上，所有人，包括生产者和消费者，都通过透支、个人贷款、抵押贷款和信用卡等形式的信贷，利用广泛使用的信用制度，从货币供应的增量中受益。如果没有杠杆这么伟大的创新，这些东西很可能都无法实现。从"已经存在了 400 年，并日趋强大的"业务和价值创造的杠杆模式中有很多的东西可以学习和模仿。如何在你的生意中使用类似的概念来提高杠杆化的货币流动呢？

● 金本位杠杆

20 世纪 30 年代初，为了对抗大萧条，面对不断攀升的失业率和螺旋式的通货紧缩，美国政府试图刺激经济。为了阻止人们兑现存款和应对黄金供应的大幅减少，美国和其他国家的政府必须保持高利率，但这造成个人和企业借款成本过高。所以在 1933 年，富兰克林·罗斯福总统终结了美元与黄金的联系，允许政府向市场注入资金，并降低利率。《金融之王》一书的作者利雅卡特·艾哈迈德说："现在大多数的经济学家都认同，美国走出大萧条 90% 的原因是与黄金决裂。"美国继续允许外国政府用美元兑换黄金，直到 1971 年，理查德·尼克松总统叫停了这种做法，不再允许持有大量美元的外国人削减美国的黄金储备。

黄金供应是有限的。2011 年，有记录的黄金开采量为 16.5 万吨。沃伦·巴菲特说，全世界地表的黄金总量相当于一个棱长为20米的立方体。与现有的黄金储量一样，未来发现金矿的随机性和不可预测性也具有限制性。这使美元扩大规模变得更加困难。黄金减少了对经济政策的控制，并降低了美元反应和复苏的速度。

如果不脱离金本位，并印刷出更多的现金，经济增长就会立即放缓。最终，需求将超过资源供应，价格也无法持续上涨。这种策略还允许货币流动进一步加快，也使得加密货币等其他创新形式可以被大众效仿。这一战略政策是使用杠杆的经典案例，也是一个你可以模仿或至少可以学习的工具。

● 量化宽松杠杆

量化宽松（QE）是指由央行将新货币引入货币供应，是一个杠杆概念，尽管有人批评它，但量化宽松已被证明可以有效地启动和发展经济。当经济增长放缓时，量化宽松可以增加支出。其理论是，随着更多的钱进入市场，消费者会有更多的钱去消费。反过来这会增加公司利润，促进更多的再投资，创造更多的就业机会，这些都有助于刺激流通。量化宽松通过增加货币基础来刺激出口，还可以刺激贷款，从而增加资金流动，因为它会降低长期利率，从而鼓励借款。银行有更多现金的时候，通常会降低贷款标准，并提供更多的贷款。

当然，这是一种平衡。过量的货币宽松会导致货币贬值，而央行可能会滥用这种权力。好处是，贷款也会贬值，通货膨胀会抵销贷款中相应的金额。从本质上说，量化宽松是注入经济的能量杠杆。尽管我认为你没有按需印钞的能力，但或许你可以通过创建额外的信息、想法、能源和公司中的其他现金流，拥有自己的量化宽松杠杆版本，以此启动个人 GDP 和公司收入。你能做到吗？

● 现金（兑现）杠杆

低利率时银行的现金是反向杠杆，因为利率低于通货膨胀率。实际回报率可能是负值。如果利率高于通货膨胀，那么杠杆就能产生很小的利润。如果通胀率是 3%，利率是 5%，那么杠杆率为 2%。现金没有太多的杠杆作用，除非把它作为杠杆的抵押品。

● 银行杠杆

如果抵押房产取现的话，银行会将该资产用于借款并收取费用。银行可能会出借资产价值的 50% 至 80%，在经济繁荣时期，比例会更高。如果存款为 25%，贷款为 75%，则是四倍杠杆率，即 400%。假设用 25 万英镑的本金和 75 万英镑的银行贷款购买 100 万英镑的房产。银行不会拿走任何增长的资本，所以超出 100 万英镑的部分都是你的。根据全国建筑业协会的统计，自 1952 年以来，英国的房价平均每 10 年就翻一番。10年后，房产的价值是 200 万英镑，75 万英镑贷款的利息，或者以 25 年还清贷款计算，10 年可以还掉三分之一，差不多是 50 万英镑。由于银行贷款的杠杆作用，该房产的净值 10 年的时间已经从 25 万英镑增加到了 150万英镑。这使得初始资本的杠杆化达到六倍，即 600%。

如果把房产出租给租客，租金使得贷款从 75 万英镑降至 50 万英镑，这进一步提高了杠杆率。租金的利润成为你的收入，因此实际上，你有三种利用杠杆的方式：用银行的钱购买资产，用租金支付贷款，用租金支付现金流。你甚至可以外包物业管理和维护，这样可以投入最少的时间，并创建杠杆的第四个维度。

● 合资企业杠杆

如果你能借到 25% 的存款，或者有签订合同或获得担保的门路，那么你就能创造无限的杠杆。如果按照银行的规则行事，你可以从私人贷款人那里贷款，从银行获得剩余部分的贷款，就有了 100% 购买房地产的资金。你也可以从合资企业的合伙人那里获得 100% 的购买资产的资金，从而实现相同的结果。我们买了一处商业地产，并将其改造成 42 个单元，这个项目是由一位我们在生意中结识并成为朋友的私人投资者 100% 出资的。他出资购买，银行出资开发，我们共同拥有 42 个单元的所有权并将它们租了出去。然后我们又在隔壁置业，并将它改建成了 12—20 个单元，两处一起规划。每年的总收入约为 36.3 万英镑，100% 由其他人出资。在这个合资企业中，私人投资者利用我们的时间、地点、知识和经验，我们利用他的资金。

● 合同杠杆

可以获得杠杆率的合同是期权合同，你从中获得了在未来约定的时间框架内购买（房产）资产或业务的合法权利。如果获得了三年的期权，不需要原始资本出钱购买，你可以用自己的方式管理物业或公司，从租金或销售中盈利，或改变用途来增加收入。之后你就有了筹集现金的宽限期，甚至收获一些资本价值的增长，同时增加一个收入来源。"分期付款合同"是另外一种形式，你可以选择先购买资产，然后在约定的时间内分期付款。这是一种延迟支付的付款计划，可从签订的租赁合同中得到资产收入，提前收获未来的收入或流动资产。它可以减少预付的资本支出，有时是零支出。

精明的企业家们正在使用一种合作出租合同去"先租再出租"房产。他们不去购买，而是以传统的方式从房东那里租用房产，要确保房子足够大，有很多的房间。然后，他们把所有的房间重新出租给单个租户，以创造多重出租的收入。实质上，他们扮演了中间人的角色，支付给那些愿意出租房产的房东丰厚的租金，然后获得三倍以上的收入。这种生意的杠杆率很高，几乎没有前期资本投入，相对于一个月的押金成本和一些费用，一个单户住宅每月的毛收入高达 2000 英镑或更多。做"二房东"的缺点是缺乏资本所有权。真正的创新者采用做二房东的策略，从房东那里得到收入和信誉，然后要求使用期权合同购买预售房产以获得资本增长，创造另外一层杠杆。这些合同一开始是问题，逐渐成为挑战，然后变成想法，通过努力形成解决方案，随后达成协议，最后转变为金钱。

3. 系统（流程）

与本书理念相关的"系统"有三个定义：

1. "作为机制的组成部分或相互关联的网络中的一整套物质，以形成一个复杂的整体。"它可以是一个团队中的人员和部门、一个网络化的社区、社交媒体、在线的"待办事项清单"、一群公司等等。许多部分作为一个完整实体去创造杠杆。

2. "特指专门用于单个应用程序的一组相关的硬件或程序，或两者兼有。"计算机、硬件和软件、互联网、应用程序和其他电气系统，它们使得生活节奏更快，生活更加便捷、舒适并减少了对复杂流程和人员的需求和成本。

3. "一套根据经验制定的原则或程序——有组织的方案或方法。"以可预见的方式获得预期结果的最有效方法。依靠可以遵循的有序流程或价值观以复制结果或纠正错误，避免效率低下和浪费。

● 自动化

系统创建自动化。自动化会让人变得多余，不再被依赖。系统的自动化消除了瓶颈和对熟练的、昂贵的人工的依赖。自动化创造了自主权，并摆脱了对人的束缚。它不屑于重复和过度依赖普通人、熟练的技术人员和记忆。自动化力求以最短的、最简单的和最便捷的方法最大限度地提高生产力和效率。

在工作和生活中，你可以更有效地完成几乎所有的任务来节约时间。你可以从系统策略开始，然后进入方法和应用程序。

业务系统化

这个简单并可扩展的流程会帮助你实现业务系统化，并把你从日常工作中解放出来。

- **步骤 1**　把需要你本人或你的知识才能完成的事情全部记录下来。在做的时候（不是稍后）用项目符号表格记录下来，或将其转移到思维导图里。

- **步骤 2**　用口述记录的应用程序或屏幕详细记录你说过的话（销售、市场营销、脚本、流程和愿景）。

- **步骤 3**　每周二把笔记和录音发送给虚拟的或真实的私人助理，让他们输入并用清晰的页码编号将图片和索引整理成手册。

- **步骤 4**　让私人助理或虚拟助理在周五下午 3 点之前把你的笔记发回来，这样你可以查看一下，以确保所有人都能看懂它并照做。然后把反馈意见发送给私人助理或者虚拟助理，以便他们在周末进行更新。

- **步骤 5**　每周一次阅读部分手册，每个月全部阅读一次。想象一下，你对这些一无所知。其他人能按照这本手册介入并承担你的工作吗？对每一个调整进行反馈，以确保它的系统性、条理性、组织性和简洁性。

- **步骤 6**　在公司发展的时候，让你的团队成员一起成长。派经理们去做他们团队的手册。为了最大限度地发挥杠杆作用，让私人助理给你做手册，使其成为他们的工作职责。这是在利用杠杆。

在这个问题上，似乎所有人都同意（但很少去做）的最关键的一点就是马上开始。而不是在你准备去招聘或销售的时候（因为它要花费更长的时间，变得更不容易，会破坏现有的业务功能，也可能影响销售）。

● 自主权的应用程序

使用下列简单的系统和应用程序会让你享有自主权、全球移动性以及更多的金钱和自由：

- 日历 / 日记
- 云存储等文件共享系统，如谷歌云端硬盘
- 所有设备上的社交媒体
- 客户关系管理（CRM, customer relations management）系统
- 银行业务（所有银行的应用程序和在线业务）
- 电子商务（苹果支付、贝宝、iZettle 移动支付[1] 和所有信用卡的应用程序）
- 音频和电子书
- office 远程驱动器 / 服务器（远程访问中央系统）
- 密码保护（把所有的密码放进一个应用程序）
- 远程控制（家庭和办公室自动化和安全）
- Trello[2]（或其他的任务管理网络）
- 印象笔记（或其他的文档创建和共享应用程序）

---

1 Zettle，原名 iZettle，瑞典一家金融技术公司，2010 年 4 月创立。该公司提供一系列金融服务包括付款、销售点、资金和合作伙伴申请。iZettle 于 2018 年被贝宝收购。
2 Trello，一个基于网络的、看板式的列表制作应用程序，由 Atlassian 的子公司 Trello Enterprise 开发。

● 程序 = 效率

程序是实施系统的"最佳实践"方式。效率是重复执行该系统。它是一个清单，用正确的顺序，不断分析、迭代和解决难题的方式记录了从A—Z，或者步骤1—15的过程。如何缩短这个流程或提高效率？如何让它变得更容易？如何创造杠杆或规模化经济？

建议你每月中至少有一天，完全抛开自己的生意，不带任何的工作"任务"，去整理公司的关键绩效指标、管理账户和损益，并进行分析。很多财富就藏在众目睽睽之下。请一些做大生意的人来"董事会"担任"非执行董事"，让他们来和你一起查看，为如何降低成本、增加利润率和产量出谋划策。

● 决策

如果你想发展，就要跳出自己的舒适区。我必须承认，这颇具挑战性。如果你对公司的业务了如指掌，也是公司业务的核心，那么你要克制自己。你不仅需要杠杆和自动化，最重要的是，你需要将决策权移交给关键的团队成员。如果不让他们做重要的决定，那么他们就必须依靠你，你还得自己动手做。雇用得力的人，用你的愿景去激励他们。让他们犯错误，支持他们，而不要控制他们。别挡他们的路！

4. 人员／技能

用人并不是把所有人都当成你的跟班。很多企业家，包括我自己，多年来的一个性格缺陷是，我们错误地认为人们在"为我们工作"。我们"给他们发工资"，因此他们应该"按我们说的去做"。这就像你期望孩子们要听话，因为你是他们的家长一样。哈哈，祝你好运。如果你已经用过"我是老板"这张王牌，你很可能已经失去了之前建立的善意，还制造了怨恨。

不考虑工资或雇佣关系，用人这件事关系到联盟、隶属和人际关系。要把所有人都当作潜在的合作伙伴或联系人。你从他们的技能和工作中获利，你给他们实物和货币作为报酬，双方在交换杠杆。用人要有一个清晰的愿景，通过你的引领去帮助他们，带给他们希望和信念，为他们提供收入和保障，让他们看到自己的价值和重要性。你们相互服务，因此是伙伴关系，而不是一种层级关系。充分利用其他人的时间和技能是你们关系中的信誉。

私人助理、虚拟助理、运营经理、总经理、首席执行官、所有的其他员工、所有外包商、顾问和专家都希望以就业、咨询、合同和伙伴关系的形式得到"杠杆"。

利用他人技能和时间的简单体系是：从你的 IGV 开始，并把"待完成"清单中那些低于自己 IGV 的工作外包给其他人。以 30 天为期给他们支付工资，购买他们的服务——目的是能让自己有时间来完成更高价值的工作。所有的雇主都纠结于小生意："我自己做得更好""我请不起员工""我不想雇人"或者"我要让别人看到我的勤劳"。山姆·沃尔顿在创办沃尔玛的时候是这样做的，沃尔玛现在有 200 多万名员工。一开始两位史蒂夫在乔布斯家的车库里焊接主板。史蒂夫·乔布斯不在了，苹果公司还在。1954 年，迪克和莫里斯兄弟开了第一家麦当劳餐厅。一年后，他们有了第一个加盟商。这个人就是雷·克罗克，他的远见卓识和催化作用推动麦当劳在 2015 年雇用了 190 万名员工，现在每天的收入约为 7500 万美元。虽然你不一定要建立这么大的企业，但他们都是从一个员工开始的，也曾对招聘和扩大规模忧心忡忡。

用两个新词给大脑重新布线

大多数人内心默认了"我必须那么做""我不能做那件事"或"我怎么能那么做？"之类的问题。

内心对于这些问题的疑惑在于它们没有实现杠杆化。这些问题会导致压力、工作或时间投入。

不要问自己"我该怎么做？"，要问"我找谁去做？"。更优质的问题创造更好的生活质量。

很多人认为因为企业主们有钱，他们利用其他人是理由当然的，但是自己没有资源。你有开销、孩子、抵押贷款和责任，你没有时间。是的，事实确实如此。生活中你不利用杠杆的时间越久，其他人利用你的时间就越长。别人能做到的，你也可以做到。去遵循每一个伟大的企业都经历过的体系和理念吧。

5. 想法和信息（杠杆）

任何创新都基于想解决问题的创造性想法。曾几何时，有些人手里没有现金，但他们想要创造价值，想把解决方案和需求转化为金钱。所有的财富都源于想法，因此所有的杠杆都来自想法。所以，唯一限制利用杠杆的是创造力和智谋，而不是现金。

萨拉·布莱克利剪掉了连裤袜最下面的部分，Spanx 打底裤的想法诞生于 2000 年。在最初 3 个月里，她在公寓的后院卖出了 5 万多条。现在，她"疯狂的想法"已经发展成全系列产品，并销售到了世界各地。她登上了 2012 年《福布斯》世界亿万富翁排行榜，她公司的预计收入接近 2.5 亿美元。詹妮弗·特尔弗看到她的小儿子们把动物布偶玩具当作枕头，她萌发了制作枕头宠物的想法。这个可爱的玩具火得一发不可收，2010 年的销售额为 3 亿美元。当时 50 岁的乔尔·格利克曼在自家的塑料公司里工作，一开始他把一捆吸管切断，再连接起来。这个创意让他产生了 K'Nex[1] 的想法。在被孩之宝和美泰公司拒之门外后，格利克曼决定关闭家族企业

---

1 K'Nex（科乐思）是由乔尔·格利克曼创立的拼搭玩具品牌。

中的一部分注射器模塑业务，自己生产玩具。1993 年，在 K'Nex 上市后不久，玩具反斗城的创始人说，那是他多年来见过的最好的东西。4 年后，该玩具的销售额增长到 1 亿美元。

想法杠杆体系

1. 发现并陈述问题。
2. 把它变为挑战。
3. 集思广益，然后做出决定。
4. 为想法寻求解决方案。
5. 把解决方案变成现金。

第一步中发现的问题越大，第五步中现金的总量就越大。当其他人哀叹这个问题太大的时候，利用本书理念的创新者们会卷起袖子，迎接挑战（第二步），因为他们知道第五步（现金、结果或成功）将会以指数级扩大。

1991 年 3 月 20 日，埃里克·克拉普顿 4 岁的儿子康纳从纽约市一幢公寓楼 53 层的一个窗户坠亡。这个悲惨的事件过了几个月，克拉普顿写出了《天堂的眼泪》。这首歌曾出现在电影《极速风流》的配乐中，也出现在流行的"音乐电视"不插电系列中，1993 年获得了三项格莱美音乐奖，并出现在多个"最佳歌曲"排行榜上，克拉普顿因此戒掉了酒瘾和毒品，他的专辑已经售出 700 多万张。他说："我几乎在潜意识中用音乐做自己的治疗师，瞧瞧，它还挺有效的。我从音乐中获得了极大的快乐和慰藉。"

● 信息营销

随着技术提高货币流通的速度，金钱也加快了技术升级的速度，获取信息的途径也前所未有地更加开放了。你可以随时在世界上任何地方更便捷地给任何人上课或者跟他们学习。或许最强大的信息货币是信息营销。销售信息已成为最大的创新和成长产业之一。这个现代产业在全球的价值超过 1000 亿美元，比前一年增长了 32.7%。现在，98% 的信息都是数字化的。在数字世界中，每分钟有 47 000 个应用程序被下载，销售额为 83 000 美元，61 141 小时的音频被下载，10 万条新推文被发布，600 万个脸书页面被浏览，30 小时的视频被上传，130 万条视频被观看。所有这些都以最大的杠杆率和最小的管理费来赚钱，因为没有股票，产量也不受限制。第 38 章将详细介绍如何在你的行业实施信息营销。

35

复利

睡莲的尺寸每天都会翻倍，无论一个池塘有多大，睡莲 30 天可以长满它的表面。然而，在第 29 天的时候，它只覆盖了池塘面积的一半。它在三十分之一的时间里长出了池塘另外一半的大小。如果在高尔夫球场上的第 1 洞投注 1 英镑，后面的每个洞赌注加倍，第 3 洞是 4 英镑，第 6 洞是 32 英镑，第 9 洞是 256 英镑。到第 15 洞，复合总额为 16 384 英镑，而到了第 18 洞，复合总额为 131 072 英镑。这一切都是从 1 英镑开始的。很多人天真地希望睡莲最后一天的规模是从第一天就长成的，或者第 18 洞的金额是从第 1 洞的 1 英镑复合而成的。金钱和人生都不是这样。最后一天，或是后面一天，总有最大的惯性和累积的动量。越是接近终点，最大的杠杆化收益的加载力越大。如果想拥有巨大而持久的财富，必须有长远的目光才行。

付出和回报并不是线性相关的

如果研究一下航天飞机的燃料消耗，你会发现航天飞机在起飞时要消耗一半的燃料，飞入空中要消耗 96.2% 的燃料，或者说，它在发射后几秒钟几乎用尽了所有的燃料。也就是说，航天飞机的大部分燃料都在起飞和飞向天空的过程中消耗了，剩下的少量燃料足以让它飞离大气层，进入太空，再一路返回。创造财富也是如此。为你的航天飞机在起飞时准备最多的能量。静止的物体会保持不动，所以必须开足马力去工作，而不是仅仅努力工作。它可以被视作不利条件，或是巨大的优势，这要取决于你怎么看。当然，它让事情在一开始的时候变得更加艰难，但到后面也会更容易。起飞的时候需要汗水，而不是懊悔，但你的大多数潜在的竞争对手这时候就会掉队。

对于你花在一个行业或企业的每一分钟，时间和金钱之间的反比关系会向相反的方向运动。一开始，为了得到最低水平的、有形的结果，你必须付出最艰辛的"劳动"。这看似不公平，但时间也是不公平的。时间不是线性的或二元的，不是每分钟的回报都是相等的。没有哪两个时间单位具有相同的价值。一旦有了推动力和复利，还有不断减少的摩擦力，越是接近"终点"，你的工作量越小，赚钱越多，而且它看起来也不公平，但这就是法则。

那些以小时为单位思考的人，赚到了时薪并把它花光了。以天为单位思考的人，会被雇用并完成经理分配给他们的工作，经理是那些以周为单位思考的人。更高级别的经理可以以月为单位做出规划，他们执行最高级别的经理年度计划。最高级别的经理们正在实施由企业主们提出的未来3—5年的愿景。企业主们受到那些可以思考和前瞻未来几十年的远见卓识者的启发。那些有远见的人从可以看到未来几代人的圣贤们那里获得灵感。因此，看待时间的维度直接关系到愿景的规模和范围，以及得到的经济回报。

要长期积累无形资产

随着时间的流逝，你在不断地累积冲力和复利——你建立了庞大的无形资产。因为这些都是不易度量的，很多人放弃了对财富的追求。这就像在一棵树生根之前就放弃它一样。树必须先向下扎根才能长大，根扎得越深、树冠的面积越大，果实就越丰硕。这些缥缈的资产将把无形变成有形，把精神转化为物质和金钱。

名声、信誉、品牌、关系网、思维空间、信用、确凿的证明、客户量、关注者、粉丝和推荐、链接和评论、影响范围和可见性、资本、复利、过去的解决方案、信仰、灵感和情感联系等无形资产将会更加广泛、深入，并帮你减少摩擦。

获得复利没有捷径

不负责任的、金光闪闪的、不切实际的快速致富的心态很容易受到有悖于复利法则的东西的影响。认为在某个地方，用某种几乎没有前紧后松的方法，以及一开始就能不劳而获的想法都很天真。通过捷径获得复利对想法简单的人来说极具诱惑，在一个机会落地生根之前，他们就放弃了，转身去寻找下一个机会。他们重新开始，然后放弃，又开始，再次放弃，再重新开始。唯一变多的东西是痛苦、不幸和很低的自我价值。如果出了差错，他们就会指责和抱怨。很可笑的是，这可能是正确的。如果他们能坚持做自己曾经半途而废的第一件事或把最后一件事做到足够长的时间，即使不是最好的东西，也很可能会带给他们财富。相较于短时间内做一些光鲜的事，没多久就放弃，坚持不懈地做一些普通的事情才能赚到更多的钱。

变革成本是看不到的

想象一下，你在可视范围中一直可以看到一个平面显示器，就像买车和玩电脑游戏时可以额外付费选择的配件一样。里面有"剩余寿命"或"生命力"、"力量"、"可选择的武器"、"优缺点"和"剩余弹药"等等。你对自己的选择和行动的结果有持续的实时测量。你可以看到自己是否在浪费弹药和能量，看到自己的分数记录在上升或下降。生活中你看不到这些显示，但假设你可以。假设你有一个视觉反馈机制，它用能量显示或电池寿命的形式显示出你的无形的、缥缈的进步和资产。假设能量的上下波动显示出未来的复利结果和行为的重要性。假设在看起来没什么物质结果的位置，能量显示是五分之四。你是绝对不会放弃的，变革的成本是显而易见的。你会知道自己马上就要成功了。

变革的代价是将复利值再次重设为零。假设因为没有赢得重大赛事冠军，老虎·伍兹在 18 岁时放弃高尔夫球，那意味着他要重新投入 16 年的时间，这段时间中他获得了自己职业生涯中超过 80% 的多次重大赛事冠军，并进入高尔夫名人堂。正如最好的高尔夫教练所知道的那样，即使是一个小的挥杆变化也要付出巨大的时间成本，因此你务必要认真考虑这个问题。

假设爱迪生在第 9998 次尝试时放弃了电灯泡的实验。有太多那样的故事，那些本来可以成就伟业的人，就在复利从"徒劳无功"转向"不劳而获"的时候止步不前了。

大多数百万富翁和亿万富翁会告诉你，赚到 100 万需要"最长的时间"和"最辛苦的工作"。我用了差不多 4 年的时间才开始做一个"正经的"生意。值得一提的是，第二年我赚了 100 多万，在之后不到四分之一的时间里，我赚的钱就翻倍了。那是几年中我"最懒散"和"最轻松"的时光，工作量最小，获利却最大。之后一年，我赚到的钱几乎又翻了一番。与沃伦·巴菲特相比，我的这些盈利微不足道，主要是因为他已经收获了60年的复利。

抵制即时媒体的诱惑

我们生活在一个即时满足越来越严重的世界里。当你看到优兔视频的播放量有1000万时，那些似乎是一夜成功的名人对我们有很大的诱惑力。六块腹肌和医美奇迹的前后对比图片，都在引诱我们对捷径的渴望。这是不切实际的幻想，它能诱惑我们是因为我们没有清晰的愿景，所以会被表面看起来很容易的成功干扰。长期来看，现实往往是贫穷和低自我价值的，因为每次重新开始，都必须重新经历整个播种、栽培和施肥的过程。这种情况越多，你对自己创造复利的能力会逐渐失去信心，把包袱从一个"机会"带到下一个。因为怀疑自己的能力，你会进一步寻找捷径来拯救自己，循环往复。

持久的财富

根扎得越深，树长得越高，树冠的面积越大，它为未来的森林（一代又一代）孕育的种子就越多。复利提供动能，会向前或向后做功。不断增长的债务会造成越来越多的债务，不断增长的财富会吸引越来越多的钱。事实上，富人们经常受困于钱太多的问题：他们无法快速地再投资，因为复利是不停地利滚利，他们需要再投资，才会有更多的钱。是的，富人们确实会变得更富。让复利帮你赚钱，不要总是改变，尽快地从一开始前紧后松的"徒劳无功"转换成"不劳而获"的状态吧。

36

价值创造的二八法则

1906 年，意大利经济学家威尔弗里德·帕累托发明了一个数学公式来描述当时意大利财富的不平等分配，他发现大约 20% 的人拥有 80% 的财富。20 世纪 40 年代末，约瑟夫·M. 朱兰博士将"二八法则"的发现归功于帕累托，称为帕累托原则，它指的是意大利 80% 的财富属于 20% 的人口。更普遍地说，帕累托原则观察到了人生中大多数东西都不是平均分配的，二八开成为相对分布因子或百分比的指导原则。它也可能是更为极端的一九开，有时在财富分配或相对成功方面，是 95 比 5 或 99 比 1。以下是二八法则发挥作用的一些例子：

- 20% 的投入产生了 80% 的结果。
- 20% 的工人完成了 80% 的工作。
- 20% 的客户创造了 80% 的收入。
- 20% 的漏洞导致了 80% 的崩溃。
- 20% 的功能满足了 80% 的使用。
- 20% 的努力实现了 80% 的价值。
- 20% 的人拥有 80% 的财富。
- 80% 的投诉来自 20% 的客户。
- 20% 的产品或客户创造了 80% 的销售额。
- 20% 的管理费用占了支出的 80%。

后来，理查德·科克写了一本书，名为《80/20 法则》。他认为，二八法则是人员和机构高效运行的最大秘密之一。把帕累托原则引入现代社会，研究在一个过劳的、效率低下的时代，如何做到事半功倍，科克说：

- 小投入创造大产出。
- 关注那些产生最大满意度的少数行为。
- 我们所做的大部分工作都是低价值的——杜绝或减少效果不理想的 80% 的努力。
- 少数的原因造成了大多数的后果。
- 关键的少数因素——确定并利用 20% 的努力产生 80% 的结果。
- 在商业领域，专注于获利最多的产品和客户，并尽量减少或去除其余的部分。
- 少数的决定会导致大部分的结果：工作的选择、债务、投资和人际关系。
- 更多的努力并不等于更多的回报——只聚焦至关重要的部分，而忽略其他。

我发现这个原则极其准确，没有哪两个时间单位具有相等价值。在研究财富分配的时候，我认为帕累托揭示了一个关于金钱、商业和一般生活杠杆的普遍法则。你可以利用这个原则，投入最少的时间和成本去获得最多的财富，做到事半功倍。大多数人都做了错误的选择，他们毫无技巧地辛苦劳作，感到身心俱疲、不断受挫并在痛苦地慢慢消耗自己。八二开和二八开是同一枚硬币的两面，似乎体现在我们生活中的方方面面。其他的一些例子进一步证明了这个原则不可思议的准确性：

- 你在 20% 的应用程序上花费了 80% 的时间。
- 80% 的衣服你只穿过 20% 的时间（女士们，你们的很多衣服上还挂着标签！）。
- 你 80% 的头发在 20% 的区域（先生们，80% 的秃头在 20% 的区域）。

- 80% 的快乐来自你做的 20% 的事情（反之亦然）。
- 地毯 80% 的磨损出现在房间整个面积的 20% 内。
- 汽车发动机 80% 的磨损在整个发动机的 20% 的区域。
- 键盘上 80% 的磨损出现在 20% 的按键上。
- 你的股票投资组合 80% 的回报率来自其中 20% 的股票。
- 你 80% 的性生活解锁了《印度爱经》中 20% 的姿势。

二八法则不是让你更努力地工作，而是要有选择地、更高效地工作。维持最大量的时间，获得最高的小时费率或价值，并利用好财富。如果将二八法则与复利相结合，会积累巨大的惯性。在第 26 章讲时间与金钱的关系时，用包括所有来源的每周总收入除以总工作时间，计算出你的 IGV。在使用的示例中，IGV= 总收入（每周）/ 工作小时（每周）：

1000（英镑）/55（小时）=18.18（英镑 / 小时）。

把二八法则代入这个算式，假设你 80% 的收入来自 20% 的时间（反之亦然），它会显著地改变你的 IGV 算法：

$$20\%IGV = \frac{总收入（每周）\times 80\%}{工作小时（每周）\times 20\%},$$

即 800（英镑）/11（小时）≈ 72.73（英镑 / 小时）。

这比计算线性时间值高四倍或是它的 400%。在用八二开和二八法则比较的时候，更具启示性。以下是低效的逆算法：

$$80\%IGV = \frac{总收入（每周）\times 20\%}{工作小时（每周）\times 80\%},$$

即 200（英镑）/44（小时）≈ 4.55（英镑 / 小时）。

这是 18.18 英镑的线性时间值的四分之一，是加了 20% 杠杆的每小时 72.73 英镑的十六分之一。

花 20% 的时间，有可能比你在余下的 80% 的时间里每小时多赚十六倍。我们把复利的效果加到这个算式中。假设你很清楚自己的 VVKIK（愿景、价值观、关键结果领域、创收任务、关键绩效指标），把所有低价值的 80% 的工作外包，只把自己做的 20% 的工作翻倍，结果如下：

- 你外包了 60% 的时间 / 工作，它们属于低价值的 80%。假设为每小时支付 10 英镑，总成本为 330 英镑。
- 你把 20% 的时间 / 工作翻倍，总收入为 1600 英镑。
- 有 60% 的时间你可以随心所欲。
- 你用 22 小时净赚 1270 英镑，而不是 55 小时净赚 1000 英镑。
- 每周多赚 270 英镑，可以节省 33 小时。
- 1 年可以节省 1716 小时，多赚 14 040 英镑。
- 10 年可以节省 10 716 小时，多赚 140 040 英镑。
- 50 年可以节省 53 580 小时，多赚 700 200 英镑。
- 53 580 小时相当于 6 年零 42 天。[1]

请注意，这些数据包括了通货膨胀因素，并假设你会严格贯彻这个原则。曾经有批评者跟我说，这是毫无感情地衡量时间的方法。我完全同意这种说法。这是你的人生。你的人生倒计时已经持续了很多年，你已经消耗掉的时间可能多于剩下的时间了，难道不值得以这样的高度和用严格的效率来重视它吗？这就是富人们已经发现的和投入时间用于致富的方式。这样做很容易，不这样做也很容易。当然会有一些损耗，这就是为什么我的算法中只把你再投资时间的 20% 翻了一倍。刚开始的时候，一定会有情绪波动、会崩溃，也会面对诱惑。需要实践才能实现这样的变化，如同时间是我们最有价值的商品一样，它也是我们拥有的最大的资产。如果不

---

1 此部分数据来自原书。

能用高质量的关键结果领域、创收任务和更多自己喜欢的东西充实你的人生，它会被那些你不喜欢的、别人的重要任务填满。如果不用高优先级的东西填充你的生活，生活会用低优先级的东西折磨你。

二八法则的总结

二八法则让我们深入地了解了财富的分配方式，它永远不会平等地重新分配的原因，以及如何以对自己有利的方式参与不均等分配。不是以他人的利益为代价，而是通过提高货币流通速度、YGDP 和流量。关注自己的最高关键结果领域和创收任务，并至少每半年进行一次评估，这是利滚利地不断增加财富的关键。在所有与金钱和财富相关的领域，都可以用二八法则去思考。和谁交往，去哪儿旅行以及如何到达那里，如何学习一个新的学科、购买什么书籍、听什么音频、追随什么媒体在线学习，如何营销，如何节约成本，如何购买物品，如何利用家务杠杆，如何融合社会、工作和生活，如何管理电子邮件、会议和银行业务……二八法则可以帮助你思考所有事情。

37

销售是提供服务、解决问题和给予关怀

找寻自我的最好方法就是投身于为他人服务之中。

——圣雄甘地

要想积累并维持财富需要注意三件事。我将其称为"关怀的三位一体"。

1. 人文关怀

如果没有价值，我们就毫无用处。人类独特的价值是以我们自己的方式为其他人提供服务和解决问题的。帮助自己的物种生存和繁荣的方式是支持他们的发展，为他们的合作增加价值和服务。添加的价值越多，你作为更伟大整体的一部分就越有价值；为了发展和进步，整体对你的依赖程度也越高。"开明的自我利益"是概括它的一个创新词。为他人提供的服务越多，为他人解决的问题越多，为自己带来的金钱、意义和价值也就越多。比尔·盖茨的愿景不是"办公桌上的个人电脑"，不是"为一个人治好脊髓灰质炎"，而是巨大的、全球性的愿景。埃隆·马斯克的愿景也不是把彼得伯勒变成他的领地。

销售是为他人服务，在"公平交易"的前提下给买家提供他们需要的东西。销售要非常关心他人，给他们提供实用的和有价值的东西，以换取金钱（或其他报酬）。销售要非常关注其他人以发现他们最看重的东西，然后提供给他们。赚钱是自然的结果，但也是要服务于他人的。在公平交易的前提下，在交易的整体经济环境中获得一定的报酬。他们付钱给你的同时，反过来赋予了金钱价值并增加了 YGDP。

所有的服务行为在为他人提供服务的同时，也创造了更大的经济体量和渠道。服务行为不是单向的，不仅仅是卖家为买方服务，雇员为雇主服务，或者父母为孩子服务，这是一个相互关联的服务网络，可以增强或削弱经济和发展。

如果足球运动员是通过得分、扑救或进球为球队提供最好的服务的话，他也会得到相应的报酬。他的收入不仅仅是每周 35 万英镑。他的薪水、赞助协议和肖像权与他为球队、经纪人和球迷提供的服务成正比。如果不传球、扑救、进球或得分，球员不会得到这样高的薪水。他对球队的服务水平直接影响到球队的成就，并反映在他的薪水上。那些没有他的价值和服务水平高的人的收入不会比他更高，他的薪水也会低于那些价值和服务水平比他更高的人。如果不提供服务，他就会失去在球队中的位置，并最终失去合同。如果他提高了服务水平，其他的球队也想买他，并要为他支付高昂的费用和更高的薪水。在这方面，和我们一样，足球运动员是销售人员，因为在出售之前什么都不会改变。穷人对"销售人员"的错误观念会扼杀财富。当人们抱怨足球运动员的工资过高时，我感到很恼火。无论他们在球场上冲刺、翻滚、与裁判争论是否让你感觉无关紧要，在人类社会的销售交易中，足球运动员的收入确实与他们为他人服务的价值相关。他们在玩自己的游戏，尽可能表现得最好。我们确实都赚到了自己应得的钱，不多也不少。足球运动员在已有的规则制度范围内比赛。最好的球员收入最高，最好的球员会让最多的人感到快乐，传递给最多人激情、目标、希望和乐趣。2015 年，全球有 7 亿人收看了曼联对利物浦的比赛。最好的球员能激励更多人去踢足球，并希望未来会和他们踢得一样好。他们是足球项目中最好的销售人员，以他们自己独有的方式，就像艺术家是自己作品的销售人员一样。以前的我不是，这就是一个好的艺术家一直穷困潦倒的原因。对艺术来说，销售和艺术本身同样重要。

由于自私或者不公平交易，一旦没有了销售和价值交换，这种状况无法持续，平衡会自我纠错。如果球员经常受伤，俱乐部老板就会签订"按场付薪"的合同。如果球员达不到之前俱乐部期望的水平，球场上的表现与薪资水平不符，他们就会被卖掉，他们的价值会随之下降，他们的薪水也一样。如果无法在球队中保持良好的表现，他们会被移出大名单，甚至可能被下放到预备队。

以小见大，从球员的薪酬可以观察人类是如何进行销售、服务、解决问题和薪酬分配的。随着球员的进步，他们能从周边的交易中赚到更多钱：赞助、代言、物品分享，甚至在社交媒体上发帖都可以赚钱。这在经济学中被称为"边缘服务"。他们表现得越好，他们的价值就越有吸引力，销售起来就越轻松。他们在球场上的表现，与他们如何为其他人服务和解决问题有关，是基于服务的销售。这会产生向上的复利。据报道，克里斯蒂亚诺·罗纳尔多的每条推特价值高达 30.39 万美元。这是多年来艰苦训练、精湛球技和为他人的服务水平和规模的综合表现，给买方提供了清晰的、有价值的产品。他们将一生都投入自己的"艺术"之中，和企业家们一样，在大多数人都没能成功的前途未卜的职业中冒险，一次伤病就会毁掉他们的运动生涯。

当这个价值不存在了，报酬也随之消失。想想老虎·伍兹和兰斯·阿姆斯特朗的丑闻曝光之后发生了什么。赞助商终止了与他们的合同，媒体开始封锁他们，随着人们改变了对他们本人和价值的看法，他们所服务的人数也减少了。

服务人数、提供服务的规模、解决问题的数量和规模与你得到的报酬是相符的。这是你的"推销方法"，比一堆宣传手册和成交技巧更重要。

以下是不同领域和不同层次的一些人员和公司提供服务和解决问题的例子：

- 汉斯·劳辛，利乐公司创始人鲁本·劳辛的儿子。公司的净资产超过 100 亿美元。最著名的创新是：纸和塑料制成的牛奶包装盒。
- 便利贴每年为 3M 公司创造约 10 亿美元的收入。便利贴是在 1968 年偶然"发明"出来的。
- 肯·莫德斯图为文莱苏丹理发的收费是 2.3 万美元，外加从多切斯特酒店到东南亚的交通费用。大多数名人的理发师每次"理发"收费是 400—1600 美元。
- 简单的电脑益智游戏俄罗斯方块已售出超过 1 亿份。
- 罗曼·阿布拉莫维奇的游艇"日蚀号"以 4.5 亿至 12 亿美元的建造成本而闻名。它有 70 名船员，可容纳 24 名客人，拥有两个直升机停机坪和一艘潜艇。
- 比尔·福奇通过制定全球战略，挽救了 1.31 亿人的生命，并根除了天花。他现在是比尔及梅琳达·盖茨基金会的顾问，以消除脊髓灰质炎为目标。2012 年，他被授予总统勋章。

上述每个事例都以不同的方式去提供服务和解决方案。以下是他们服务和解决问题的方法，你也可以这样做：

- 为很多人解决小问题。
- 为一些人解决大问题。
- 多次解决小问题。
- 多次解决大问题。
- 慈善服务。
- 物质服务。
- 娱乐服务。

便利贴为很多人重复性地解决了一个小问题，拥有多项专利的利乐包也是如此。阿布拉莫维奇的游艇曾经只为他一个人服务，但有巨大的交易报酬，并提供物质服务。比尔·福奇的服务是慈善性的，并且能够通过服务和他人的认可赚钱。俄罗斯方块通过娱乐的方式提供服务。肯·莫德斯图的服务很物质（也可以说服务于虚荣），尽管这样，它很明显也是一种服务。

> 如果生活不易，去帮助更多的人，生活就会帮助你。
>
> ——罗布·穆尔

帮别人赚到的钱越多，你自己赚的钱也越多。提升服务和解决问题的重点和规模，不要回避那些大问题，向它们发起进攻并把它们解决掉，你的价值会随之增加。实际 IGV 增加的同时，你的自我价值也会提高，你的薪酬、服务和规模也自然而然地上升到更高的水平。

2. 自我关怀

如果只专注于服务他人，而不重视自己，就会增加管理费用，并降低利润率，销售是不可持续的。由于价值是与公平交易有关的概念，如果其他人的收费更高，人们会更看重他们。如果价格和价值都提高了，销量就会增加。要吸引更优质的客户、更好的推荐，要提高自我价值，为自己投资，请原谅自己和其他人曾经的认知错误和受到的伤害。允许自己公平地提高要价，你会发现优质客户们会为你的付出花钱。不断努力发展自己，去解决更大的问题，和愿意为你的价值付钱的人在一起。爱自己本来的样子，而不是那个你梦想中的样子。不要为了获得一些未来的可信度，就放弃当前的一切，把所有的价值都推向未来。向世界展示真实的自己，让其他人从独一无二的你那里获得巨大的利益。

3. 关心金钱

允许自己与金钱坠入情网。让自己爱它、创造它、分享它，如果愿意，就沉浸其中吧。

探索并衡量你的净值。密切关注资金、利润率、收益（和亏损）。为公司制定具体的财务KPI。头脑中想着钱，心里惦记着钱。不要害怕别人因为你爱财而评判你，也不要因此产生愧疚感和羞耻感。货币只是当前通行的价值交换机制。要爱上金钱能带给你和别人的东西，把它作为一种向善的力量。学习投资和资金管理系统去更好地管理金钱，这样它才会关照你。培养和提高对金钱的认识，并要处理好你和它的关系。把这些知识教给你的孩子和其他需要学习的人。确保拥有良好的系统可用于快速、公平地追缴账款和收费。不要亏本销售。

销售的八个阶段

以下是销售的八个阶段，它们会让销售变得更加轻松和自然：

1. 打招呼或介绍。微笑着做个自我介绍。人们在见面的三到五秒会形成印象。声音、衣着、眼神交流、态度、体贴和自信都很重要。

2. 建立融洽的关系。寻求相似之处，打造交情。越快地找到你和顾客生活中共同的话题，销售就会越容易。让他们多说话，找到共同之处，要表现出你真正的兴趣。

3. 确认需求。明确他们首要的或迫切的需求是什么，哪些解决方案对他们来说是最重要的。找到他们生活中缺失的东西或存在的问题。销售过程中你被拒绝的次数与你能确定他们需求或痛苦的程度成反比。他们的需求越强烈、越广泛，销售起来就更容易。

4. 确认并复述需求。要确保你已经确定了他们真正的需求。当他们告诉你需要或缺少什么的时候，向他们重复一遍，要陈述清楚并得到口头的认可。永远不要假设，要把它说出来。

5. 创造并提供价值。用你的工作为他们解决问题。提供他们需要的东西，让他们无法拒绝。如果他们说自己买不起你的东西、没有时间看或是不想要，都说明你还没有站在他们的角度去说明商品的价值。在这种情况下，重新陈述需求并提供更多的价值。人们从来不缺钱，他们缺乏的是购买欲和动力。如果你能给他们动力，他们就能找到钱。

6. 成交，完成销售，结账。不要含糊不清，要明确条款。确认预约，获取信用卡信息，并安排送货和付款。不要把这些留给顾客去解决。

7. 提供服务、关怀和价值。遵照承诺提供服务，还可以多给一点。打电话回复具体问题，将服务或产品与客户的特定价值联系起来，你的产品不用推销就可以卖出去。收款之后继续公平交易的过程。

8. 请求推荐和反馈。随着不断推销，你会有一些热情的客户，问问他们是不是还有其他人也需要相同的服务。跟每个顾客要三个人的联系方式。在安全的环境中征求意见，以便他们对你有待改进的地方畅所欲言，并将其应用于未来的产品迭代中。

● 不需要噱头

如果你想欺骗别人，他们最终一定能发现。如果用噱头或强行成交的方式销售，买家的悔恨会反馈给你。它会迫使你增加服务、售后支持和管理成本。心怀不满的客户不会把你推荐给其他人。当你真诚地，不是装模作样地，而是用发自内心的、诚实的态度讲话的时候，人们会做出最友善的回应。销售并不是讲故事，销售是询问、倾听，然后给予。

可持续的销售是关怀、服务和解决问题，这种基于服务的规模化销售会创造巨大的财富。不用费力地唱高调、拉关系和找噱头，致力于为客户的期望提供服务、解决方案和足够的关怀，以发现他们的价值观，并为他们和他们的价值观提供最重要的服务。不断改进和开发产品，并定制解决方案，你的价值和财富都会增长。

38

营销就是财富

如果你有一家商店，销售目标是把店里的商品卖给顾客，那么市场营销则是首先让他们走进商店。没有人的话你什么都卖不出去，因此市场营销是做生意最重要的部分。营销就是创造财源。

最好的产品没有人买的话，还不如所有人都会买的平庸产品。当然，伟大的产品和创新也很重要，但我认为两者都是你渴望的和想要创造的。在完成产品或服务的设计、众包和迭代之后，市场营销就成为首要任务，把大众变为顾客，然后让他们成为迫切的买家，之后是狂热的粉丝，最后让他们成为推荐人。想买你的产品，并将成为理想的客户群的顾客越多，你的营销就越简单，营销成本就越低。摩擦会减缓货币的流速，因此差劲的营销方式，或者把良好的营销方法用在错误的顾客身上，都会减缓赚钱的速度。

伟大的市场营销中包含艺术和科学。艺术是对市场需求的直觉，是你的经验、愿望、审美，以及使其快速传播的未知变量。科学是对市场营销KPI的数据分析，并将其作为投资决策的基础。当你拥有品牌、信誉和经验时，把艺术与科学融入其中，同时也需要验证、测量和调整。把营销艺术与科学相结合，你将在竞争中获得优势。

稀缺性与紧迫性

如果通过减少供应和增加需求进行市场营销的话，价格自然会上涨。如果有品牌商誉和大批忠实的追随者，他们有足够的钱，有限供应就创造出巨大的价格空间。像耐克这样的品牌就会创造稀缺的、更高定价的产品（鲨鱼联名款和限量版的耐克乔丹系列）会引发购买狂潮，这反过来又为所有的低价产品做了营销广告，如印刷品、书籍和60美元一双的运动鞋。

营销流通

以下的24种营销策略，可以用作传播形式，通过产品和服务把信息转化为财富：

1. 独一无二，但要忠于自己。

2. 欢迎辩论和争议。

3. 从细致的、小范围的行业开始，然后逐渐拓宽市场。

4. 不停地推销：利用想法、行动、电子邮件或推荐。

5. 先提供价值，再要价。

6. 成为业内的知名权威，让自己出名。

7. 坚持做有效的工作，直到它无效（花费70%的时间），并且……

8. 创新、测试新工具和媒体（花费30%的时间）。

9. 在扩大规模之前先测试。

10. 测试并规模化付费广告（在脸书、谷歌、推特、照片墙、红迪网和流量大的新媒体上）。

11. 在所有流量高的社交媒体平台上都要有影响力。

12. 把粉丝从一个媒体平台转移到另一个媒体平台（特别是从那些没有数据的平台转移到有数据的）。

13. 平衡好品牌、商誉与直接营销。

14. 利用好热点新闻的媒体杂音，并利用能量和情感。

15. 衡量LCV（终身客户价值，lifetime client value，终身客户

价值＝总销售额／总客户数）。这不等于总销售额或总销量。

16. 测量每个客户的最大获得成本。

17. 把终身客户价值中的一部分作为最大获得成本，持续在市场营销中再投资。

18. 衡量公司具体的 KPI，如人均收入、每次点击成本、每次引导成本、"吸引围观者"成本、每个客户购买量等。

19. 在所有的计划和媒体中调整信息。

20. 在完成销售或客户满意后，请求他们向其他人推荐你。

21. 如果今天不在市场营销方面投资，明天就没有客户了。

22. 在困难时期削减营销支出是最后一步，而不是第一步。

23. 永远不要只依赖一个营销途径（从二十个渠道中获得一个客户胜于来自一个渠道的二十个客户）。

24. 询问客户并统计他们的需求，咨询他们你需要开始什么、终止什么和保持什么，并付诸行动。

信息和网络营销

40 亿人在使用电子邮件，79% 的人使用社交媒体，51% 的人使用博客，42% 的人使用网络研讨会，还有 16% 的人使用播客。这种增长并没有出现放缓的迹象。纸媒、电视广告和传统零售业遭受严重冲击，获得确定的客户群体的成本降低了，管理费用也大大削减了。用一个二手的笔记本电脑和畅通的 Wi-Fi 信号，你可以比以往任何时候都更容易地创业和扩大业务。进一步削减管理费用和提高资金运转速度的方法是营销与你的业务或兴趣相关的"信息"。如今大众对信息的需求显著增长。在 2010 年，信息营销是一个价值 500 亿美元的产业。据《华尔街日报》报道，到 2013

年，该产业价值已达 620 亿美元。由于获取信息变得更加容易，因此越来越多的人可以"自学成才"，这个行业在免费的和付费的信息方面都获得蓬勃发展。谷歌目前存储了大约 15 EB（艾字节）的数据，这大约相当于 3000 万台 500 GB（吉字节）个人电脑的数据量！因为实际上没有库存、积压或创业的成本，你可以打包知识，以更低的消耗面对全球的客户。你可以把同样或类似的低成本信息卖出几百万次，也不存在"下载库存限制"。你可以将这些信息重新包装和重新利用，在线上销售，并以实体书、CD、DVD、电子书、有声读物、Kindle（电子阅读器）、iTunes（数字媒体播放应用程序）、有声书、iBooks（电子书阅读软件）[1]、时事通讯、播客、iTunes 大学、付费会员网站平台、研讨会、导师或策划项目等方式销售。更多或类似的信息定价可以从 1 英镑开始，上至 5 万英镑，在低端市场扩大规模，在高端客户中体现出稀缺性。

在创建进步不动产公司的时候，我们还是初出茅庐的年轻人，我们想说的话很多，但内在的品牌价值很低。尽管特立独行的作风与互联网和信息营销让我们饱受争议，我们在各种论坛、电子课程、时事通讯和一些活动上，用免费但有价值的信息去冲击我们的行业。我们开始受到关注，并建立了一些商誉，虽然也有不少人批评我们，当我出版《房地产投资的秘密》（2008 年）时，销量比我们预期的高。这本书现在已经印刷到第四版了，从 2008 年以来我已经赚到了几十万英镑。它为我们带来了新的客户，人数足够举办一场活动。第一次举办活动的时候，大约有 75 人参加，我们简直不敢相信。当时没有社交媒体，一切都靠电子邮件。那次活动花了97 英镑，我们在不到一天的时间里赚到 7275 英镑。那次活动的一些信息出自我的书，并以我的个人经验和案例研究进行了扩展。在那个活动中，我们邀请大家来参加了一个为期两天的更深入、循序渐进的房地产投资大师班，每张票 1995 英镑，有 25 个人买了票，创收 49 875 英镑。所有的

---

1 iBooks，现改名为 Apple Books。

信息都储存在我们的头脑中，来自我们一直从事的工作，我们愿意和其他人讨论。对我们公司来说，现在每年从信息业务中获利将近 2000 万英镑，我们不是唯一的一家公司，也不是最大的。我们的几十名学生已经建立了自己的信息营销公司，以他们各自独特的风格进行教学。所有人都有发展空间，因为在这场创业革命中每个人都渴望获得信息。

你可以创造一个产品，就像这本书，然后利用它去反复赚钱。它可以在未来几十年产生被动的经常性收入。它会快速传播，分支机构、代理商和社交媒体成瘾者会分享和购买它。亚马逊、谷歌、脸书和 Udemy[1] 等拥有上千万用户的大平台会免费跑腿为你带来客户。信息营销很可能是最充分利用时间的方法，为人们提供最大的时间投资回报。

在你独具天赋和经验的领域，你可以通过不断增长的在线媒体帮助人们快速解决他们的痛苦。通过免费账户，你几乎每天都可以利用一个新的社交媒体平台去获得上千万的客户。当你尊重自己的价值并把它释放出去的时候，你可以为很多人提供服务，并解决他们的问题。几乎所有人心中都有一本书，问题是对大多数人来说，那本书一直在他们心里。用你独特的信息为更多的人服务，去获得丰厚的（也是被动的）报酬吧。

39

员工、企业家还是企业内部强人？

合法的和可持续的谋生方式主要有三种，它们随着时间的推移而发展，也会出现相互交叉。这三种方式是：员工、企业家（个体经营者）、

---

1 Udemy，美国一家在线教育平台。

企业内部强人（有就业自主权）。

每一种角色都有各自的优缺点。刻板印象中的人格类型只适合其中一种角色而不是另外两种。商界中的一些人会看不起员工或企业内部强人，但这是目光短浅的观点。你应该花些时间考虑自己是什么样的人，你现有的知识和经验，风险承受能力，并利用适合自己的角色去赚最多的钱。然后你就可以抛弃"这山望着那山高"的想法，专注于自己的生活。也可以从某个领域开始，设定一个目标再进入另一个领域，这样可以降低放弃花费了 20 年构建的职业生涯的风险。

员工

人们普遍认为当员工的好处是相对保险，有人持续地为你支付管理费用，提供培训和支持，职业生涯的发展路径是明确的，有可供合作的团队环境，已经明确的大学毕业后的谋生途径，你可以一路干到退休，有看得到的养老金、疾病险、生育险和其他的一些福利。如果能找到一家颠覆性的或大型的公司，你就能得到所有这些好处，学到很多东西，在高级职位上拿到高薪。可以学会炒股，赚上几百万美元……

但你可能需要花几十年的时间才能慢慢晋升。近年来，工作保障遭到破坏，尤其在工资较低的岗位。很多人在上次的经济衰退中被裁掉，养老金似乎已经消失或者变得更加遥不可及了。很快退休年龄就会变成 137 岁！在一些行业，作为员工的优点有所减少，但缺点仍然存在，并不是工资上涨了 30% 就可以弥补不断出现的风险。很多人被迫寻找第二种收入来源，在某些情况下，这会最终导致他们成为个体经营者。

现在，来看看如何成为一个好员工，利用本书的理念，在最短的时间内用最大的杠杆来发展你的职业生涯。

作为员工如何利用杠杆

根据本书中的理念,你不要再思考作为员工你能得到什么,而要考虑如何平衡自身利益和雇主的利益,付出后再获得。如果成为公司不可或缺的一员,你总会得到加薪和晋升;如果他们不赏识你的价值,猎头公司会来找你,会有其他公司欣赏你。以下是一些在公平交易的环境中,可以在最短时间内快速发展你的职业生涯,并赚到最多的钱的非常有用的方法:

- 发掘你的经理、老板和雇主的价值观。
- 去问问你能做到的最高 KRA 以及它能为公司的愿景带来的最大利益。
- 去做你想做的工作,而不是安排给你的工作。
- 每月在经理的月度回顾中登记,用于展示你的工作,并得到如何进步的反馈。
- 为公司盈利出谋划策,并要求从中获得报酬。
- 为公司节省成本出谋划策,并要求在节省的部分中获得提成。
- 制定明确的目标、指标和时间框架,以达到你的 KRA 和收入份额。
- 超额完成任务。
- 超高效地管理时间,以产生最大的影响。
- 始终精心地关怀和服务客户。

企业家（个体经营者）

这本书的主题不是关于会计的技术细节，我就不详细介绍个体经营者、自营商、经营有限公司或有限责任公司的合伙人之间的区别了。好的会计师会告诉你创立一家公司所需要了解的正确架构、实体和管辖范围。就本书的内容而言，企业家就是为自己工作的人。提醒一下，它主要的缺点是风险更高，这也是回报更高的原因，你要承担所有的责任，不能躲在公司等级制度中间。你必须掌握更全面的技能。你要为可能会有几个月或更长的时间，几乎没有任何收入来支付管理费用做好心理准备。一开始，它可能是一次孤独的冒险，只有你、互联网和空荡荡的卧室，没有可以一起讨论的团队、企业文化和能量，也没人支持你，没有办公室政治，你要管理好自己。没有老板做好的预算用于你的个人培训和发展计划，生病或怀孕的时候，没有员工福利，也没有可以从中受益的就业制度。在给自己干活的时候，至少病假的天数会更少！

现在，免责声明已经说完了，实际上它的好处是相当惊人的。我们中有一些人只能做企业家，也许你也是。我只做过两次雇员，还有一次是为我爸爸，但我也被解雇了三次。多棒的纪录啊！我绝对是完全不宜被雇用的人。感谢我创业路上的幸运星们。你可能也喜欢挑战，因为喜欢冒险而不会被上述的缺点给吓退，要知道其中的回报也相当丰厚。你喜欢自由，喜欢创造时的兴奋感，喜欢去做那些可以全心投入的重要事情，喜欢控制力。你不能接受命令（你的合作伙伴们在家里等着呢！），你知道自己可以产生影响，你想要开创一些持久的东西。

● 创业时代

有很多令人信服的理由让你想成为一名企业家，抑或如果你已经是企业家了，要继续前进、继续成长，尽管面临着各种挑战。相对而言有些是重复不断的，有些是破坏性的。以下是一些破坏性的挑战：

- 通过光纤实现电子商务和互联网销售的增长。

- 未来技术，如虚拟现实、人工智能、物联网的高速发展。

- 需要服务的人数不断增加，以每天 20 万的速度增长。

- 时间成为最稀缺的商品。

- 无人机和自动化取代了传统的劳动力。

- 清醒地意识到政府或养老金不能保障你的未来。

- 全世界（内部）的联系更加紧密。

- 现代移动性，《生活杠杆》的理念：你和手机或笔记本电脑（云、应用程序、路由器）。

- 不断降低的创业成本和管理费用。

- 众筹和加密货币等对金融系统的颠覆。

- 反周期性的机会。

这些机会、巨大的好处和成为企业家可以规避的风险令我感到兴奋。在历史上，全世界从未有过如此紧密的联系。并不仅仅是颠覆使得人们对成为企业家充满兴趣。政府也需要企业家开辟一条道路，去开办企业、扩大企业规模和创造价值，并为他们规避风险。在经营企业的时候，你通过税收和就业为当地做出重大贡献；你的企业为基础设施、交通、医疗保健、消防部门和警力等提供了大量的补贴；你的收入和资本所得税为财政收入做出贡献。在英国，几乎购买所有的商品都要征收 20% 的增值税。你运营业务要缴营业税、雇主的国民保险（雇员们也要缴付国民保险）、公司税、董事的个税、所有员工都要缴付个税、获得利润要缴资本收益税和各种隐形税。大多数一直在责备、抱怨、辩解和求证的人并不了解这些收入和你对当地经济的支持。成为一名企业家，能帮助我们的社会经济，这让我感到很自豪。作为一名企业家，政府和行政区提供了大量的税收减免和保护，对此我表示非常感激。以下是成为企业家的持续性益处：

- 有限责任结构能够承担风险并把风险限制在公司范围内，个人无须承担。

- 已有的对于限制垄断的规定。

- 人们的寿命越来越长。

- 降低利率的权力。

- 印更多钱的权力。

- 越来越多的税收减免和政府拨款。

- 鼓励和奖励创新。

- 在抵扣所有费用后，最后才需要缴税；员工们先被扣税，他们拿到的是税后工资。

这些都降低了创业的风险，也会对你形成保护，这样你就可以盈利和生产。如果你变得很贪婪，他们也能控制你。他们会从你的收入和税收中拿出一部分分享和贡献给其他人。我非常敬佩发达国家的制衡能力和给予企业家们开放的机会。你需要有人激励你开店、经营企业和平衡风险，因此政府提供税收减免。你也可以把许多事项作为合法的业务支出，抵销你的收入中很多资本和收入费用，以减少申报的利润，这样可以少报税。因为是后缴税，你可以从保留的资本中赚钱，包括你无须缴纳的增值税，向专业人士咨询如何减少你和你公司的税单是一项合法的和重要的业务职能。你在旅行、生活、教育及其他方面的花销都可以用来抵扣。拖到最后去缴纳税款的时候，你可以比员工少缴一半或更多的税。如果几十年间一直获取复利，你可能会赚到一笔六到八位数的钱。

作为企业家如何利用杠杆

无论多大年纪或者是否有经验，创业并没有大多数人想象中那么艰难。只要你想做，准备好接受各方面的优缺点，就可以开始了。互联网为我们提供了全世界的信息，它们排列有序，很容易找到和使用。只要找到密码，你就可以连接免费的 Wi-Fi，你可以在亚马逊或易贝网上免费创建电子商务账户，出售一些自己不再需要的旧东西，用筹集到的一小笔初创资金再做更多的买卖。完全不需要营业场所、仓库或管理费用。你可以从 P2P（点对点网络借款）和众筹网站在线筹集更多的资金；你可以通过免费的社交媒体，以很低的成本找到所有的客户；你可以为你的业务或爱好创立一个可以迅速传播的品牌、名声和狂热的粉丝群，从而免费从世界上任何角落向全球传播；你可以快速、低成本地创建应用程序或技术；你可以在一个设备上运行全部业务，只要刷一下卡或者用手机操作一下，就可以立即收到钱。对企业主而言，这些信息可以帮你扩大规模或系统化。以下是我从企业家的角度列出的，可以帮助你利用杠杆的一些方法：

- 要明确企业的愿景、价值观和目标。
- 现在就开始小规模或兼职经营，并设定一个换工作并提交辞呈的日期。
- 起步时就积极地利用体系，尽早使用杠杆。
- 现在就尽快吸引优秀的人才。
- 从外包或兼职工作开始养成习惯。
- 创造一种人们想要置身其中的优秀文化。

- 遵循销售的八个阶段。

- 把产品和服务众包，并根据反馈进行改进（第41章会详述）。

- 为整个团队建立清晰的岗位职责和关键结果领域。

- 不断通过改革、增长和中止来激励他们。

- 妥善管理资金并密切监控关键绩效指标。

- 提取一部分利润，将另一部分利润用于再投资。

- 把运营和任务外包的同时继续实现你的愿景和战略。

- 不断自学，向其他成功的企业和人学习，并从其他的行业引进新想法。

- 开发品牌、公关和声誉管理。

- 开发和培育可扩展的关系网。

- 参与慈善事业。

在事业成长阶段，在领导和管理团队的时候，你的最高关键结果领域和最伟大的管理策略会超越奖惩，它将成为一种激励机制。建立一个秉承相似的愿景和文化，但由个性和技能各不相同的人组成的团队。善于发现每个人最优秀的特质，他们会把自己最好的一面展现出来。支持那些过于低落的人，挑战那些过度兴奋的人。如果想让员工卓有成效地工作，给他们布置有意义的工作，让他们承担稍多一点的任务。为了实现一个伟大的愿景，在短时间内能完成的工作量是令人惊讶的。接下来，他们做的工作比想象中要多得多。

把激情融入职业，把职业融入假期，你和你的员工将会更加团结、充满活力和激情。制定灵活的用人制度，要一直观察和寻找人才，这样他们一旦准备就绪，你就能找到最佳的员工，在你准备好的时候，也不必雇用最差的人。种瓜得瓜，种豆得豆，如果工资超出他们的价值，他们会有愧疚感，也无法全神贯注地工作。注意他们的反馈，让他们置身于公司的战略和愿景之中，经常赠送他们礼物并做出一些善举，为他们庆祝生日和工作纪念日，给予足够的关心，从个人和工作角度去了解员工。多关心他们，让他们发泄并说出自己的沮丧情绪，而不是针对你或是你的情绪，这样他们会更加重视你。帮助他们满足需求和价值观，他们就会保持忠诚。

企业内部强人（工作自主权）

混合型的工作职位是企业内部强人，更多地出现在现代创业时代。它将雇员受到的保护和福利与拥有自由和自主权的企业家优势结合在一起。或许你的工作时间不受那么多限制，或许你也可以在家工作？你要完成的是项目而不是具体任务。你拥有自主权和当领导的机会。你可以选择打造自己的独立部门，人们像对待领导者一样尊重你。在《生活杠杆》那本书中，我讲了一个员工的故事，他把工作时间内的所有工作外包，结果自己上班的时候无事可做，因此被解雇了。不过现在很多进步的和创新的公司欢迎企业内部强人，作为在这个颠覆性的商业时代成长和扩大规模的一种方式。你必须去竞争，去吸引优秀的人才，给企业内部强人提供机会能让你得到最好的人才。我的团队中的技工们也做自己的电子商务，并在投资房地产。如果有人来找我，告诉我他们想领导一个项目或部门，或者想要更多的自由去改变现状，我很少阻止他们。我们可以合作，他们可以让我来支付账单，我可以帮助他们开发他们潜在的创业愿望。他们也可以尝试一下这是否真是他们想要的，不用承担从零开始的风险。有些人得到自由之后会离开，去自己创业。一开始我很难接受这个事实，毕竟是我为他们打开了这扇门，但我现在明白了，能和那么多成功的企业家一起成长，当他们回望历史，把他们的创业归功于我的时候，这是多么伟大的礼物啊。

企业内部强人如何利用杠杆

以下是作为企业内部强人赚钱和增值可以利用的一些方法。有些类似于员工的方法，有些则更像企业家的做法：

- 了解经理、老板和雇主的价值观。
- 去问问你能做到的最高关键结果领域以及它能为公司的愿景带来的最大效益。
- 以主人翁的态度领导项目、风险投资或公司。
- 给老板提供新的机会或项目，并向他们提出建议，包括你的提成。
- 为公司提供节省成本的想法，并要求从中提成。
- 每月在经理的月度回顾中登记，用于展示你的工作，并得到如何进步的反馈。
- 要求制定明确的目标、指标和时间框架，以达到你的关键结果领域和收入分成。
- 做得更多。
- 学习作为企业家要学习的各种知识，如管理、领导、招聘和市场营销，让自己成为不可或缺的人。
- 以更高的效率管理自己的时间，产生最大的影响力。
- 利用好时间以获得更多的休息时间。

> ● 始终很好地关心和服务客户。
>
> 要敢于分享自己的想法，提出建议，寻求帮助公司取得进步的方法。如果不敢这样做，也许你需要重新找一份工作或者合伙人了。

无论选择上述三种角色中的哪一个来谋生和增值，你都可以好好利用它。花点时间考虑哪个是适合你和生活伴侣的职业角色，最好能在家庭中保持动态平衡，并能长期在这条路上走下去。在这三个领域中都出现了很多千万富翁和成功获得平衡的人，但只有企业家才能达到亿万富翁的级别。

40

变现激情

你能把激情与事业、职业与假期结合起来吗？你能做自己喜欢的事吗？你热爱自己的事业吗？你有业余爱好并能把它变成财富吗？答案是肯定的，但并非所有人都能做到，只要遵照模板和体系你就能做到。我确信有一件事是行不通的，那就是仅仅为了谋生，去做一些自己不喜欢，甚至是憎恨的事情。你越想过那种双重的生活，工作的时候希望待在家，在家的时候害怕去工作，你就会越分裂和不满。将家庭生活与工作完全分隔开会让你处于两个极端，既无法享受，也无法体验到当下的快乐。据 care2 网站[1]的统计，"不幸福的人的十个共同点"中排名第一的是他们"讨厌自

---

1 care2 是大型公益社区。

己的工作"。人生根本不值得花几十年去做自己不喜欢的事。我希望你根据后文中的"如何把激情和事业融为一体"的问卷去制订一个改造计划。大多数人为了谋生而工作，但也有很多人有不同的人生，他们改变世界，过着充实的生活，为了工作而生活，工作的同时也享受生活。

家庭、家人和工作

"工作"太多，家庭就会出问题。在家的时间太多，就赚不到多少钱，于是你想提升自己的事业或去做出一番事业。牺牲两者之中无论哪个，都会导致内部冲突和另外一方的怨恨，有时两者都会受到影响。但为什么要把它们分割开来，让它们势不两立呢？

在两者之间达到"平衡"是很难的，就像从一端摆到另一端的钟摆一样，很难刚好和正中央达到平衡。所以，想想看，我们一直想达到一种可以平衡工作和生活的状态，往好了说，是非常困难的，往坏了说，是徒劳无功的。尽可以在工作的同时照顾家庭和"生活"，这样你就不必去"平衡"和做出牺牲了。

我并不是让你抱着孩子的时候看邮件（我试过了，不是掉了手机就是摔了孩子！）。你可以和家人去度假，当孩子在儿童乐园的时候，你利用早上的时间开会。你可以在国外安排一场公开演讲，顺便带家人度个迷你假期。如果家人对你的专业感兴趣，带他们一起去，他们可以和你一起学习。让孩子上好的私立学校，跟同学的家长们做一些生意或者筹集一些资金。预约课程和会议的时候带着你的家人一起去，而不必离开他们。和那些你想请教的企业家和富人一起去吃饭，把一些晚间活动安排成建立关系网的假期或者工作。和百万富翁们一起去打高尔夫球，给自己的爱好找个最好的俱乐部，找最好的健身房去健身，在那里你能遇到成功人士。在你去陌生地方旅行的时候，去看看当地的房产。找找你要去的那个国家有没有感兴趣的研讨会。和家人共进午餐。不要总在一个国家生活：夏季在英国，在学校放寒假的时候去温暖的地方生活。

和生活中重要的人一起计划全年的时间——把它写进日记（假期、约会之夜、家庭时间等等）。如果日记里有不能变动的事项，就见缝插针地安排其他内容。如果不是不能变动的，就替换它，首先考虑那些重要（但不是紧急）的事情。越能提前安排这些事项，你就越能有更多的空间去完成工作、演讲和旅行。你能够以最小的牺牲来满足双方的需要。我讨厌度假，杰玛讨厌我不喜欢假期。我每5年会勉强去度一次假，还感觉是在浪费时间，在这方面我没有进步。整个假期我都在工作（自愿地），而她整天躺在海滩上（自愿地）。我经常坐立不安，这让她很抓狂。现在我们把与工作相关的活动，比如我的演讲课程、写作训练营和高端策划活动安排在摩纳哥、开曼群岛、美国佛罗里达州、西班牙特内里费岛和迪拜，将工作和家庭度假结合在一起，所以，在可能的情况下，把工作和假期结合起来，让工作和生活成为一种激情。杰玛可以去放松一下，她有了好多个假期，我们带着孩子们一起，让他们参与我的"工作"生活，我也可以最大限度地参与他们的成长。

这是可以做到的。不用呕心沥血地工作10周之后去和家人共度一个周末。家人们不用为了让你多赚一点钱而做出牺牲。你只需制订计划，并遵循接下来的六个问题。

因为家人们有着不同的价值观，让所有人都快乐并不是一件容易的事。我认为了解家人的价值观是绝对有必要的。问问你的伴侣和孩子们："你认为生活中最重要的事情是什么？"多问几次，他们的想法不一定与你有关。认真倾听，你可以规划如何去爱他们，为他们服务，和他们一起生活，以及在你特别想得到对你来说很重要的东西时他们会受到哪些影响。你要去了解自己的亲人，这是大多数人没有做到的。你可以为家人创造一种可以满足你所有的需求和价值观的生活。在我们把"工作"行程与假期合并的时候，这一切就实现了，我们全家的价值观都得到了满足。有几千人跟我说他们有过相同的经历，就是这个行动在他们生活的各个方面都产生了很大的影响。

除了家人之外，还要了解商业伙伴、最好的朋友、老板、经理或团队的主要成员的价值观——任何会帮助你实现愿景的人和你生活中重要的人。长久的关系要基于尊重对方的价值观，让家人和重要的合作伙伴参与你的商业规划、目标设定和愿景。每年召开一次家庭愿景会议，让每位家庭成员都为全家的价值观和愿景出谋划策。从小就和孩子们一起设定目标，这样他们才能够实现一个有价值的目标，如果感觉良好，你还可以教他们那些有利于生活的技能。同样，你可以在边工作边度假的时候做这些事。

越是尽可能不把工作与生活分开，你就能发现更多分割时间的方法，把激情与事业、职业与假期结合起来，你用在事业上面的时间就更多，留下的不朽的财富就越大。你和孩子们的关系会更融洽，也能时不时地和爱人亲密一下。

如何把激情和事业融为一体

现在，问自己以下的六个问题，随着你的进步，至少每年回顾一次这六个问题。一边提问，一边回答：

1. 我现在喜欢它吗？

如果有浓厚的兴趣，并受到刚刚萌芽或者已有业务的启发，无论是出于激情还是事业心或是两者兼而有之，你都应该付出努力，让它顺利起步。你要忍受出现在创业初期和规模化阶段的挑战和拖沓。这是一个很好的起点，你要充满激情，而不是只想赚钱。就算已经起步，也不一定要坚持到底。只要遵循"财富公式"并解决有意义的问题，你从哪里都能赚到钱。

2.10 年后我会喜欢它吗？

我喜欢艺术，我喜欢房地产，我喜欢自己当老板，做酒吧的老板。我的个性是会爱上任何新鲜事物和令人兴奋的东西，但在面对扩大规模和维持经营时，我往往是盲目天真的。在我想靠艺术赚钱的时候，我对它的热情慢慢减弱了。管理开销的压力和对艺术品商业运作的无知考验了我的激情和事业心。除了最初自己当老板的兴奋之外，实际上我根本没有开店的热情，而且那是一个夕阳产业。我对房地产的热情并不在看房、谈判、租户管理或与经纪人和律师打交道上。事后参悟是很不错，但从这些行业进进出出获得的经验告诉我要从当前的行业预见 10 年后的自己。写作、了解商业的同时进行教学、自我发展和赚钱已经成了我终身的热情。我在几个行业花了几年的时间才学习到这一点。这不是问题。赚钱或者学习，一切都是考验。把一个行业作为未来更好的激情与事业相融合的桥梁或垫脚石没有什么坏处，就像职业阶梯一样。这种长期的、全面的思维过程会消除所有快速致富的幻想，还有因为崩溃、困惑和拖延症造成的多愁善感。

3．面对困难，我还喜欢它吗？

顺利的时候一切都很容易。但是那些具有挑战性的、有意义的和持久的东西才能让你成长和获得智慧。如果你觉得自己会享受事业带来的挑战，或者至少你准备好卷起袖子大干一场，并能影响他人来支持你，你就有了一个理想的行业，或是适合你的愿景和价值的模式。

4. 我有什么技能和经验（想去学习）吗？

如果出于热爱去做一些自己喜欢的事情，并没有任何技能或经验，它只是你的一个爱好，而不是一个生意。除了兴趣之外，还需要一些技能和经验。当然，我们都要从某个地方起步，可以慢慢地积累经验。最好在了解自己爱好的同时，看看自己擅长什么。擅长做自己喜欢的事情是很常见的，但不能想当然。

5. 它真的有市场吗？

没有市场的好主意只是一个想法而已。无法规模化的价值和公平交易会限制你的生意，让它缺乏可持续性。你喜欢它也觉得它很有用，并不意味着其他的人也会这么想。去看几集《龙穴》，看看人们如何想办法帮他们的六个朋友解决一个普遍的问题。在谷歌上进行快速、简单的搜索：单词跟踪器和搜索关键字的工具，在搜索的时候留意搜索的次数，在社交媒体上查看群组和回应，运行一些付费广告来检查数量和响应度，在红迪网[2]上提问，在亚马逊和有声书上搜索现有的书籍。一天之内，你就可以完成这个没什么难度的研究，然后开始测试。

6. 我能一直从中获利吗？

有些市场是周期性的、机会主义的或有时效性的。短租的快闪店会在圣诞节前后出现在购物中心里，过完新年它们就消失了。有些产品的季节性很强。有些市场经常受到干扰。有些市场已经很成熟，因此难以进入。如果你可以选择一个能够不断扩展的、寿命很长也有用的行业，就能够更有效地利用复利。一次又一次地起步需要花费很多精力。

对于这些问题，你能确定地、有经验地回答越多的"是"，你的商业模式或行业就越好，你将积累更巨大和持久的财富。如果有激情（1、2和3），但没有经验或市场，你拥有一个爱好。如果有经验和市场（4、5和6），但缺乏激情，你有一份自己不喜欢的工作。如果拥有全部六个，你就有潜力实现自己的激情、事业和使命，也许还能赚到好多钱。太棒啦！

1《龙穴》，一档商业投资真人秀节目。该节目起源于日本，节目版权属于索尼公司，后来在英国、澳大利亚、新西兰、以色列、荷兰以及加拿大进行本土化制作。英国版的《龙穴》由英国广播公司制作。
2 红迪网，美国一家娱乐、社交及新闻网站，注册用户可以将文字或链接在网站上发布。

41

开启"印钞机模式"

下面是一个简单的四步走模式，它就是我找到的"印钞机模式"。这是一个可以用于扩大规模和重复使用的体系，而不是机会主义的破窗抢劫似的致富模式。

1. 调查

从目标市场中众包想法、体系和解决方案。在潜在客户群和已有的顾客中做调查，并具体询问他们的好恶。使用三步走的问题公式：

开始—停止—保持：

（1）你希望我们开始做哪些尚未启动的事情？

（2）你希望我们停止做哪些正在做的事情（错的）？

（3）你希望我们继续做哪些我们正在做的事情（正确的）？

然后挖掘他们最大的痛处。他们想解决什么问题？他们想得到什么服务？做什么能让他们的生活更快、更便捷、更好、更长久、更有趣、更幸福？是什么帮他们节省了时间，让他们赚到钱，并带给他们自由？不进行一些测试就匆忙进入新业务、新模式或新的行业要冒很大风险，而且可能会付出高昂的成本。1983 年，声名狼藉的雅达利[1]在发行失败后，把传闻中的 70 万套《外星人》游戏卡带在墨西哥的一个垃圾填埋场销毁了。不要做雅达利和《外星人》。消除这种风险的最好方法是在生产将近 100 万台产品之前，先去了解客户的需求。

最高效、最经济的测试方法是去调查那些未来的和已有的客户。事先

---

[1] 雅达利有限公司，美国电子游戏和家用游戏主机制造商，因在新墨西哥州堆填区掩埋大量滞销的游戏卡带而声名狼藉。

知道有买家在等待出货并准备消费后，再制定蓝图。众包的魔力在于它可以成为市场营销的组成部分。如果在产品或服务的开发阶段就参与其中，那么在它们发布之前你已经对其有所了解。这就像当你知道了自己最喜欢的乐队哪天发布新专辑一样，它会让你念念不忘。如果生产商接受了你的想法并推出了你期待的产品，买到它，你也成了创造者中的一员，因为它已经存在于你的头脑中。毫不犹豫地购买自己想要的东西，也不用冒什么风险。你还会向别人推荐它。

这本书的书名都是我们通过在线社区征集来的。很可能是受到社区的启发，我才有了想法。我提问、测试、调整、接受反馈、吸取建议，再次提问。然后我们就有了很多人都知道并接受的书名。我自己甚至不需要喜欢它。然后我们就把它送到出版商那里了！你甚至可以测试首选的学习模式，如实体出版物、Kindle、音频或电子书。

2. 解决

致力于解决自己的问题和客户的问题。解决方案可以是产品、服务、系统、流程、应用程序、想法、信息、知识产权、许可证、特许经营、咨询和治疗等。向大家征集解决方案的模式，比如在线、视频、手册、书籍、DVD、个人服务、直播、网络研讨会、应用程序、云、盲文、转录、翻译或面对面等等。客户不仅能得到他们想要的产品和服务，而且是以他们最喜欢的形式。

3. 服务

创建、测试、迭代并规模化产品或服务。把最简化可实行的产品投入市场，并在小部分的客户群中进行测试。为早期使用者体验产品提供折扣，并将他们的反馈应用于2.0版本。现在就开始，稍后慢慢完善；但要降低风险。让测试版使用人员诚实地做出反馈，并询问他们你需要做什么才能够让他们把产品推荐给其他的朋友。你的3.0或7.0版本可能是每个版本的迭代演变，稳步改进，或者基于市场反馈或变化去全面革新。在发布 1.0 版本后继续保持与客户接触，为他们提供超值的关怀。

谷歌最初向企业出售设备，并向其他搜索引擎出售自己的技术，这是灾难性的策略。之后谷歌从根本上改变了方向，公司发布了广告平台项目，允许企业向谷歌的客户做广告。几乎在一夜之间，谷歌从"普遍使用的搜索工具"变成了"广告巨头"。2008 年，谷歌在给美国证券交易委员会的报告中称，仅广告收入就高达 210 亿美元。

4. 规模

在得到公正的反馈和测试数据后，产品逐渐完善，就可以考虑扩大规模了。之前没有，并不代表以后也没有。每次发布新产品或新版本的时候，之前的产品发布中获得的信誉都会保留其中。现在可以更安全、更轻松地开发更好的解决方案、新产品和衍生产品，以及更持久的系统和流程去处理更高的销量。

有了这个体系和"印钞"许可证，你可以在挑战中成长，越来越接近自己的愿景，降低了把所有的滞销库存送到垃圾填埋场的风险，同时积累了持续增长的财富！这个模型适用于我研究过的所有产品、服务或想法。很少的有远见卓识的人相信并已经证明了他们了解客户的需求。亨利·福特有一句名言："如果我问人们想要什么，他们会说要跑得更快的马。"但这样的人实在太少了，即使是最好的公司也会出现类似雅达利那样的失误。

42

定价与价值

对许多人来说，定价和价值就像鸡生蛋，蛋生鸡的问题一样让人困惑。如果你对自我价值看得很低，定价很可能过低。如果定价太高，销售额就会下降，自我价值也随之下降。如果增加价值，就可能减少利润率。如果提高价格，可能会降低可感知的价值，进而失去一些客户。那该怎么办呢？

从自己开始

为自己工作，你就会为钱去工作。减少自己对尚未解决的历史问题的负罪感和愧疚感。原谅那些曾经错怪你或让你焦虑的人，不要再指责他们，以他们的知识水平，他们已经尽力了。

不要恐惧未来还没有发生的事。摆脱自我限制和错误观念或来自宗教、社会、家庭、媒体和地理位置所造成的限制和错觉。不断在人际交往和净资产知识上投入时间和预算。

价格弹性与测试

有一个与价值和公平交易相关的简单的定价模型。价格弹性是一种标准，用来衡量价格变化或供应量的变化对产品或服务需求的影响。所以在销售额和利润率之间存在一个定价平衡点，可以在不缩小规模的状况下获得最佳的价格。对所有的产品和服务来说，这都是一个未知的、不断发展的变量。定价中有最小值、最大值和平均值，可以通过价格分割测试找到这些区间。

一定要查看业务模型中的所有价格测试变量。测试前端产品的价格去寻找利润率和销售额之间的平衡点。然后在后端产品进一步增加产量时涨价或减价，以增加终身客户价值的收入和利润。有些价格可以更加固定，另一些可以有所变化，还有些价格可以很低或不设置价格上限。

适当提高价格

要想应付所有的管理费用，并保持公平的利润率，定价必须是可持续的。销售量低的时候，利润率可能是 40%，中等销量的时候利润率是 20%，大规模销售时利润率是 5%。必须密切关注所有的关键绩效指标，以了解毛利率和净利率，因为问题可能会扩大化，并增加亏损。你需要利润服务于自身利益，建立一个盈利实体，否则公司就成了慈善机构或者个人爱好。获得利润才能提供和传递人们重视的优质服务。当你太过贪婪的时候，市场和客户很快就会惩罚你，你将背负负面反馈、声誉损害和相关的花费，使你的投资和回报重归平衡。你会被迫增加服务和价值，或者把钱掏出去。价格测试会帮助你平衡自我利益和社会利益。即使没有这个测试，也可以提高价格，没有额外的价值定位，业务风险也很低。我强烈建议你在 5% 到 20% 之间提高价格。5% 可能刚好弥补通货膨胀，10% 能让你赚一点钱，20% 让你能够把增加的一部分利润再投资于更好的服务，另一部分为自己和股东创造更公平的利润。越是在公司的初创期，规模越小，市场的破坏力越大，这些也越容易实现。

● 10% 容易，20% 可取

对大多数人来说，任何的价格涨跌 10% 都是可以接受的。如果你有一只股票，你不会因为它上涨了 10% 就欣喜若狂，也不会因为它下跌 10% 就陷入深深的沮丧。对于价格 10% 的盈利和亏损波动，人们一般不会有什么强烈情绪。所以你可以把定价上调10%，因为客户对于价格上浮10%同样不会有什么感觉。

● 增加价值定位

也许因为害怕失去客户，或者他人的抱怨和看法会影响你提高价格。这是一个相当普遍的问题，否则所有人都会提高价格，对吧？（罗布真棒，说出了这么显而易见的事情！）劳力士手表涨价就没问题。据报道，他们的价格很快就要上涨11%。除此之外，他们还推出了一些更高级的款式，比如纵航者，并把他们的旗舰款式迪通拿推到更高的价位。2008年我买第一块劳力士迪通拿的时候，一块3年的全钢款定价为5000多英镑。仅仅8年之后，迪通拿相同等级的新款价格约为10 200英镑。

如果你对提高价格依然心存恐惧的话，那就做一些弹性测试。或者使用价格上涨模型来逐渐提高价格。在树立信心和寻求证明的过程中，慢慢地逐步抬高价格。如果你内心还在为要不要提价而挣扎的话，我希望你已经克服了这个障碍，试试去提高价值定位。付出更多就会得到更多。分析你的模型、产品和服务，看看如何可以做到：

- 提供更好的服务。人们都说要想有收获，就得付出，所以要先付出更多，再提高价格。但注意不要付出太多，因为那样会减少或逆转利润率和公平交易。付出2%—5%的成本，增加10%的价值，你可以很容易地维持10%或更高的价格增长，而且几乎没人会发现。
- 更快、更便捷、更好地发货。人们花钱来减轻痛苦。解决方案或治愈的效果越大、越快、越容易，他们越愿意花更多的钱。加快速度、减少摩擦和提高效率，价格就可以一路向上。
- 通过那些不用额外增加成本或只需很小的成本，增加客户可感知的价值。你可以在产品或服务中添加很多东西，它们几乎无须任何成本就能增加客户的可感知价值。你可能还记得酒店在你的枕头上放的小巧克力，汽车制造商在购买汽车时免费提供的脚垫，女服务员在收据上你的小费旁边签名，还写了"谢谢"。可以在网上提供不同版式的产品，几乎没有管理费用。可以做限量版的产品，爱彼表发行了限量版的皇家橡树离岸型手表，在同一款手表上做了小小的改动，价格就高出了 50%。可以创造更高的定价，定制的版本让产品更加个性化，就像欧梵与路虎、纬图（vertu）与手机的合作那样。全方位地集思广益，你可以增加客户可感知的利益，然后认真考虑所有的方案，看看如何利用创造力而不是靠成本去实现它。

- 重新包装或让已有的产品"使人眼前一亮"。当拿到一个苹果公司的产品的时候，其包装几乎和产品本身一样值得骄傲。你仿佛在打开一个包装精美的圣诞礼物，你希望它是自己一直期待的那一个。任何产品或服务的包装都会给人留下印象，它会增加客户的认知和价值。很多用葡萄酒和食品做的盲测已经证实了这一点。因此，寻找可以重新包装产品的方法，去提升它的品位，然后相应地提高价格。尽可能地让产品和服务独具一格并充满个性，因为人们看重差异性。

- 移动"免费线"。我们可以更容易、更快、更多地免费访问信息，想有所收获就必须不计回报地付出。人们永远不会免费得到任何东西，你付出的越多，以后得到的就越多。移动免费线意味着跟从前相比，你要提前付出更多的价值，以赢得权利，并为第一次购买建立信任。你有什么产品或信息可以提前并免费提供，它们如何能帮助你建立信任并为产品提供证明？这个信息可以建立商誉，它会延长终身客户价值。一个非常有效也很简单的例子就是在英国，国王学院对面的免费软糖，它会把人们吸引到商店里。我的家乡有一个卖水果的人，免费让人品尝又大又红又多汁的草莓，然后你会买一篮子原本没打算买的水果。在互联网和信息营销的世界里，提供有价值的电子书、报告、音频和优兔视频都能建立信任和商誉，为未来的购买行为铺平道路。你要让新客户这样想："免费的东西都这么好，那么付费的内容一定很棒。"我的播客节目《颠覆性的企业家》就是免费的，也没有广告和宣传，它已经为我引来了几十万英镑的生意，这纯属偶然，但它是前期价值的必然结果。想想把这些方法转换成可以用在你的企业中的版本。

想象一下，把这五种提高感知价值的方法都应用在实践中。每个地方只要提高 4%，你就可以把价格提高 20%。还有什么能拦得住你？

低价驱逐高价

对于涨价，大多数人只看到损失客户、生意和利润的可能性，却没有看到相反的事实。定价是吸引你想要的那些客户和生意的主要入口。有人说，"种瓜得瓜，种豆得豆"，给产品定价也是如此。

你的收费吸引那些为你的定价出钱的客户，也赶走了其他的客户。如果收费很低，你就赶走了支付能力更高的客户，低定价想要吸引高付费能力的客户是不切实际的。你必须向他们传递正确的信息。如果收费很高，高价格会吓走那些买不起的人，也赶走了需要更高定价的人。对你来说，这是一个很好的资格预审和节省时间的方式。你赶走了那些只看不买的人、浪费你时间的人和想占便宜的人。你吸引了那些很容易就买得起你的产品的人。你更容易取悦他们，他们更重视你的服务，也更有洞察力。他们有很棒的关系网，可以为你推荐客户。提高收费，创造更高水平的品牌，吸引有更高支付能力的客户，你将获得更多的财富和利润。那么是什么阻止你这样做呢？

大宗商品定价与市场的"上限"

很多人抵制价格上涨，理由是他们的市场有价格上限。他们觉得自己的行业有明确的、不能逾越的价格上限，他们的市场是成熟的、饱和的或者是已经商品化的，其中的价格早已形成标准。人们把外部世界内化成了现实，但谁说行业不能被颠覆呢？如果你觉得自己的行业已经被商品化了，有三个选择摆在你面前，那就是：

● 颠覆行业市场，迫使价格和服务上行

还记得从前的手机就是用来打电话的吗？然后出现了短信，创新在悄悄向前推进。后来苹果手机出现了，颠覆了行业市场，给手机的功能赋予了更多的价值，并改变了人们的看法。手机提供了音乐、应用程序和所有你能想到的东西，这为不断上涨的价格打开了闸门。据说，如果你给富人500英镑，有一天他们会把它变成100万英镑；如果你给穷人500英镑，他们就会把它变成一部苹果手机。苹果公司完全改变了游戏规则，打破了原有的模式，去除了人们认知中的价格上限。

还记得你曾经买过的便宜又实用，看起来有点像机器人的戴立克牌吸尘器吗？它的功能如何？然后戴森出现了。我记得很清楚，我去拜访一个好朋友，他是银行业很成功的高级经理。他请我到他的新家去，看到他和他的新家我很高兴。当他打开门迎接我的时候，他做的第一件事就是带我走进他的储物间，给我看他新买的戴森无尘袋真空吸尘器，仿佛那是他刚刚出生的儿子一样。我可不记得他给过20世纪80年代的胡佛吸尘器如此高贵的地位。

靠噱头或高收费不是长久之计，来自客户和更广泛的市场的反馈会让一切重回平衡。如果你认为其他人没有进行公平交易，不要太在意，他们早晚会面临自己的挑战，你要集中精力为客户、追随者和粉丝服务。在苹果和戴森的例子中，可感知的和实际的价值被创造出来。让生活更便捷、更高效，也更美好，还节省了时间。在本来是标准化设计外观的产品中引入人体工程学和优雅的外形，精准地为人们提供所需的关怀，并能够利用产品作为配件来提升自我的重要性。居主导地位的苹果公司的下一个挑战将是他们能否继续史蒂夫·乔布斯时代的创新速度，以及他们在未来的销售中是否过于依赖过去的信誉。如果他们的新产品太贵或不够先进，这个世界上资本最雄厚的公司也会发生变化。

● 创造独立的、定价更高的品牌

为了降低定价风险，创造额外的收入来源并测试价格弹性，通过创建新模式来保留现有的模式或价格。吸引更优质的、付费能力更高的客户。

● 进入新的行业

你有很多方法去提高收费。如果看到所有这些潜在的解决方案，你依然强烈反对提高价格，那么你可以选择进入新的行业。如果想赚到更多的钱，也想有更大的影响力，或许你需要考虑改变市场。有些市场可能比其他的更艰难，竞争更激烈也更成熟，所以要明智地做出选择。但要知道你确实可以做出选择，而且一切尽在掌握。

个人利率与市场利率

市场利率是更加商品化或标准化的，比如航空旅行和保险，还有一个"个人利率"。就如前文已经讲过的，即使是商品化的市场也会被颠覆，价格的天花板会被击破，正如苹果公司和戴森所做的一样。"个人利率"根本没有上限。世界上没有任何地方，对小时费率、净资产或任何人的要价和价值设限。实际上，除了你出于信仰、自尊和价值的自我限制之外，几乎没有任何上限。一定要在市场汇率中加入公平交易的最大的"个人利率"，以实现时间、经验和独特性的杠杆价值。就像杰拉德·尊达（Gerald

Genta）这样受到高度认可的手表制造师为某个手表品牌设计产品时，是可以提升该品牌的地位和品牌价值的。尊达为万国、百达翡丽设计手表，众所周知，他为爱彼表设计的皇家橡树系列广受人们的追捧，该系列的表现在价格非常昂贵（我还要补充一下，这会让人上瘾）。阿诺德·施瓦辛格、沙奎尔·奥尼尔、利奥·梅西和迈克尔·舒马赫都为爱彼表某个款式或者某个系列代言过。当斯特拉·麦卡特尼[1]为 H&M 和阿迪达斯设计产品时，她提升了这些品牌的价值，贾斯珀·康兰[2]为德本汉姆[3]设计产品并代言，也产生了同样的效果。你可以致力于为公司及其背后的品牌制造同样的影响。

在自己身上下功夫，提高"个人利率"。不仅你的价格会不断上涨，还能颠覆和创新整个市场。你能设定新的定价标准和全新的观念。你可以考虑和那些能提高品牌价值认知度的人合作，就像阿诺德·施瓦辛格与爱彼表，罗里·麦基尔罗伊与博士（Bose）和劳力士的合作那样。

财务上限取决于对钱的认知

特朗普和一个流浪汉对银行里有 100 万美元的存款会有什么不同的感觉呢？流浪汉可能会觉得他中了彩票，而特朗普可能会因为好几个小时无法透支而惊慌失措！对于"很多钱"是多少的认知将成为你的财务上限。1000 英镑、10 万英镑、100 万英镑、1000 万英镑或 1 亿英镑也不是什么大钱。世界上有数万亿的钱以惊人的速度流动数十万次。20% 的人控制着80% 的流动性，通过把稀缺性思维转变为丰富的思维方式去除你的个人上限，这就足够了，对你来说也足够多了。没有哪个行业、商品化的市场、经济周期或低收入客户可以限制你的价值或你的经济状况。每次听到自己

---

1 斯特拉·麦卡特尼，英国时装设计师，环保主义者，披头士乐团成员保罗·麦卡特尼之女。
2 贾斯珀·康兰，英国服装设计师，曾为舞台剧设计舞台服装，推出过家居系列产品。
3 德本汉姆，英国连锁百货公司，主要销售服装、家居用品和家具。

说"那是很大一笔钱啊"，你要检讨并纠正自己的想法。未来的你（一位亿万富翁）会认为这就是一些零钱。就像在健身房增加负重一样，不断地向上递增你的个人财务上限。

让增长和贡献实现良性循环

在公平交易的环境中工作，会增加你的自我价值，因为你觉得自己的时间和工作获得了足够的报酬，这反过来有助于提高价格和价值。你的感激之情会体现在服务中，客户的感激之情会体现在增加采购和把你推荐给其他人。获得公平的利润意味着你可以扩大服务规模，并在质量和价值方面进行再投资。此外，在提升价格和价值的同时，你会吸引更加优质的客户，他们重视你提供的产品，并愿意为它支付更高的价格。随着优质客户的购买力越来越强，你可以更多地付出和服务，创造一个增长和贡献的良性循环，加快货币的流通速度，一次又一次地推高价格和价值。

寻找你热爱的东西，用它去改善人们的生活，然后满面笑容地开出数额巨大的发票。

——罗布·穆尔

43

赚钱的模式（现在和未来）

越是在大多数人觉得很难赚到钱的领域，我越是觉得有很多真正的机会，通常要决定拒绝哪一个才更具挑战性。这一章不是关于最新的赚钱风向标，因为这会在这本书出版后没多久就变成遥远的记忆。一个遵循本书的理念，真正的模式或商机应该是长盛不衰的，可以持续地获得动能和复利。

把"你"作为模型中的变量

有些模式可以赚钱，但是你不愿意做；有些你想做的模式不赚钱；还有一些你想做的，也可以赚钱的模式。就从这里启程，不要只是因为存在商机，或仅仅是因为你喜欢。在加拿大出生的美国励志演说家布赖恩·特雷西，也是一位出版了 70 多本有关自我发展的书的作家，他对我说："花 1 分钟去做计划，做事的时候可以至少节省 5 分钟（或浪费）。"如果你喜欢做的事赚不到钱，你就会被迫停下来，再重新开始。如果只是为了钱，你会无法忍受挑战，因为乐趣很快会消失，你要一次次地重新开始。商业模式必须为你服务，而不是正好相反。问问自己：

1. 我擅长什么，或者在哪方面最出色？

把一件事做到极致要花很多的钱。即使赚到了钱，你也很容易失去它，但是一旦学到了有价值的知识，你是不会忘记的。实用的知识就是力量。那些在任何行业中懂得最多或最长袖善舞的人通常会得到与他们的付出不成比例的报酬。

拳击手的平均工资是 75 760 美元。史上收入排名第十的拳击手米格尔·科托一场比赛的收入是 800 万美元，这是普通拳击手平均年薪的 106 倍。史上收入最高的拳击手之一，奥斯卡·德·拉·霍亚，一场比赛赚了 5600 万美元，是排名第十的选手收入的 7 倍。一切都是不平等的。如果你质疑这是因为"技能"或"天赋"而不是知识（尽管技能就是"应用知识"），那么来看看律师的薪水。2013 年，律师的平均年薪为 131 990 美元，而收入排名第十的律师安娜·金科塞斯的净收入为 800 万美元。据统计，世界上收入最高的律师拥有 17 亿美元的净资产，是排名第十的律师的 212.5 倍。收入最高的律师可能比收入排名第十的律师更有知识，但远远不到 10 倍那么多。

如果肯花时间刻苦钻研，不懈地坚持去到达事业巅峰，你得到的钱、掌控力和自由很可能与之不成比例。你可以通过选择一个与其他的职业相比拥有不成比例、超出预期的金钱、控制力和自由的职业，并进一步利用它。

2. 什么是我认为的工作之外的激情？

你喜欢做什么？相信自己的赚钱能力，并在你热爱的事情中寻找突破口。财富巨头和最幸福的人的一个共同特征是他们大多数时候都在做自己喜欢做的事，而且比其他人做得更多。人们会为你的激情付费，因为它具有吸引力。人们会支持你的事业和目标，因为实现你的目标就是在支持人类社会。

3. 如果不以金钱为目标，我会做什么？

如果职业就是假期，而钱不是目标，你会做什么？感觉不像在工作？时间仿佛静止不动的时候，你在做什么？什么会带给你最想要的结果？如果能把它变为现实激励其他人，你会做什么？你在哪些方面很出名？当你想启动或规模化一个新模式或下一个模式的时候，花些时间来考虑并回答这些问题。

4. 面对最严峻的挑战，我怎么办？

你不仅会经历一些行业的挑战，甚至可能会去享受它们。想象一下喜欢解决大难题的程序员或科学家，他们不会在第一个难关就放弃，他们选择忍耐并直面挑战。处处都有挑战，这通常是验证你是否选择了正确的职业的试金石。你能忍受高温吗？你喜欢高温吗？那些面对并解决了世界上最大问题的人成了世界上最富有的人。

5. 我愿意在哪些领域为他人服务和解决问题？

你发现自己愿意在哪些行业为他人服务和提供帮助了吗？你可以有自己的爱好，但不要热衷于让别人一起做，反之亦然。思考这些问题，接下来你的生意、财富和金钱的真正模式会变得很清晰。

真实的商业模式

想象一下，如果没有重新开始或扩大规模的风险。想象一下，如果保证你可以得到一切所需的帮助去做自己想做的事情，你也喜欢自己所做的事情。想象一下，如果你能创造理想中的工作与生活的平衡。好吧，你都可以的。以下是该如何去做：

- 选择自己可以控制的阻力最小、优势最大的职业，这是一种保障。如果目前的职业限制了你，那么你选错了方向。在"没有风险的情况下，你能重新开始"的方案中，你很可能会选择一个具有无限收入潜力的职业，角色、职位、职业道路是无限的，客户数量是无限的，赚钱和影响力是无限的，前途是无限的，自由、创造力和企业是无限的，成长能力是无限的。是什么让你无法做出这样的选择？

  选择一个像度假一样的职业，一个充满激情的职业。如果你做着自己喜欢的事情，也爱自己所做的事情，就没有什么想逃避的，想请假去"度假"。为什么你用大部分清醒的时间去做自己讨厌的事情，就为了得到一点时间，赚到一点钱，再用所剩不多的时间去做自己喜欢的事情？生活不必如此。你可以选择把激情与职业融合在一起，或者在职业中找到你最擅长和喜欢的（大部分时间）角色，然后把其余部分外包出去。

- 研究你所崇拜的最成功人士的做法，并复制它（最好的部分）。正如你看到的，你的偶像很可能已经过着你想要的生活，因此他们已经掌握了如何将激情和职业结合在一起的方法。他们很可能也赚到了一大笔钱。如果他们能做到，你也能做到。他们中大多数人是白手起家的，和你一样，他们以前也崇拜过别人。过上理想生活最简单、最安全、最快速的方法之一就是研究他们，模仿他们的经历让你的生活走上快车道，以他们的成就为模板去成就自己的事业。这个概念很简单，你以为人人都会这么做。问题是，人们认为这太难了，他们根本做不到，只有他们的偶像可以举重若轻，或者他们只是嫉妒和憎恨成功的人。但现实是，我们大多数人都站在同一起跑线上，而成功人士找到了实现自己理想的体系和策略。

世界上最富有的 1% 的人的财富总额为 110 万亿美元，是世界上最贫穷的一半人口的 65 倍。那么，你要学习哪种财富的"策略"呢？是 1% 富人的方法还是 99% 穷人的方法？如果有人能白手起家，你也可以。效仿他们的最佳策略，并拥有伟人的特质。知道自己该坚持什么，要放弃什么。在普通人眼中放弃被视为一种缺点。然而只有放弃一些高价值、高回报或重要的东西，才是缺点。实际上，如果你所做的是低价值或在时间、金钱上回报低的事情，放弃是最聪明、最坚强、最勇敢的事情。不要像我，为了拿到建筑学学位，坚持好几个月甚至几年，仅仅因为"放弃"会被视为一个缺点。如果我相信自己的直觉，而不去在意那些陌生人对我的看法，我可以给自己节省 2 年 11 个月的时间。有那些时间，我可以多赚几百万英镑。如果明智地选择好自己的模式，你就会知道什么该坚持，什么该放弃，这样才能轻装前进。众所周知，史蒂夫·乔布斯回到苹果公司的时候就是这样做的，他让苹果公司放弃了大部分的产品，留出时间专注于少数可能产生重大影响的产品。知道该做什么，做你了解的事，不要被别人给你的计划或对你的工作和生活的建议牵着鼻子走。不要跟随行尸走肉的人群。以创造更多，增值更多，付出更多为目标，按照自己的节奏，活出自我。

久经考验的网络模式

在研究财富巨头的时候，你会注意到尽管他们处于不同的行业，那些积累了巨大财富的人在商业模式上有许多相似之处。一个主要的相似点就是"网络概念"。网络概念是一个崭新的、已存在的，但可利用的网络，它能快速地覆盖巨大的范围。它可以是新的、具有破坏性的，也可能是已经存在的，但你可以利用现有的网络或在此基础上去重新构建。以下是过去的两个世纪中一些最重要的例子：

- 铁路（邮件、乘客）
- 钢铁（创建铁路网）
- 电力
- 石油
- 汽车（货运）
- 航空旅行（邮件、乘客）
- 电信（广播、电视、电话）
- 光纤（硅）
- 沥青和碎石（道路）

- 计算机技术（半导体、微型芯片）
- 互联网（计算机、点对点、电子商务、搜索引擎、社交媒体、应用程序、大数据、加密货币、虚拟现实、人工智能）

通过回顾历史，我们可以对商业的未来有更多的了解。虽然不太可能再次出现钢铁热或淘金热，石油也已经开采得差不多了，不过旧概念会有新版本：新型的网络概念现象。将有崭新的、颠覆性的、可持续的方法来满足人类的基本需求，比如绿色和可再生能源、前往遥远的星球去旅行，甚至通过量子纠缠进行信息交换。稍后会有更多关于这些问题的讨论。

资产担保模式

资产担保商业模式具有资本和收入要素。企业如果长时间处于增长的状态，很可能会通过拥有资产负债表上的房屋、股票、资本项目以及股东或可销售价值来建立资本价值。但对很多小企业来说，这种情况是永远不会出现的，因为他们需要几十年的时间，或者只能梦想一下。有些具有资本、收入价值和杠杆的商业模式是你可以利用的。资本价值常常会创造更多的剩余收入来源，并可以减少管理费用，从而增加收入。例如，如果你的房产没有抵押贷款，管理费用会低得多，因此利润率会更高。以下几种类型的资产担保模式是可以利用的，或者至少是可以争取的，或者将其混合并添加到自己的业务中：

- 具有资本要素的一般业务

在业务中增加资本要素有多种方法，可以使其更加有力，减少管理费用并增加资本缓冲和可销售价值。你可以投资房产而不仅是把它们出租，同时持有房屋贷款的资本偿还要素。你可以在资产负债表中添加不易严重贬值的资产；可以在业务中保留一些利润以应对资本缓冲；可以出售该业务的股票来换取资本、董事会中的关系户和顾问；可以开发基于资本的附加产品和服务，比如知识产权和特许经营模式。

● 房地产

据《福布斯》统计，在十大增长最快的小企业中，有五家涉及房地产、建筑、不动产销售和承包商行业。这有些令人惊讶，其实也不足为奇。几个世纪以来，房地产一直是不断增长的资产，这并不奇怪。自 1088 年开始征税以来，房地产每年增长约 10%，其间会有一些或高或低的暂时波动。然而，随着房地产业的成熟，令人惊讶的是，很多快速增长的行业都与房地产有关。由于移民潮、人口增长以及地方议会和政府开发不足，很多城市住房严重短缺。这刺激了建筑业和房产开发业的发展，也是价格上涨的一个因素，尤其是在伦敦等主要城市。

这不是一本关于房地产或不动产的书。如果你对这个领域感兴趣的话，我和我的商业伙伴马克·霍默已经写了三本这方面的书，你可以找几本研究一下。房地产是我们积累财富的基础。一开始，相比于其他的行业，我们对房地产投资和开发更感兴趣。随着自身的不断成长，你会发现房地产是一门生意，可以很好地保留和利用那些非资产支撑的生意，比如从教育、租赁和房地产代理等中产生的收益。把房地产业务作为多种收入来源中的一个或几个是很好的选择，因为它涵盖了商业的基本要素，如果管理和杠杆化良好，就会产生显著的剩余收入来源。房产不易被清盘，比很多商业模式有更大的用处，而且通常是独一无二的，还有银行给你和你的企业贷款的担保。

● 知识产权（创意、专利、许可证、特许经营、信息、音乐）

知识产权具有资本价值。它可以是一种创造剩余收入的资产，比如乐队出的专辑，附带收入来源的许可证，售出的或有版税收入来源的专利，或者以多种形式出售的信息。作为知识产权的资本要素的版权或所有权可以作为收入来源的资产形式全部出售、租借、出租或持有。

特许经营可以用于复制和扩大规模，因此一个初始资本，比如信息、系统和手册，可以在全国或全球范围内使用和规模化。麦当劳在全球经营着 36 525 家特许加盟餐厅，拥有 42 万名员工。这些特许经营可以保留知识产权的版权和所有权，再以相当大的资本金额出售，然后将利润的一部分作为收入。

音乐专辑、歌曲、书籍、游戏、在线课程或其他形式的知识产权一旦开发成功，在未来的几年乃至几十年可以出售几千次、几万次或者几千万次。这些知识产权形式可以被重新开发为其他格式，例如在线、应用程序、现场活动、返场和限量版等等，收入来源会随之增加。当知识产权以商品、赞助和代言的形式加以利用，品牌价值还会产生复利。寻找那些围绕你的商业模式可以创造出的知识产权，将这些资本和收入要素添加到现有的行业中。

● 投资（股票、债券、票据等）

在第 45 章中会有更多关于投资的细节。我做房地产生意，为了实现长期收入和资本增长，我们购买和持有了房产，因此它具有投资要素，我们也拥有了自己的楼宇和培训设施。沃伦·巴菲特是通过伯克希尔·哈撒韦公司为自己和外部投资者进行投资。英国财务会计师公会为人们投资提供建议，并以此收取费用和佣金。在股票市场、实物金属、艺术、可再生和绿色能源等诸多领域都有受监管的和不受监管的投资。这不是一本关于如何投资的书。马克·霍默的《超常感觉》（*Uncommon Sense*）是一本关于这个主题的伟大的书。拥有一家能代表自己和他人投资的企业并不是所有人都能做到的，但沃伦·巴菲特靠这样的公司成了世界上最富有的人之一。如果你擅长此道的话，可能也有机会。

● 实物（贵金属、艺术品、手表、葡萄酒、老爷车）

实物资产及模式能保留资本价值。如果你的生意是出售资产，你不仅有利润率，还有资本资产。你的库存中可能储备了审美价值，而在库存期间其他商业模式的资本价值会有所下降。近年来，许多经典款的保时捷老爷车的价格都大幅上涨。在价格强劲增长的时期，艺术品和手表经销商可能会为自己买进一些艺术品和手表。如果资本太过密集，可能会引发风险，所以平衡资本和收入是明智之举（第45章中会详述）。

与匮乏性需求相关的模式

那些对人类很重要并产生了真正影响力的模式很可能会得到扩展并延续下去。它们可能是一些颠覆性的技术，例如可再生的和可持续能源、技术、制药、探测等，或经过时间考验的成熟市场，比如医疗保健、保险、食品、保障和住房。只要人性不变，就永远要去满足人类的需求，这将超越任何不断变化的或颠覆性的技术。根据马斯洛的需求层次理论，人类的需求分为五个层次。其中四个层次被称为匮乏性需求，如果这些需求没有得到满足，就会产生动机，不能得到满足的时间越长，动机就越强烈。第五个层次是包括"增长"的需求，必须满足前四个需求才能到达第五个增长的层次，每个层次必须得到充分满足才能追求下一个层次。随着物种的进化，即使在发展中国家，满足较低层次的基本需求也被认为是理所当然的事，第五个层次变得更加有意义、更重要也更高级。不要去假设所有人都要满足更高层次的增长需求，也就是所谓自我实现或自我成就。以下是五个层次：

1. 生理需求（食物、水、保暖、休息）

2. 安全（保障、安全）

3. 归属感与爱（亲密关系、朋友）

4. 尊重（威望和成就）

5. 自我实现（充分发挥潜力、创造力）

任何有助于实现这些目标的商业模式都能得到扩展。大规模满足基本生理需求的商业模式可以生存、繁荣和延续，但它们可能更成熟，竞争更激烈，也更难进入。沃尔玛从出售食品起家，现在是全球第三大雇主，拥有超过 210 万名员工。只有两家公共部门性质的公司规模更大，其中一家是美国国防部，它满足了人性中第二个层次的安全需求。可以这样说，如果第二个安全需求的层次无法得到满足，将危及最基本的人类需求。保险是个巨大的产业，因为它服务于保障和安全的需求。很多供水、电力、天然气和石油公司规模庞大，还在不断扩张，已经持续了几十年甚至几百年。如果工作不好找，去做助产师、殡葬师或税务征管员！

随着需求层次的逐级上升，你要解决不同的问题。约会网站、婚礼策划和社交媒体社区的存在和产业规模化，是因为我们对爱、归属感和友谊的渴望。这些都是人类强烈的情感，如果能把人们联系在一起，就能开发一个有意义的生意。据《赫芬顿邮报》报道，在线约会是一个价值 22 亿美元的行业，像 Tinder 这样新兴的、颠覆性的交友平台已经出现，并在迅速扩张。如果能利用多种模式，如互联网中的社交媒体和归属感，你可以为积累财富提高速度和扩大规模。

马斯洛需求层次中的第四级和第五级是"成就感和自我实现"。为了让自己感觉很出众、很重要和很有名，也为了让其他人能这样看待自己，人们很舍得花钱。这可以被称为自我，也可以称之为虚荣。对一些人来说，这是一种需要。人们愿意花大笔的钱来重塑自己的外表，掩盖自己的缺陷，让别人接受自己，并提升自己的地位。从整形手术到花钱插队去坐头等舱旅行，再到 5 万英镑的手表、钻石，还有大型婚礼和手提包里的狗，证据无处不在。这样的商业模式大多数在利用情感，可以在销售过程中减少很多摩擦。只要能提供伟大的，也正是人们所需要的价值和服务，那么利用和服务于尊重和自我实现的模式就可以帮助你了解更多，赚得更多，贡献更多。

人们同样还对更健康、更长寿、保持快乐、保持平和、拥有更多的自由、能节省和保留时间、实现平衡和提升信心感兴趣。除此之外，人们还可能对很多东西上瘾，这就是烟草、咖啡、糖、药物甚至非法药物的赢利模式具有如此庞大规模的原因。

娱乐相关的模式

几个世纪以来，人们一直在娱乐上花钱。在中世纪和文艺复兴时期，宫廷小丑和弄臣一般常驻在贵族或君主的家里，他们花钱雇这些人来让自己和客人开心，小丑也在集市上逗普通百姓开心。就像渴望得到信息和教育一样，我们强烈渴望娱乐。美国拥有第七大消费群体的公司是出售 Wii 的任天堂，仅仅那一款游戏机就有 3940 万用户。微软的 Xbox 360 已售出 3380 万台，索尼的 PS3 已售出 2100 万台。[1] 父母们认为 Wii 是孩子可以享受的产品，而像 Wii 健身这样的外设硬件有助于延长主机的使用寿命。电子游戏是第六大增长领域。根据 2016 年《福布斯》的数据，乐高在全球最有价值的品牌中排名第八十六位，品牌价值为 71 亿美元。迪士尼以 1693 亿美元的市值在《福布斯》"全球最大公司"的榜单上排名第七十二位。这些并不是我们必需的或者实用的产品。美国著名的艺人杰瑞·宋飞，从 2006 年到 2016 年，10 年间的总收入超过 9 亿美元，据《福布斯》统计，凯文·哈特最近的纳税年度收入为 8750 万美元。

可扩展的模式

拥有一个或多个优秀的商业模式就相当不错了，但如果不能扩大规模，你的财富就会缩水。有些模式比其他的模式更利于扩大规模。那些利

---

1 任天堂的 Wii，微软的 Xbox 360，索尼的 PS3，都是家用视频游戏机。

用网络概念的模式扩展非常迅速，而且总是处于很好的起点。要不是通过鸽子通信建立了庞大的用户基础，瓦次普不可能在 5 年内卖出 190 亿美元。如今 98% 的信息都是数字化的。每分钟人们发送 2.04 亿封电子邮件（40 亿人在使用电子邮件），下载 47 000 个应用程序，完成 8.3 万美元的销售，下载时长 61 141 小时的音频，上传 3000 张照片，浏览 2000 万张照片，发布 10 万条新推文（79% 的人口在使用社交媒体），在维基百科上发布 10 篇新文章，浏览 600 万个脸书页面，在谷歌上进行 200 万次搜索，上传时长 30 小时的视频，浏览 130 万条视频。

因为利用了光纤的速度和全球化的规模，而且管理费用很低，任何销售信息的模式都非常容易扩大规模。"信息营销"——信息的销售，是一个全球范围的价值超过 1000 亿美元的现代产业，较上年同期增长 32.7%。在过去的 20 年里，线上媒体的销售有了显著的增长。Audible 有声书储备了超过 20 万本音频书。2013 年，iTunes 的歌曲销量超过 250 亿首。苹果公司没有发布播客的下载量，不过，2012 年，Lisbyn 这样一家主营播客公司的下载量为 30 亿次。这是一个正在增长的领域，根据可靠的消息，16% 到 20% 的美国人使用播客，而至少 80% 的人使用电子邮件。据 Omny Studio——我的播客节目的主管公司称，《颠覆性的企业家》每月的下载要使用 2.5 万亿字节的流量，这相当于下载 300 部高清电影或 80 万首歌曲的数据量。谁能想到我的声音能占用这么多的流量呢？! 不用给我留言来回答这个问题！

还有不少像 GoToMeeting[1] 和 Udemy 这样在全球范围发布内容的大容量网络研讨会和在线课程平台。在线信息和课程的固定成本几乎为零，而且仅需在创建初期投入成本。你可以在家用电脑销售音乐。你甚至可以把自己的夸夸其谈和推文卖掉。你可以通过免费的社交媒体渠道销售，它每秒钟能被数十亿人看到。你可以在网上建立一个实体店，几乎无须"门脸"，

---

1 GoToMeeting，一款远程会议应用程序。

在像贝宝这样的门户网站上赚钱，你已经做好了交易的准备。信息业务在所有生意中是风险很低的一种。没有备货、库存或管理费用。你可以在家经营业务，不用另外寻找任何地方，任何时候都可以联系到全球各地的客户。

合伙人和合资企业

合伙人、合资企业或联营企业比单独发展更能为双方拓展模式、影响力，促进品牌的发展。有许多备受瞩目的、成功的合资企业，比如索尼－爱立信、维珍－MBNA、康兰－德本汉姆、耐克－乔丹和路虎－捷豹。当然，联名并不一定都能奏效，所以要确保你们的愿景和价值观是一致的，但技能和范围是不同的。赞助和代言是企业合作的一种形式，名人或公司会投钱来支持合伙人，并利用他们的影响力去实现目标。

可创新模式（无过度风险）

任何致力于人类创新和进步的模式都值得好好研究。创新可能出现得过早，所以不要太具颠覆性或太超前于时代。SixDegrees 是一个基于"六度空间"游戏的原创在线社交网络。1997 年它在创立后有过高速增长期，但后来就消失了。如果天时地利的话，它会成为脸书吗？早几年还有"有事就找吉福斯"，它甚至帮助谷歌变成了巨头。还记得一个叫"替你录（Tivo）"的电视录制设备吗？

如何改进那些已经存在的东西？史蒂夫·乔布斯与施乐公司达成了交易，使用他们在测试设备中一直没有利用的鼠标。据说他也复制了他们的用户界面。苹果并不是第一家在手机中使用触摸技术的公司，HTC 在苹果之前就用过，还加上了乔布斯不喜欢的切换键。乔布斯只是改善了使用体验。音乐也是一样的，原有的类型激发出新的流派，乐队通过融合或创新去颠覆它们。"暴力反抗机器"乐队将摇滚、金属和说唱融为一体，成为改变音乐的一部分。据说，嘻哈音乐起源于或者说受到穆罕默德·阿里诗歌节奏的启发，原本是用来嘲讽对手的。理查德·布兰森以破坏那些他认为服务需要改善，但已经变得懒惰或垄断性的行业而闻名。因为增长会为人类服务，任何鼓励提升的商业活动都将得到财富的回馈。

周期与反周期模式

有些模式在周期中表现良好，有些则不然。在房地产界，随着房价下跌，租金会逐渐上涨，在经济形势不好的时候，出租代理人和租赁行业的生意往往都很不错。在萧条时期很多非必需的或高端零售企业苦苦挣扎的时候，你可能会注意到，"自动取金"商店如雨后春笋一样随处可见。在2007年后的经济衰退中奥乐齐、历德和其他一些低端超市得到了蓬勃发展，大多数折扣零售商也是如此。据说，"罪恶行业"，如烟草、酒类和博彩业在经济衰退中都会赚得盆满钵满。巧克力的销量也会增加。有些模式比其他的更加"抗经济衰退"。Insider Monkey网站[1]的一篇文章写道，除了上述模式之外，文身艺术家、快餐店、糖果店和宠物护理沙龙都是抗经济衰退的生意，还有医疗保健、网络安全、约会、维修、葬礼和教育行业（做个教育家）。

● 套利

1992年9月，乔治·索罗斯做空英镑，他卖出了价值超过100亿美元的英镑，一天就赚了10亿美元。在英镑贬值10%后，他获利超过10亿美元，被称为"击垮英格兰银行的男人"。他的交易策略很简单：在较高的价格卖出英镑，价格下跌时再买回来。在金融领域，这被称为"做

---

[1] Insider Monkey，一个总部位于美国的财经网站，为普通投资者提供免费的内幕交易和对冲基金数据。

空"，就是在价格下跌时，人们可以赚钱。2016 年英国脱欧后，英镑大幅贬值，这为货币和大宗商品套利提供了一些机会。套利是指在不同市场或以衍生品的形式同时买卖证券、货币或商品，目的是从同一资产的不同价格中获利。我必须说，我不提供财务建议，只是希望让你认识到反周期的模式，并让你有了在未来看到它的愿景。2016 年，手表的价格非常高。由于英镑疲软，美国的手表价格甚至高于英国。尤其是金表的价格大幅上涨。购买手表是不征收资本利得税的，只要注意进口税，就出现了跨货币贸易的机会。异常低价的英镑提供了多年来从未有过的卖空机会。当然，一旦英镑走强，这也会发生逆转。

经常有人问我持有什么资产，以及每种资产在整体净值中所占的比例。我的回答是这取决于气候、周期、时机、利率和通货膨胀等等。下一章会介绍关于资产配置的更多细节。如果利率很低，那么持有大量现金就没什么意义了。如果利率很高，现金就有意义。如果利率很高，可以减少借款或降低利用杠杆。如果货币走弱，你可能会持有更多的实物资产。如果觉得价格已经坚挺了很久，你可能要考虑转移一些资产，如果价格已经疲软，或者感觉到已经接近周期的底部，你可能会买入。你预测不了这种情况何时会发生，但可以借鉴历史和经验，通过在不同点位以不同的金额买入来"衡量平均成本"去投资，以降低风险。

永远都有机会。大多数人认为在经济繁荣时期才有机会，但在崩溃时期往往有更多的、更大的机会，因为你正在逆潮流投资，这时的竞争更少，资金流动速度也在发生整体的变化。微软就是在经济衰退中后期成立的，在 2007 年和 2008 年的全球经济衰退中，我们的很多竞争对手都破产了。因为剩下的公司不多了，我们自然而然变成了行业中最大的实体之一。如果我们在繁荣时期开始创业，那时竞争对手比我们强大一百倍，我们是无法得到这种杠杆机会的。

资产基础越大，越能通过简单的重新分配来套利并利用反周期的机会。在萧条时期，领先于大多数人，提前去为经济繁荣扩大规模，在繁荣的时候，提前规划并为萧条做好准备。

多种收入来源（杠杆化）

一般的百万富翁会有三种收入来源。很多公司有更多的收入来源。苹果公司拥有手机、平板电脑、Mac 电脑、iTunes、苹果电视、应用程序商店和 iCloud（云服务）等。百万富翁和亿万富翁们可能是通过一种收入来源作为主业，但随后就会实现利润和模式多样化，以实现增长，并保护他们的财富。你可以把利润再投资于个人储蓄存款、房地产、股票、购买其他企业的股份或者你想学习的公开演讲和信息产品等。

对长期财富而言只有一种收入来源存在风险。如果它遭到破坏，你也一样。如果有工作变动或遭遇中年危机，你就别无选择。增加收入来源，你可以将不断增长的利润再投资于现有的收入来源，让它们更加壮大，或者投资新的收入来源。建立多种收入来源要面对的挑战是如何做和何时做。在我的《房产收入的多种来源》一书中，我分享了一个"70—20—10"的模式，可以用于创建可靠和可持续的多种收入来源。如果只有一个模式或产品，你就只有一个来源。如果试图同时构建五个模型或来源，你会被它们压垮，无法长时间专注于构建任何收入来源。明智的做法是把主要的精力放在主业上，用小部分时间去关注其他的收入来源。"70—20—10"模式的意思是，把 70% 的时间和资源花在主要收入来源上，20% 的时间和资源用在次要收入来源上，10% 的时间和资源用于第三级或未来的收入来源上。在提高主要的 70% 的收入来源的时候，实现系统化并移交管理权，然后就可以把之前次要的 20% 作为新的 70%，以前第三级的 10% 提至新的次要的 20%，再创建一个新的来源作为新的第三级的 10%。现在你已经从一个主要收入来源和两个小的收入来源，升级到一个完全系统化的来源可以提供剩余收入。重复这个过程到五个，就有两个系统化的来源、一个主要的和两个较小的来源。完成现有的收入来源系统化后，再引入新的收入来源，这样你就不会不知所措，无法集中精力。乐队不会同时写五张专辑。一次出一张专辑，逐渐建立一份歌单，然后去进行巡演，再策划商业化运作，等等。如果遵循这个模式，随着时间的推移，你将积累巨大而持久的财产。

● 跨收入来源的杠杆

你可以通过利用现有的收入来源为开发多种收入来源提速并使它更加轻松。如果有房地产投资组合，并有房地产经纪人在管理，你可以成立一个租赁代理机构以获得"跨收入来源的杠杆"。利用已有的投资组合、知识、经验和关系网，能够比重新开始更快地构建新的收入来源。据说爱彼迎要进入服务业，他们将提供例如出租车、食品采购等附加服务，他们将提供豪华级的住宿，甚至进入房产业去销售房屋。如果集思广益的话，你可能会为爱彼迎想出很多其他的跨收入来源的机会。他们可以像航空业一样拥有爱彼迎里程。你的生意里很可能有潜在的跨界收入和收入机会，现在你可以用最短的时间去扩大规模，赚到更多的钱。

展望未来

在第 6 章中，我们探讨了一些未来的货币颠覆。用不了多久，人们就会体验到虚拟现实中的平行世界。看房、度假、社交媒体和约会等将通过头戴式耳机去实现，耳机变得越来越复杂，让我们的感官越来越参与其中，变得越来越真实。虚拟现实已经可以接入在线货币、城市和全世界。谁知道呢，在未来，这会不会成为现实生活中的黑客帝国呢？这个平台上会有赞助商和营销机会，特别是可能有免费或"免费增值"的商业模式。虚拟现实利用网络概念，把世界各地的人联系在一起。想想苹果手机创造的所有杠杆吧。一部手机为音乐、iTunes、苹果支付、应用程序、GPS 和地图、数据共享、健身、健康甚至生物黑客打开了闸门。所有这些，甚至更多的东西都会在虚拟现实中得到利用。它可能不同于当前的商业模式，但如果你能接受它，或者用你 10% 的时间来研究一下引入这项技术对你所在行业的颠覆作用？你可能不想成为第一，但想做最快的那一个。

44

如何筹集资金

为了几十万英镑而卖掉一半公司之前一定要三思。资金的附加成本总是超出你要支付的利息。想法可以创造收入，所以要像筹集资本一样，尽可能多地利用想法来筹集资金。要明确筹集资金的目的：

- 比自力更生成长得更快
- 要开发无法独立开发的产品
- 吸引有经验的投资者进入董事会
- 要投资无法独自完成的房地产和其他资产
- 让自己摆脱棘手的局面

如果你认为资本可以帮助你实现上述一个或多个目的，以下是一些筹集资本的方法，从使用最少的抵押品和见效最快的领域开始。所有融资的领域都要权衡利弊，所以要清楚你准备付出什么代价。保持开放的心态，在需要的时候，你就可能获得更多的现金。我们都需要它。

● 家人馈赠
如果从父母那里得到资本馈赠，会减免一些遗产税，这会缩短他们在世的时候你得到赠予的时间。如果家人准备把财产和继承物传给你，他们最好在活着的时候就交给你。你可以跟他们达成协议，比如把遗产预付给你，这样他们在世的时候可以受益。如果你用这些资产做生意，而不是让他们施舍，家人们的思想会更开放。听取有益的税务建议。

● 向朋友或家人贷款

这些"投资者"并不是专业的放贷机构或合作伙伴。他们以前可能从来没有放过贷。这样做的好处是可以得到比银行更好的利率（如果你的朋友真的喜欢你！）。他们可能需要更多的游说。你们之间的信任已经存在了，但如果出了什么问题，你的损失可能会更大。不过话说回来，他们肯定会比银行更宽容。这可能是一个筹集资金、启动创业，或走出困境的好方法，但做不成更大的项目。

● 银行的个人贷款

你能得到的无担保借款金额正在上升。只要信用良好，就可以快速借到现金。在低利率时期，很值得这样做。对于较小的数额，它的速度快、流动性强，但对较大的、长期的数额来说，成本会更高。有些人能够借到多笔贷款。请注意，不要因为急需用钱，就把利率提得太高。现在，如果通过应用程序去申请，你几乎立刻就能拿到钱，然后，有些人马上去申请了更多。

● 对现有资产进行股权重组

如果持有可以用于担保的房产或其他资产，你可以进行财产重组，并利用股权进行投资。在低利率时期，抵押贷款等长期融资的成本也非常低。这是一个你无须获取或使用杠杆去发展其他资产或生意就可以赚钱的好方法。如果你能利用商业贷款机构，而且已经有了投资组合，重组可以帮你节省上万英镑的利息。从多种资产之间的"浮动"费用中获得资金，而无须去对多种资产再融资。

● 以资产为担保的抵押贷款或融资

如上所述，利用资产进行融资是无抵押的（无债务或借款担保）。它可以是一个家庭住宅或投资。如果能够提供担保，你能更容易地以较低的利率获得长期融资。找个好的经纪人为你提供买卖选择权，再找一个全方位的贷款方。用于房产中的现金是非杠杆化的，可以更好地利用它。把一处房产的股权转换为三到五个投资性房产，同时还保有最初的产权并不难实现。

● 出售公司的股份

出售公司的股票或股本可以筹集资金，投资于新产品、研发、员工和市场营销等。你也可以自己保留一部分利润。你可能需要在某个时间框架内透露一些利润，或者用于推广你的愿景。你可以成立一家初创公司，在伦敦的（或当地的）商业天使和天使大本营之类的天使投资活动中筹集资金。清晰地陈述你的愿景，让你的言辞简洁而性感，并向经验丰富的企业家和投资者寻求意见。短期来看，获得这种投资很简单，甚至是免费的，因为既不需要支付利息也不用做个人抵押，但随着时间的推移，你将失去控制权和持续的利润。如果你有足够的经验应付天使和投资人，这个交易就值得去做。

● 私人投资者或天使投资人的贷款

私人金融是一种介于朋友、家人和银行之间的形式。你可以从任何一个有钱人那里借钱。这些人里面既有手握闲置资金、初出茅庐的投资者，也有精明的天使、高利贷者和"吸血鬼"。任何非机构的私人投资者都可以通过贷款协议去提供贷款、购买股权或经营合资企业。你接触到的任何人都可能成为未来的私人投资者，要像对待未来合作伙伴那样对待你遇到的每个人。

如果你能与在商业天使活动中遇到的人保持联系，那么就可以建立自己的黑皮书，包括资金充足和有关系的投资者和"大鳄"。与他们的每次会面存在未来获得投资的可能性。

● 过桥贷款

一种成本较高但快速的"弥合"资金缺口的方法。如果你要完成的项目资金不足，或有非常迫切的需要，过桥贷款的速度非常快，但利息非常高。如果它能帮你渡过难关，或者与其他的融资方式一起使用，那么它可以为你提供很好的服务。最好只在极短的时间内使用它，因为每月要支付2%、3%或更高的利息。

● 众筹

利用诸如 Zopa 和融资圈（Funding Circle）之类的众筹网站，你可以获得私人融资和共用资金，有一个连接贷款人和借款人的监管平台。你可以选择自己所能承受的风险水平，通常不用提供担保就能借到小额贷款。平台和应用程序使借贷过程变得很简单，现在还出现了各种行业的众筹平台，例如有些是专门为房地产业服务的。

● Kickstarter

Kickstarter 是一个与众不同的众筹平台。它有别于传统的投资途径。作为一个担保合同，项目创建者选择一个最后期限和最低筹资目标，如果该目标不能在最后期限内实现，就无法筹集到任何资金。该平台向世界各地的出资者开放，据报道，它已从 940 万出资者那里获得超过 19 亿美元的承诺，用以资助 25.7 万个创意项目。为 Kickstarter 项目出资的人会得到实际的奖励和独特的经验，而不是以现金或股权的形式回报他们的承诺。

● 合资企业

合资企业可以一方（是你吗？）负责经营或资产、采购、管理和维持运营，另一方负责出资。也可以双方合作，一起经营，以不同的角色和责任在业务或资产部门工作。也许你们的出资比例是五五开，或者按约定的股权进行投资。我在合伙企业中的占股是五成，在 50/25/25 的股份形式中，我占 25% 或每人占股三分之一的公司中（经常性），我持股三分之一。你可以与股东或合作伙伴灵活地分配职责、股份，投入多少现金，拥有互补的或相反的技能，这样可以让你的企业全方位获益。

实际上，无论有多少钱，几乎所有人在某个时点都会现金匮乏，合资企业就是一种常见的、高效地保持企业和资产增长的方式。多个融资方出谋划策，聚于合资企业中，大多数优秀的企业都有合作伙伴。

● 信用卡

快速、流动性强，但是成本高。有人喜欢这种不用花费时间的借款方式，不过如果错过了还款时限，利息就会增加。如果有几张卡的话，你可以获得很高的消费上限，但是一定要小心，为了个人投资或应对紧急情况，可以把信用卡作为最后的手段，不过一定要快速并全额还清它。很多高收入者不断提高他们的透支限额，不停地拿到新卡，他们不仅用信用卡消费，还把它作为备用和赚取积分的手段。2015 年，一位中国亿万富翁刷卡购买了价值 1.7 亿美元的画作，这样他就可以用积分换取免费的机票。

● 在易贝网上卖掉所有的东西！

如果其他的不行，清理地下室、阁楼和衣柜，把能卖的都卖掉。虽然这么说有些轻率，2008 年我卖掉了未婚妻想淘汰的一套罗兰电子鼓，还有很多的高保真音响和电子设备，这样筹集了足够的钱去投资了一处小的房产。如果没有别的目的，那就遵循真空繁荣定律吧。我从那里起步，并有了冲劲。千里之行，始于足下。如果你很有钱，用不到的和不需要的东西可能更多，把它们清盘，换成现金利用起来。

建设现金通道

以下是一些明智的和战略性的方法，它们可以帮你减少摩擦，从而降低成本，获得优质的客户，回笼资金和管理合资企业：

1. 在需要现金之前就开始建立关系或寻找合作伙伴

如果你需要现金，那种需求或绝望很容易被人察觉。没人愿意跟绝望的人合作或把钱借给他们。人们有充分的理由不把钱借给你或跟你一起经营企业。把目光放长远一些，在需要钱之前就开始寻找，这样真到用钱的时候，已经建立好了关系。把自己的工作做好。继续学习、成长和付出。记住，任何人都可能是未来的贷款人或合作伙伴，所以要善待所有人，保持开放。

2. 不用说"看我，看我"就得到关注

在线上和线下都要乐于助人。拥有广泛的关系网。如果每周有一次活动，每年你能参加 52 次活动。别人会注意到你的。将激情和职业融入社会商业活动之中。与人分享你的知识。帮助他们。让人们从远处看到你时感到很踏实，在你向他们借钱之前他们心里会有自己的判断。不要只在需要钱的时候，人们才能见到你或听到你的声音。

3. 和大家保持联系

用半手写的方式记录你遇见过的人，把你注意到的和喜欢的东西记下来。和他们保持联系，然后来看第四点。

4. 三到十个"触点"

大多数人会在第五次和你会面或取得联系的时候考虑与你合作。有的人则少于五次。很多人需要用七到十次。我在调查了上万人之后获得了这些数据。当你要"找钱",或者开始谈生意的时候,机灵些,注意把握时机。弄清楚该做什么,不该做什么,清楚地表达自己,让别人明白你的意图。即使一开始生意没有谈成,以后他们也会记得你。

5. 做个中向性格的人

中向性格是介于内向和外向之间的一种性格。如果极端一些更好的话,那么做个外向的人,但中向是最平衡的状态。让别人看到你、去帮助他人、与人分享、保持学习,并保持(相对的)谦卑。给人留下好印象。

6. 了解潜在合作伙伴的价值

使用对话式的、温和、简短、优雅但引人注目的陈述方式,专注于潜在的合作伙伴和他们的需求。了解他们的价值,你就可以用仿佛专门定制的力度触及他们心头之痒。总要让人们从你那里学到一些东西,并得到很多。

7. 协议

一旦搭建好关系,就是时候去讨论合资公司的细节了,创建各方面的条款(非约束性的文件,包括与暂时的伙伴关系或其他协议相关的主要问题)。至少要先明确职责、股份和责任。确保获得法律协议,比如合资企业、合伙人或股东合同,并需要法律顾问参与。达成协议不仅可以保护双方的利益,还让你们必须深入了解职责、资金流动和证券的必要细节,就每个问题进行谈判,提前解决比较棘手的问题,以便能够更容易、更好地做生意。

一旦找到了手头阔绰的合作伙伴,他们会为你打开越来越多的大门。

他们会不断地给你提供贷款，跟你合作，并通过给你介绍他们那些资金雄厚的关系户来减少摩擦和不信任。你可能在最不可思议的地方遇到潜在的合作者或商业伙伴。我去彼得伯勒参加的第一次房地产联谊活动时遇到了马克。他是最后一个和我聊天的人。我和所有人都交换了名片，并和他们保持联系。不到四周，他就帮我在一家房地产投资公司找到了工作。不到3个月，我们就一起买了第一套房产。到那年的年底，我们有了20套左右的房产。11年过去了，我们的伙伴关系仍然很牢固。不要准备，要做好准备。现在人们都在注视着你。钱正在向你走来。

45

管理和驾驭金钱

你为了赚钱而努力工作，你的钱也在为你努力工作。你用时间换取金钱，靠积累财富去创造被动收入和留住宝贵的时间。对任何人而言，都有制订一个计划，并遵循一个体系去致富的可能性。起点不重要，重要的是你出发了。似乎很多人都知道所有东西的价格，却对它们的价值一无所知。人们不了解自己的时间和每项工作的价值，他们不知道自己买到的商品在贬值，也不知道资产的价值在上涨。媒体上到处都是教人们如何去节省1英镑的节目，但没什么人告诉你如何管理财富和去赚更多的钱。人们很乐于分享自己买一件东西的时候省了多少钱，而谈论赚了多少钱倒成了禁忌。只有学会管理自己已有的财富，你才能有更多的钱。你理解它、重视它，然后得到自己所期待的，而不是你应得的。因此，专注于财富管理和升值，尊重管理货币的法律，然后遵循和忠于货币管理体系，你将积累更多的财富。你做得越多，它就变得更容易，你养成更多的新习惯，就能获得更多的杠杆和复利。

你无法掌控那些不可衡量的东西

对很多人来说，因为我们不能像以前那样触摸和感知它，钱变得更难管理了。以前，你每周会得到一个现金工资包；你能拿着它，还可以随身携带它。你对自己一周的工作有实在的、有形的衡量。如今，人们大多使用电子转账的交易方式，它的速度要快得多，税收和国民保险也已经从中扣除，几乎不用经手，账单已经全部支付了。来得容易去得快。钱越不好赚，人们越把钱当回事，它就变得越真实。陈规陋习很难摒弃。这种观念亟须改变，需要建立和实施全新的金钱观和资金管理方法。我们开始吧。

五步资金管理体系

1. 必须管理好自己的钱

除了你自己，没人负责管理你的钱。父母或监护人不行，英国财务会计师公会、财务经理或经纪人也不行，只有你可以。有一次，我去巴克莱银行办业务。他们刚刚翻新了银行，新设了可以和顾问坐在一起的个人业务桌。我本来只想办个简单的业务，但有人请我坐下来，因为他们可以在那里给我办，我就不用排队了。那时的我还不是百万富翁，但收入还可以，账户里也有一些资本。那个顾问大概20岁，身上的制服对他来说有点大，名牌也有点歪。他用力地输入我的账号，进入我的账户，他的眼球像卡通人物那样快从眼眶里蹦出来了。显然，他很兴奋。我账户里面的金额并没有高到离谱。他用戏剧化的腔调告诉我要如何更好地利用这笔钱，他想推荐给我更好的投资方式。我想当时他的薪水大约是 14 000 英镑吧。我礼貌地拒绝了他；他继续推销，我再次礼貌地拒绝了，一切恢复了正常。当我从银行走出去，在脑海中回放刚才发生的事情，我觉得很烦躁。那个年轻人并没有做错什么。他才开始自己的职业生涯，给我提供服务是他的本职工作。但银行让一个没有管理自己财产经验的人来管理我的钱的体系是完全错误的，而且非常危险。我在那里暗自发誓，然后致力于不断了解金钱，并百分之百地管理自己的钱。我建议你也这样做。

这不是在责备所有的策划和推销。所有人都有权出售他们的商品。你必须管理、保护和掌管人生中最重要的一部分。全力以赴，不断学习和进步。你不会把抚养孩子的职责外包出去，尽管你时不时想这样做。没错，我完全支持杠杆化，但有些事情永远不应该被杠杆化。我的一个朋友损失了一大笔钱，他问自己的顾问："我所有的钱真的都没了吗？"顾问回答说："当然不是，它们只是到了别人的账户上！"没有哪个会计师、基金经理或代理商会和你一样关心你的钱。没有哪种软件或金融工具会在乎你对钱的感受。向所有人学习，但要自己控制财富。管理和掌握自己的钱可以从时间和金钱中得到巨大回报。这是个人的、高级的关键结果领域。它将激情与职业融为一体。规划自己的财富，衡量和监控自己的财富，分配和重新分配自己的财富，跟踪和计算自己的财富，享受自己的财富。在你遭受财富损失的时候，也不用去责怪别人，不过你可以学到一些知识，更加精于管理它，赚更多的钱。

2. 必须有一个未来的财务计划

既然要承担对财富的全部责任，你需要先制订一个具体的计划去赚到更多的钱，再做更多贡献。既有短期计划，也有长期计划是明智的做法。你可以从还清债务，每天做预算，做每周到每个月的计划开始，然后做半年、1年、3年、5年、10年和50年的规划，当然，如果你活得够长的话。然后规划过世后留下的遗产。那些有更长远的视野，有能力为未来做长久规划的人，是可以改变世界、创造持久影响力和拥有巨大财富的人。

● 偿还债务

是什么让大多数人身陷债务呢？去看看他们的情况。根据 CreditLoan 网站1的统计，平均每个美国人一生中要支付超过60万美元的利息。负债累累的不仅是你一个人，但要看看自己需要付出什么代价。你的首要财务目标应该是快速还清欠债，特别是当你有负债的时候。从现在起，永远不要入不敷出。设置每月直接还款，在发工资当天就去偿还最高额度，以规避消费的诱惑。先承担最高的债务，偿还更大比例的利息和最高的借债，这样支付的利息是最少的。在有可能和必要的情况下巩固债务，特别是在低利率时期。如果处于财务困境，尽你所能去通过协商支付或以较低的利息延长借款时间。设定一个还清所有债务的目标日期，把能动用的收入都拿出来偿还这些债务。债务会生债，所以你要马上控制住局面，为长期财富做出一些短期的牺牲。每半年回顾一次支出状况，并在支出数据逐渐上升时做出调整。改造经济来源，谈判新交易，合并和去除所有的浪费。

● 每日预算

在偿还债务的同时，制定出能维持生活的日常支出或预算，把节省下来的钱存起来，然后用于投资和做生意。自学如何去管理一小笔钱。带午餐便当去上班，一生可以节省11.2万美元。学会管理小的支出，管理更大的金额也就没问题了。能做到这一点，你才能得到更多的钱。削减非必要的支出，开始储蓄——这是积累财富的基础之一。目标是把支出控制在预算之内，这样你每周有一天可以多花一点钱作为给自己的奖励。即使你有钱了，在某些领域仍要节俭，以控制自己的开支。

● 每周和每月计划

既然可以更有效地管理预算，你的时间范围也可以扩展。你可以开始

---

1 CreditLoan 是最早提供在线资源、以消费者为中心的金融网站之一。

制定每周的和每月的预算，还有财务计划。你可以两个都做，也可以只做其中一个，这取决于你赚的是周薪还是月薪。把发薪日后的一天设置为转账日，每月直接把借记卡里的钱转到"只用于存款"的账户。

减少一些直接扣款和个人支出。如果有合适的机会，找一份兼职工作或者开辟第二个收入来源。创建个人利润率，本章后面的部分会详细解释。

● 1年计划和3年计划

计划促进收入提高。每半年到一年提高你的"只用于存款"账户的额度。计算可增长的空间，并将其设置为目标。致力于维持或极小幅度提高个人管理费用，使其远低于收入的增长，并控制其在收入中的日常支出的占比为目标。很快会看到显著的上升趋势和轨迹。加上投资和投机的目标金额，并开始为一些对你很重要的事情出资。开始为未来的事情存款，比如孩子的学费、第二套住房以及其他可以想到的个人资产和目标。

● 5年计划和10年计划

有了这种维度的愿景和前瞻性规划，你可以成立大型公司，拥有巨大的个人和职业财富。根据现有规模，你可以实现100%到200%的同比增长目标。在业务和个人职业生涯的初期，更容易实现快速成长。如果你能十几年保持同比增长50%，就能与进步地产和微软比肩了，你的表现太好了。你可以制定雄心勃勃的计划和目标，虽然还不知道该如何做，去涉足自己想尝试的领域，就像1961年肯尼迪总统的目标是在年底前将美国人安全地送上月球。这显然太有野心了，但它开辟了一条道路，并设定了一个全人类要去实现和努力的最后期限。你可以计划新的公司，进入自己并不太了解，但是想涉足的领域，就是人们所说的：大胆的目标。这些目标激励人心，因为它们令人兴奋，也可能让人害怕，但不要立刻打压它们，也不要天真地认为可以在不切实际的短时间内实现它们。为养老金做好规划，如果有孩子，留好遗产，即使孩子还没有出生，准备好学费，还有基金会或慈善事业。

● 50 年计划和遗产

具有这种长远愿景的人们和公司改变了世界。日本公司经常以"改善"的精神去规划未来的 25 年和 50 年。丰田公司为未来的几十年谋划。日本的明治维新曾是个百年计划。很多最伟大的高瞻远瞩的人和亿万富翁制订的计划远远超过了他们的人生。很多人高估了他们在短时间内能实现的成就，却低估了自己一生中能取得的成就。做超前的规划，目标和愿景可以是巨大的和鼓舞人心的，还不会给你马上就要实现的压力。你可以向别人学习，制定明智的战略决策，保持专注，保持耐心。有趣的是，长远规划真的有助于你去制定和实现短期的计划和目标。以这样的长度去做计划，你可以规划整体净值，或者在富豪排行榜上的排名，或者像埃隆·马斯克一样去火星上定居。

3. 财务进阶四步法

这个财务进阶四步法，可以帮助你从财务控制走向富裕。明智的做法是先查漏补缺，然后设定目标金额，让它引导你通过"财务台阶"走向获得财富的大道。

第一步：稳定

在第一步，你没有了坏账，资产收入可以支付基本的生活成本。维持生活不是问题了，但还没有那么富裕。这应该是通往目标的第一块"垫脚石"。计算你和家人衣食住行所需的基本生活成本，还有包括用水、采暖和生活必需品的花费，其他的不包括在内。细算下来，维持生存所需的花费低得让人惊讶，所以，这个目标并非不可逾越。

第二步：安全

在第二步，你的资产收入可以用来满足简朴的生活方式。除了第一步里的生活，你可能会去旅行、有一辆车、去度假、有电视、有互联网和一点额外花销。用这些钱你当然可以勉强过活，过上说得过去的生活，但你不能把自己加班加点工作赚到的钱都享受了，还得把钱看住。用第一步稳定收入的 50% 左右去实现第二步的安全数字，上下浮动 15% 或找到适合你的幅度。

◢ 第三步：自由

在第三步，资产收入让你过上自己理想中的生活。你可以去旅行，把孩子送进一所好学校，拥有一些奢侈品，不再为钱担心了。你可以成为一个经营着"有品质企业"的"过着高品质生活的企业家"，但还没有实现巨大的规模和财产。再加上第二步安全数字的 100% 到 150%，或者适合你的幅度，但这还不是亿万富翁的生活方式。

◢ 第四步：富裕

到了第四步，资产收入绝对可以让你在任何时候、任何地方和任何人去做任何事情。更好的是，你还不会花掉所有的钱，因为它似乎每个月都在增长和产生复利。你可以用顶级奢侈品，过着豪华的生活，大方地付出和贡献，同时看着自己的财富变得越来越多。

在第三步自由数字上增加五倍，或者是一个多到你花不完的数字。

这四个阶段组成了"财务进阶的四步"，因为它们提供了从借债到能支付基本开销到手头宽裕再到富裕逐步上升的节点。每当你接近、达到和跨越一个等级时，你都能感到自己取得了巨大的进步，这会成为一种自我实现的预言。我强烈建议你在每半年制定的目标和净资产报表中为自己设定这四个目标等级。然后定期检查。在一级一级进步的时候，为了不断增加的收益和得到更大的成果，允许自己小小地庆祝一下并给自己一些奖励。

4. 钱的七个层次

花钱有七个层次。如果排序和杠杆化得当，它们可以形成财富层级，正确的顺序是：

第一层次：支出（需要和需求）

为了基本生存，首先要购买生活必需品。很多人负债累累，是因为他们不借债的话，甚至无法满足自己的基本需求。让他们陷入困境的原因可能是不了解资金管理的知识，这是很容易改变的，或是目前无法赚到足够的钱，或是跟别人攀比，或是一些有关金钱的情感的或更深层次的信念问题造成的，这些我们在第4章说过。实际上，大多数人的生活所需比想象中少得多，或者他们只是已经习惯了和对那些东西上瘾了。"需要"花钱经常和"想要"花钱混淆在一起。你真正需要的比想象中自己需要的少得多。为自己和家人的基本生活所需做好预算，并将其设置为通往经济稳定的第一级垫脚石。

"想要"花钱是让大多数人一直生活窘迫，或让他们破产的原因。负债消费或把钱花在那些容易贬值的、不值钱的东西上，因此不会产生资本或剩余收入。富人也经常这样做，尤其是那些刚发家的人。根据苏格兰寡妇公司（Scottish Widows）的统计，英国有900万人根本没有储蓄。这个数字约占英国总人口的15%。根据另一项研究，33%的英国居民名下的存款不足500英镑。只有12%的英国居民拥有5万英镑或更多的储蓄或投资（只相当于一对夫妇两年的微薄生活费）。21%的美国人甚至没有储蓄账户，62%的人储蓄不足1000美元。

富人和穷人之间最大的区别是，富人留住他们的资本，将可持续的大笔财富"支出"（投资）于资产以产生（被动）收入。然后，他们把剩余的收入和用资产获得的钱，花在负债和易损耗的资产上。他们节省了时间和资本，把赚到的钱用于消费，让资本不断增长。设置你"需要"支出的等级，把"想要"的支出最小化，等到你有了积蓄和能产生缓冲和收入的资产时再说。

● 低价买入（负债）

任何贬值的东西都会侵蚀资本。要不惜一切代价去留住资本。很多非必需品可以买二手的，买样品，在易贝网上购买，等到"黑色星期五"或者一年中的打折季再买，在奥莱折扣村和购物中心买，跟朋友买，还有等这些东西不再是新款的时候再买。如果利用好所有这些物品一年的价值，节省出来的复利是很可观的。小心不要陷入收益递减定律，花那么长时间节省下一点钱，但浪费这么多时间意味着你浪费掉了更多的钱。

把消费习惯变成投资习惯

如果能把大部分消费习惯变为投资习惯，你就能实现八比二的复合工作，可以省下来和赚到几十万甚至几百万美元，并且拥有一项大多数人都没有的宝贵的生活技能。把要购买的每一件物品都看作一种债务——现金消耗，并以投资者的心态去思考每一次的购买行为：

第一步：没有它的话，我过得下去吗？

第二步：我能用折旧的最低价去买二手的吗？

第三步：我能把它变成一种资产吗？

第四步：我能在它进一步贬值之前卖掉它或把它交换出去吗？

第五步：什么是最低成本的财务方法？

上述五步几乎适用于所有物品，包括不易损坏的物品，比如汽车、手表、手袋、珠宝、服装、家具、音视频设备，甚至还有度假和旅行。

● 资本成本和 15 年后的影响

所有的支出或用于投资的资本都包含潜在的"机会成本"，它有可能在其他领域产生更好的回报。很多人在投资的时候考虑资本的成本，花钱的时候却不考虑。你马上就能看到节省下来的资本可以产生多么显而易见的复利，所以花钱的时候要考虑未来盈利的成本。如果更进一步，看看15 年后资本的成本，这个数字会变得如此之大，即使是很小的一笔储蓄也是值得的。

第二层次：储蓄

掌握资金管理的第一阶段。听起来很简单，但大多数人的做法证明事实并非如此。储蓄是积累财富的基础。它奠定了一个资本成长的基础，播下了可以长出果实的种子。它还教会你积累财富的基础知识，比如延迟满足、纪律性、长远的眼光和学会把已有的财产管理好，就能吸引到更多的财富。但是，尽管有复利的加持，单靠储蓄是无法创造巨大的财富并服务于你的生活愿景的，所以这是七个层次中的第二层次。储蓄只是为所有的益处锦上添花。

这里有一个复利的例子，也说明了如果没有前进到第三—七层次，只有储蓄的局限性。我在一个在线社区发布的现场场景来自马修·沃森的提问："罗布，按照复利的定律，比如说，我每个月存 300 英镑，每年就是3600 英镑，利息很低，复利如何能产生那么大的不同呢？"我的回答是："是的，马修，一年只有 3600 英镑。"假设你可以抵销通胀的 2%：

- 第 1 年：3672 英镑
- 第 2 年：7414.44 英镑（全部 12 个月的利息）
- 第 3 年：11 237.78 英镑
- 第 4 年：15 135.54 英镑
- 第 5 年：19 109.23 英镑

- 第 10 年：40 207.37 英镑
- 第 15 年：63 501.42 英镑
- 第 25 年：120 842.01 英镑
- 第 35 年：187 513.12 英镑
- 第 50 年：325 858.77 英镑

前 15 年总计为 63 501.42 英镑，但后面 15 年的总额高达 138 345.65 英镑。

如果你净赚 3%，数据如下：

- 第 1 年：3782.16 英镑
- 第 3 年：11 690.27 英镑
- 第 5 年：20 080 英镑
- 第 10 年：43 358.22 英镑
- 第 25 年：137 894.71 英镑
- 第 50 年：438 585.50 英镑

一方面，你可以看到复利的上升势头是怎样的，它上升的时间越长，动能就越强大。你还可以看到一开始的金额很小，这时只有 1% 的净收益，回报越来越多，到最后可能出现很大的差异。但它需要年复一年地积蓄能量。到第 50 年，每月存 300 英镑，净回报 3% 的话，得到的数目是 438 585.50 英镑。从这个数字得到的被动收入按每年 5% 计算的话，50 年之后，你每年能拿到 21 929 英镑的生活费。但在这 50 年内，受到通货膨胀的影响，钱会出现一定的贬值。按照全国房价数据，50 年前英国的平均房价是 3465 英镑，现在可以买到一辆普通的二手汽车。那么，数额不高的一笔年薪 50 年后能"买"什么呢？是采购一周的食材还是基本的生活支出？

这里有一些帮助你增加储蓄和积累能量的方法，以及一些简单的跟自己"打赌"的策略，让存钱变得比你想象中更容易。在过去的 10 年里，一些身价上千万甚至上百亿美元的智慧的导师教会了我一些关于省钱的很厉害的小技巧：

● PYF（先付钱给自己）

这很可能是在储蓄、赚钱和理财方面最重要的概念。大多数人都是最后给自己付钱。他们拿到工资的时候，税收、国家保险和学生贷款已经被扣除了。剩下的金额，差不多是整个薪水的一半，转到他们银行账户的同时，抵押贷款、租金、议会税、供暖、水费、网费、天空卫视和其他电视台的收费、汽车、家庭、医疗险、人寿险和宠物保险、手机费、慈善捐款和健身房会员费，都在你连钱还没摸到之前就从账户中直接扣除了。那么是谁最后一个拿到报酬呢？是你。这种状况需要改变。人们错误地认为自己不能第一个拿到钱，因为没有那么多钱，他们负担不起的原因是他们最后一个拿到钱。因此，首先设置一个定期付款指令，在发薪日向两个不同的账户转账：储蓄账户和支出账户。你一开始有多少钱并不重要，按照我说的去做。其余的账单也都付清了。即使有一点欠款，你可以随机应变，想方法赚一点钱去改变局面。每个人都足智多谋，未被充分开发而已，所以，首先付钱给自己，能节省很多钱，利用你与生俱来的能力去想办法。

● 留存现金（经常可能发生的意外）

你需要把一部分储蓄用于投资；不仅是为了投资，而且是为了应付"可能发生的意外"。根据美联储的数据，在紧急情况下，52% 的美国人没有能力支付 400 美元，他们需要转让或去借款才有钱支付。如果没有资本储备，你就无法承受巨额费用，所以首先要进行资本储备。设置一个目标金额，然后把它作为想象中的零起点。在此基础上去做资本投资，不要动用你的储备金，让它们变得越来越多。

金钱目标列表

设置好的直接还款或分配目标的"列表"，就有了积累财富的体系。下面是可以设置的目标列表，即使你有不同的银行账户。建议把这些百分比作为起点，随着财富的积累，支出目标会减少，其他项目会增加。

- **目标1** "只用于存款"账户 5%
- **目标2** 为生活中可能发生的意外存款 5%
- **目标3** 目标清单 10%（未来肆意的花费／生活目标）
- **目标4** 10% 的资产（投资于教育和学习）
- **目标5** 投资 10%
- **目标6** 回馈 5%
- **目标7** 花费 55%（生活和缴税）

如果你的花费高于 55%，请相应地调整其他百分比。可以像这样重新调整你的目标列表：

- **目标1** "只用于存款"账户 3%
- **目标2** 为生活中可能发生的意外存款 5%
- **目标3** 目标清单 2%（未来肆意的花费／生活目标）
- **目标4** 5% 的资产（投资于教育和学习）
- **目标5** 投资 3%
- **目标6** 回馈 2%
- **目标7** 花费 80%（生活和缴税）

随着财富的不断增长，你的目标清单可能变成这样：

- **目标1** "只用于存款"账户 5%

- **目标 2** 为生活中可能发生的意外存款 0%（已完成）
- **目标 3** 目标清单 10%（未来肆意的花费 / 生活目标）
- **目标 4** 15% 的资产（投资于教育和学习）
- **目标 5** 投资 35%
- **目标 6** 回馈 10%
- **目标 7** 花费 25%（生活、缴税、自由和奢侈的生活）

● 银行账户管理

利用手机上的应用程序，在线管理你所有的钱变得比以往任何时候都更容易了。要确保在线上和应用程序里都关联了你所有的银行账户。然后在所有账户里把自己设置为收款人，这样你可以随时随地在账户间支付，而不需要那么严格地使用支票和遵照银行的要求。用一个主要的银行账户支付所有的费用，一个主要账户用于资产组合或其他收入来源的资产和相关的数据，比如转出抵押贷款、保险和租金收入。如果有合资企业的合伙人，要开立新的账户，用于和每位合伙人的业务。每个活期账户都要有储蓄账户，并确保在每个账户中保留的金额低于银行的保险限额。把所有账户的详细信息保存在一个便于访问的、安全的密码应用程序里。按照上面的方法设置好自己的目标数据，你就拥有了一个自动的、实时的银行账户管理系统，它可以帮你省钱和投资，并在全球范围内实时管理和转移资金。要方便地在网上和应用程序里访问你所有的商业银行账户，这样就可以随时随地抽查现金流和各个账户。随着赚到的钱越来越多，你会需要更多的银行账户，而且会有更多的资金流动。这个系统甚至可以管理一个庞大的账户网络。

● 存下每个硬币

如果把每个硬币存到不同的储蓄罐里，你会惊讶地发现它们增长的速度太快了。我把 1 便士、2 便士、5 便士和 10 便士存起来等孩子们长大了去投资；20 便士是我儿子推球入洞时获得的奖励（在他尝到甜头之后，这个奖励很快就提到了更高的水平）；50 便士、1 英镑和 2 英镑的硬币另外存下来，然后再换成克鲁格金币[1]储存起来。

● 付钱的时候把钞票换成硬币

我还把 5 英镑的钞票换成克鲁格金币，把 10 英镑、20 英镑和 50 英镑的钞票花掉。我喜欢把大面额钞票换成更多的小面额钞票和硬币，把它们存下来。每年存几千英镑。我和我的商业伙伴在我们的很多物业都提供需要投币的烘干机，我们用同样的方式去对待这些硬币。我们有一台硬币计数器，可以快速清点它们，然后装袋。尽管数额不大，真是其乐无穷！（幼稚）这也是可以和你的孩子们分享和教育他们的很好的训练和方法。我之所以详细说明储蓄的复利性质，是为了告诉你坚持这样做的时间越长，它的力量就越大。你现在可以去买一个只能存不能取的小猪存钱罐，还有那种帮助你自律的可以设置未来打开日期的小型硬币保险箱。尽管这件事看似很小也很简单，我知道的很多千万富翁和亿万富翁都是这样做的，很奇怪的是，他们还很喜欢这些约束和看起来不起眼的方法。我认为，这又回到了那个之前提过的管理很少的钱去赚更多钱的能力。可能也是出于对金钱的热爱？

然而，利率很难跟上通货膨胀的步伐，随着更多的资金投入货币体系，现有的货币就会贬值。今天的钱比明天的钱更值钱。因此，一旦奠定了良好的资本基础，你要尽快进入第三层次，以战胜通胀和机会成本。

---

1 克鲁格金币，南非为了促销其出产的黄金，于 1967 年发行的一种金币。

第三层次：借款

有了储蓄和金钱的目标清单，你可以开始利用优良债务进行投资了。你可以提高房地产投资的抵押贷款或加大企业融资。投资时，使用好的抵押和安全的杠杆是明智的做法。在经济萧条的时候，银行会以更严格的贷款标准来确保安全。随着情况转好，贷款价值提高，银行愿意承担更多风险，给不具价值的借款人以无法偿还的利率贷款，并增加杠杆，将他们置于比较小的市场波动中。

2007年之前，由于房产升值，人们用房产重新抵押的资金过日子。每两年，有时甚至时间更短，他们就用更高的贷款利息再融资，或把升值金额部分兑现，从而增加贷款规模。这是不可持续的，也是导致很多银行和私人投机者破产的部分原因。如果把一部分再融资的钱存起来，把其余大部分再投到低风险投资中，那么2008年很多在经济衰退中破产的人可能就会撑下去，然后随着那么好的买入机会的出现而重获新生。伴随着潜在回报的增加，风险也会增加，所以借贷一定要三思而后行，认真借贷，不要认为那些钱是白来的，就像20世纪前几十年很多房东那样。不过，没有杠杆和借款，获得业绩和巨额财富的速度会放缓很多，因此，明智的借贷以低回报率和安全贷款价值为前提，与银行建立长期可靠的关系，以此为基础，前进到第四层次和第五层次。

第四层次：投资

储蓄先于投资，因为投资存在更多的风险。如果投资失败（这是可能发生的），没有储蓄去支撑的话，你会一无所有。如果有基本的储蓄来应对不时之需和在高点做个缓冲，比如准备好半年到一年的生活费，那么你可以开始用闲置的、作为储蓄的那些钱去投资。要尽快采取行动，这样你的钱才不会受到通货膨胀和心血来潮的支出的影响。

在刚开始投资的时候，应该寻找风险相对较低、进入门槛相对较低的投资项目。就从现金开始，想想你一天想赚多少钱，然后从把这些放在钱包或口袋里的钱开始。不要把它们花掉。这纯粹是个心理缓冲，所以要把这些钱放在钱包里的一个单独的夹层里，不要和那些准备花掉的钱放在一起。口袋里没有钱的生活就像开一辆没加油的车一样。很多年前我的一位导师这样告诉我，我已经按照他的教诲做了11年——我无法解释这是怎么回事，为什么这样做帮我赚到了更多的钱，但确实很有效。这就是说，如果你遭受经济损失、孤立无援或是遇到了麻烦，现金能助你脱身。

达到这个水平以后，在你了解的或有经验的股票、房地产或企业领域投资，因为这是下一个风险最低，也可能是对新手来说阻力最小的投资。当获得了不错的回报或是有更多存款可以去投资的时候，再增加你的投资组合，同时考虑既要适度提高风险，又要稍稍降低风险。可以通过投资比如实物黄金和债券这样风险非常低，回报也低的资产来降低风险。可以投资那些对你来说风险级别稍高，它们本身相当安全，但是你不太了解的新品种，稍稍提高你的投资风险。你可以逐步提高投资风险，比如挑选特定股票，选择价格更高的房产或者是附加投资，比如给房地产投资组合或业务里增加一个租赁部门。

● 第五层次：投机

很多投机者认为自己是在投资。投机是更高风险的投资，具有更大的回报潜力，还有你可能承受的损失。如果在投资之前投机，比如投资一家知之甚少的初创企业，你会面临损失投资和积蓄的风险。只有当你掌握了投资知识和技能，而且有风险级别不同的多层次的投资，从而可以降低风险和避免损失时，你才能够转向投机。投机可能是你知之甚少但热衷于涉足的投资。它可能剧烈波动或是周期性的投资或模式，或者是没有什么成功数据验证过的新模式，比如新技术。正是出于这个原因，巴菲特并没有参与对纳斯达克上市的科技公司的投资，最终这个做法被证明是明智之举。一些需要专门技术和知识的独特行业和门类具有良好的回报率，比如手表、葡萄酒或艺术品，如果你懂得其中的门道，也可以去投机。试图抓住难以把握时机的市场，可能将投资变成投机。一旦你完成了一两个完整的知识周期，就会降低风险。我的朋友安德烈亚斯·帕纳约奥图是一位身家上亿的房地产大亨，他告诉我，他在2007年全球经济衰退之前的繁荣时期觉得一切都"太好了"，感到情况可能有些不太对头。所以他抛售了6000套用于出租的公寓。最终证明，他完美地把握了时机，但他用了两个完整的经验周期才做出了这个决定。即使这样，他还说其中也有运气成分。有时你在利用自己的直觉，从有意的赌博中赚钱。有些人认为赌博就是投资。他们错了。投机的时机和节点是需要做好充分准备的。投机需要自我诚实和很好的情绪控制。

第六层次：保险

这是个很好的问题。一旦你有钱了，全世界都想从你身上捞一笔，教你成长。一旦达到了一定的财富水平，为了防止损失或攻击，你需要投保，因为你要赚更多的钱。你可以通过多元化、减税和避税、应对通货膨胀、自我保险和保护去寻求保障。

随着财富的增长，税费水平也会提高。随着拥有更多的物品，维护和保险成本上升，被盗或损坏的风险也会上升。你要留意消费和投资时候的费用、税费、佣金、通行费和看不见的成本。根据美国证券交易委员会的数据，10万美元的投资组合收费0.75%的差异意味着在20年内会损失3万美元。大数目的一个小数点都是不小的数字。你的钱越来越多，有更多的人、公司和慈善机构希望你把钱给他们。

通过多样化投资、拥有多层次的财富和资产、低风险的基础财富保护手段、存储资本、周期性资产和业务，还有那些不为人知的资产来确保你的财产安全。你需要为防范风险、失窃和损失投保。你不用投保多种保险，通过储存资本和流动性资产以弥补损失、破坏或盗窃为自己保险。不要炫富，去保护它，把它藏起来。保护变得比创造更重要。

当你逐步完成了前面的六个层次，就可以更多地给予了。当然，你可以持续地把资金目标清单中收入的一部分捐赠出去，或者更好的是，把时间和经验无偿地投入到你认为有意义的事情上。通过前六个层次积累的财富，你获得了时间，解放了自己，可以去做越来越多这样的事情。金钱观念不佳的穷人因为对金钱的愧疚感、恐惧心和羞耻感，往往过早地给予太多。他们觉得自己可以通过付出来减轻痛苦或羞耻感，然后他们发现根本负担不起，因此一直处于贫穷状态，还需要富人补贴他们。还有一些人从不给予别人任何东西，完全以自我为中心，社会也找到了获得平衡和把钱从他们那里拿走的方法。

向上的层次越高，你的知识、经验和专业水平就比钱更有价值，可以去赚更多的钱。你可以看透"不用首付"的投资，并积累很多经验，或者至少可以"不用自己的钱首付"去投资，而人们会把钱投给你。你可以使用杠杆，打造合资伙伴关系，利用复利、品牌和声誉，并拥有多种收入来源。拥有的越多，能负担得起的东西就越多，你想要付出的就越多，其他人也越会把你视为一个乐善好施的人。世界总是给慈善家更多的东西。

5. 资产和负债

资产是指能带来剩余收入回报的东西，而负债是指需要收入来维持或折旧的资产。简言之，资产付钱给你，负债让你花钱。道理够简单的，对吧？在现实生活中，事情没这么容易辨别。有些人可能将自己的房子视为一种资产，因为资本增值和资金成本低意味着除了居住之外还赚到了钱，而另一些人会将其视为一种负债，因为它不会成为收入来源。事实上，如果管理得当的话，大多数资产类别都可以成为资产，如果不理解其中的奥秘，它就是负债。这取决于你是在为资本盈利投资还是将其作为收入来源。如果给木偶一个实在的房地产投资，它很快就会成为负债。如果给理查德·布兰森一个很好的商业想法，它可能很快就变成资本和收入资产。资产的强度和可行性取决于投资者的等级、知识和经验、市场趋势、时机和周期、利率和货币状况等。房产和股票等是大家公认的资产，但也不一定。遵循以下指导方针：

● **明确战略和种类：资本还是收入，赚到的还是被动的**

如果买入投资性房产，而不是用于自住，它就要产生收入。如果购买黄金作为货币对冲或价值储备，就是在储备资本。如果准备成立一个自己想一直干下去的企业，要融入激情和职业，去做有意义的工作。如果给合股公司投一些钱，就无须参与管理和资金分配。所以，要想清楚你是为资本投资还是为收入投资，是进取型投资还是保本型投资，把时间花在构建大的事业上，对其他的要尽可能放手或被动一些。在创建财富的层级和规模的时候，你很可能会有多种资产类别和多种收入来源，主动的和被动的，资本和收入。不要想得太简单。不要情绪化。制订一个计划并去执行它，逐步构建层级和风险水平。

● **不要认为"好"投资是好的，"坏"投资就是坏的**

如果执行不力，好的投资也会失败。有了智慧和经验，那些未知的、不起眼的投资也会表现良好。不要相信媒体的炒作和那些报章杂志，他们对自己评论的资产和生意没有任何经验。一些最好的、历久弥新的手表都是些貌不惊人的款式。一些特别赚钱的房产就在标准的低端基础住宅里。有些非常昂贵的艺术品并不一定是技术上最完美的作品。一般来说，仔细观察一下大众的举动，然后忽略它们。时间、经验和跟最好的老师学习将教会你最好的投资，给你最佳的回报，很可能是其他人注意不到的。

● 致力于深入了解你的投资品类

正如前面部分讲过的，很小的一部分投资者和企业主懂得最多，他们因此获得了大部分的回报和资金。这是不成比例的。有一个主要的专业领域，可以长期地、深入地、坚持不懈地钻研是很明智的，将自己 70% 到 80% 的时间和投资集中于某个行业，然后有一两个次要的领域，你有兴趣去做，但不作为自己的日常工作。如果有合作伙伴的话，可以让他们去做，他们同样也可以利用你。我的商业伙伴给我推荐股票，我给他推荐手表。我们的大部分房产是他买下来的，我制定了与业务相关资产的大部分策略。我们的主业是房地产，把教育和租赁作为我们的附属行业和收益来源。作为外行，我们对几十个模式和类别感兴趣，但说实话，我们知道它们超出了我们的时间和经验的范畴。坚持做你懂的，用 80% 的时间不断地改进它，只在剩下的 20%（只是建议，根据需要去调整百分比）的时间里测试、参与和尝试多样化。

● 与其他的类别和机会比较回报和收益

任何时候，没有哪种资产类别绝对地比其他资产更好或更差。当然，有些资产历久弥新，并具有可持续性，但所有的资产类别都会经历周期。有些来来往往。所有的资产都会经历高峰、低谷和循环。放贷标准、利率、货币波动和法规都在不同时期、在不同程度上影响着资产类别。有些人趁着英国脱欧做空英镑，另一些人在市场中用美国总统大选的结果押注，有些人在衰退过后买入银行和高端超市，一些人在英镑疲软的时候套现货币，但所有的这些策略都是短期伎俩。一定要关注某种资产或投资类别与其他机会和机会成本之间的关系。将利率、费用、银行利润率和时间等变量作为成本。在我看来，手表价格在 2016 年一度高得离谱。我这辈子都没有准备卖表，但因为利润可观，让我无法拒绝一些销售和交易，我觉得 10 年之内不会再有这样的机会了。2016 年，英镑与美元的汇率处于历史低位，以至于激发了我对一些通常不会考虑的投资领域的兴趣。相反，在 2016 年，我们持有大量现金，准备购买很多商业地产，但股票行情不尽如人意。把大笔现金存在银行里一年会造成严重的损失，所以要把部分资金转到其他的投资领域。

● 有策略地分配和重新分配资产

再次联系前面讲过的部分，要智慧地管理资产的分配。当利率较低的时候，过多的流动性可能会让你付出通货膨胀和机会成本的代价。当价格较低的时候，由于没有足够的现金，你可能会错过一些很好的买入机会。

不要把所有的资本或资产都放在一个类别上，因为你要承担很大的风险。不要把资产配置得太单薄，你会损失杠杆和复利。当你的资产和业务组合规模足够大的时候，重新分配或合并它们会产生巨大的收益。如果以 4% 的年利率去贷款 1 亿英镑，每年要支付 400 万英镑的利息。只降低 1% 的利率，每年就能节省 100 万英镑的利息！这可能比赚到 100 万英镑的额外收入或股权能更好地利用时间和获得回报。每年至少要检查一次，将你的资产分配与你的战略、愿景和当前的机会进行正确的加权。如果不重新考虑你的投资组合、重新利用杠杆或取消杠杆，就要更多地关注实体或非实体、英国或海外、短期或长期的资本或收入。

● 把激情和职业、爱好和投资融合起来

你把哪些投资领域视为自己的爱好并愿意去做？我有一个喜欢乐高的好朋友，他非常适合在这个领域投资。我特别喜欢手表。我的未婚妻热衷于手袋。这三个当中的两个已经被证明是融合了激情和职业的很好的投资项目！我对手表感兴趣的时候，相关的知识自然会增加，因为我喜欢研究，买入，评估和交易。我很享受与经销商和热情的收藏家互动，并且一直追踪价格的走向。我喜欢了解品牌的历史，工作原理和技术的传承。我愿意在我的播客节目中采访世界上最好的钟表制造公司的首席执行官。如果我只是一直把它当作一个爱好，我应该是一个不能发现那些寻常机会的白痴。你能发现自己对商业、投资和金钱的哪些领域充满热情吗？艺术品？手表？钻石？黄金？房产？股票？收购企业？珠宝？古董？老爷车？乐高？哪个领域并不重要，只要你喜欢它，因为你会找到最好的知识和利润，即使它不值得。

● 在扩大规模之前测试新的投资和收入来源

在获得足够的经验和数据，并克服一些挑战之前，孤注一掷是错误的。不要迷信埃隆·马斯克和理查德·戴森这样的人，他们倾尽所有，甚至举债数百万美元，然后取得了巨大的成功。这可能是一个被媒体简化了的故事，他们把那些似乎承担一切而大获成功的人美化成超级巨星，事实上，很可能还有几千人会一败涂地。一定不要把投资和商业策略建立在百万分之一的可能性上。在赚到钱和有足够的经验之前，不要扩大规模去更新的、风险更高的领域投机。不要用房子去赌博。测试，调整，审查，重新开始，再重复。用自己可以承受的风险去投资，就没人会破产。

更多的资金管理观念

人们为什么容易受到阴谋、骗局和不切实际的快速致富项目的迷惑？如何才能区分真实的、安全的被动收入和一个可能成为噩梦的梦想呢？在房地产和商业发展领域，通过观察和在为40多万人提供服务之后，我发现容易实现的快速致富计划的共同特征是：

1. 做个新手：我们都要从某个地方起步。正如一位导师曾经告诉我的那样："每一个大师都曾经历过困境。"设置一个时间框架，就去学习、学习、学习。在几周或几个月内不要做任何草率的或重要的决定。只是学习、观察和研究，奠定知识基础。挑选出行业中最重要的专家，从他们的工作中取经。刚起步的时候我们都一样。

2. 太过天真：有时人们过于积极或乐观，不能用怀疑的眼光看待问题。有时，人们的成长经历一帆风顺或者得到了很多的庇护，或者一直表现都不错。在做任何重大决定之前，遵照第一步，注意风险和缺点。努力在乐观主义和怀疑主义之间保持平衡。

3. 感到绝望：在绝望的时候，我们更愚钝，更脆弱，更容易受到阴谋和骗局的影响。我们会变得目光短浅，只能看到好的一面。在进入或者转向新行业之前，退后一步，保持耐心，向智慧的、有经验的人征求建议，平复自己的情绪或绝望感。

4. 缺乏愿景和清晰的价值观：如果不清楚自己的愿景和价值观，在遇到那些不成体系或逻辑的机会时，就会随手去抓。你会跟着感觉走，屈从于自己的情感和别人的巧言令色。如果还没有自己的愿景和价值观，请按照本书的建议去练习。

5. 太过贪婪：要有耐心。不要试图快速赚到很多钱。在现实主义和乐观主义中保持平衡。不要以牺牲他人的利益为代价来寻求进步。

6. 把自己和他人进行比较：看到他人取得的成就很容易让我们分心。我们通常看不到现实，就像水面上有一只优雅的天鹅，而它的腿在下面疯狂地划水。人们只有在不了解自己的时候才会与别人比较。不要因为看到别人的做法或成就而做出战略性决定。跟过去的自己比较，跟自己的目标比较，这样就会有灵感和动力。

现金流与利润

现金流和利润显然是不一样的。很多初创企业和成长期的企业仿佛不知道二者的区别，这在财富积累中是危险的。

现金流是指业务中现金和现金等价物进出的净额。它可以是正值，也可以是负值。现金流是一种流动资产，公司或个人可以用它清偿债务、再投资业务、给股东返还资金、支付费用并为未来的金融风险提供缓冲。它包括尚未提现的留存利润。净现金流里包括应收账款和其他尚未收款的项目。现金流是检测一家公司的收入质量和流动性的基准，体现一家公司的偿付能力。

利润是指企业扣除所有费用后赚到的钱。这些费用可以是固定成本或者可变成本。固定成本是租金、固定工资、保险和折旧等短期内保持不变的成本。可变成本每个月都会发生变化，比如销售成本、取暖费和营销支出。如果业务中出现现金流不平衡，即使是盈利的生意也会失败。

有些公司或个人在账面上可能是盈利的，但没有足够的现金去支付紧急支出。一家公司可以既是盈利的，又无力偿还债务。这种情况可能会出现，是因为大多数企业允许在交付商品或服务和付款之间存在一个宽限期。一些重大的、紧急的、意想不到的费用，法律纠纷，债务人破产或欠款，持有过多的储备现金却无法卖出，以及其他计划外的现金事件，都可能导致公司的现金短缺。

"信贷和商业融资"（Credit and Business Finance，一家"单行道"信用保险经纪公司，专门帮助公司防范坏账）认为，现金流管理不善是小企业倒闭的主要原因。要建立一个现金流预报制度，显示出什么时候有现金入账，什么时候需要支付现金。我每周都会拿到一份公司内的报表，包括"银行存款"数额、债权人、债务人和持有利润额。其中有当前实际"银行存款"总额和对账后的净额。我们持有的股票不多，但如果有的话，我会要求把它也记录在内。如果我们的规模扩大十倍，持有很多股票，利润率变得更低的话，我会更频繁地要求看到这些数字。这些数字与前几年比较，可以作为衡量进步和稳定性的基准。

评估付款条款以确保交货和付款之间没有太长的宽限期或时间延迟。提前付款时间可以提升现金流。拥有更好的系统，确保客户按时、高质量付款，评估客户和产品的盈利能力，必要时使用托收，所有这些手段都将改善你的现金状况。以现金流和利润为目标，也要密切关注现金。对于长期的产品和交付情况，要密切地监控盈利能力。你可能有良好的现金流和大量的预付费用，这可能在某个时间造成损失。利润率不佳的成交量增长可能会掩盖或推迟偿付能力的问题。从这个角度看，并非所有的钱都是利润。

省钱还是浪费时间？

谋生并没有什么错，只要它不妨碍赚钱。RoTI 是与 ROI（投资利润率）同样重要的指标。在你的生意和生活中一直都有财务指标（或投资利润率）。没有哪两个时间单位具有相同的价值。如果你每小时的收入是 50 英镑，那么在其他地方你可能要花 100 英镑。时间和金钱都有机会成本。你可能会遭遇收益递减定律，就是最终把很多时间浪费在一个对你来说货币价值递减的领域。技术人员、胆怯的人或精于分析的人都会身陷其中。如果你想有自己的时间，就必须请人来管理你的业务，他们的时间是有成本的，你要花钱才能解放自己。还要每 3 到 6 个月测量自己的 IGV。每小时、每一天都要不停地问自己："我这样做是在最好地利用时间吗？这会在我当前的生活中产生最大的影响吗？"把其他的事情授权给其他人去做、延后去做或者删掉它。

46

净值（衡量与增长）

财富最终的、最准确的和绝对量度是净值。你得到的报酬就是你的价值。焦点的走向，能量的方向和结果说明一切，但大多数人并没认清他们的净值。富人们会这样做，所以我可以给你讲一下财富的知识。你可以等到自己有钱了再去判断，也可以现在就开始衡量自己的财产。后者会对前者产生驱动力。

在没钱的时候，我常常想到钱的问题，总是感到焦虑，觉得自己太穷了。因为你欣赏的东西会为你增值，我的债务、焦虑和资金匮乏如影随形。它们在消耗我，也影响了我的人际关系。我记得那时我和女朋友约会不得不花她的钱。这让我感到羞愧和尴尬，以至于在我们分手后，当我赚到一笔钱后，我给她寄了一张支票，把所有的钱都还给了她。这让她很难过，不过她还是兑现了支票！直到20多岁，我一直依靠父母为我提供工作和住处。我没有一天不为钱担心。在穷困潦倒的8年里，如果我把所有那些负债累累的困境用于计划和判断我的价值，我就可以把这些加起来差不多600小时或更多的时间很好地利用起来。将关注的焦点从为金钱和债务焦虑转移到衡量、瞄准和扩大净值上去，这将从精神和物质、情感和结果方面产生深远和积极的影响。个人净值的衡量标准为：

总资产——总支出

总资产包括所有实物、现金、知识产权和有股权的可出售的实体。而总支出包括折旧后的所有债务和负债。

公司或房产的净值可能包括：

总市值资本——（债务总额——清算成本）

总市值资本包括银行储蓄、股票、其他资产或业务总价值，任何财产价值都包括内。债务总额包括所有的抵押、贷款、折旧和资产清算成本。

就我个人而言，我不会把公司的价值加入我的净值，因为我没有把它卖出的计划。估值可能差别很大，而钱只有放在银行里面才是钱。如果要把公司的价值加进我的个人净值报表中，我可能会计算出一个我们业内接受的估值指标，例如 EBITDA[1]，那么指标的倍数应该是可靠的，然后从中拿出 20% 以备不时之需，再根据我的持股比例去分配价值。如果想把公司的价值分摊到你的净值报表中，我建议你把它做得比实际估值低，并用其他的指标限制它的用途。

以下是一些你每半年可以做一次回顾的净值练习、常规工作和关键业绩指标：

1. 净资产总额

从现在的资产状况开始，哪怕它很低，甚至是负值。目标是每半年将净值增加到一个具体的数字。我个人是以一年为期，在新年来临前的 11 月，至少每周去看一次，然后每半年再去回顾。我创建了一个有关愿景和目标的文档来帮助你更清晰地做到这一点：http://tiny.cc/RMGoals。

把具有保留价值（折旧）的所有资产和资本项目添加进去，并创建一个总额。减去所有的债务和负债。

2. 资本与资产价值比率（抵押资产价值比）

资本与资产的比率，或抵押资产价值比，是你所拥有的资本在你的整体资产中的百分比。有类似的指标用于监管银行，即 CAR（capital adequacy ratio，资本充足率）或 CRAR（capital to risk assets ratio，资本与

---

1 EBITDA, earnings before interest tax, depreciation and amortization, 息税、折旧及摊销前利润。

风险资产比率），以应对资本储备过低。资本与资产比率是衡量杠杆率、风险和债务比率的标准。你可以从25%的资本与资产价值比率开始。以提高到35%为目标，然后是50%。一旦达到50%，如果有发展和资产再投资的计划，你可能要降低目标。

3. 每月支出与收入的百分比

每月支出在收入中所占的比例越低，你在财务上就越自由。你有更大的增长空间，可以再投资，过上富裕的生活，不会被突如其来的冲击所影响。从现在的状态开始，对有些人来说可能超过了100%。把目标设置为90%、80%到50%，然后再降到更低。

4. LCC（living costs covered，生活花费覆盖）的时间表（月度）

LCC（月度）是指在没有任何额外收入，无论是主动的还是被动的，你可以生活无忧的时间。如果你的生活费是5000英镑，而你有5000英镑的存款，那么你的LCC是一个月。以每半年提高一次LCC为目标，用以衡量你的财务自由程度，以及养老金和退休金的保障程度。当你的LCC可以维持终生时，假如你下周二去世，你知道自己是彼得伯勒的孩子！说真的，如果LCC能够超过自己的寿命，那就意味着你已经积累了更加长久的、坚实的长期遗产。就算陷入经济危机，你和家人也能无忧无虑地生活。

可练习和证实的增加净值的方法

为了增加净值，这里有一些简单的练习方法和习惯，它们是很容易在日常生活中做到的。既要尊重精神，也要尊重物质是明智之举，一些看得到的和可以被证实的做法将与你的净值计划和目标齐头并进。我建议你执行下列方法：

● 亲自确认

11 年来，我一直在确认关于生活方式、愿景和我想要成为什么样的人的十个词。我必须承认，一开始我有点怀疑，也许是因为缺乏经验和我想象中对那些已经确认的人的刻板印象。我很感激从前的自己，让我决定保留判断力和经受检验。

"确认（affirmation）"本来的意思是"做出持续的、可靠的保证，确认某个事物的真实性"。你们不要像我一样，像一个疯狂的嬉皮士似的在健身车上或在公园大道上散步时吟唱或念咒，你在为自己奠定坚实的基础，在坚持自己的目标并把它们变为现实。

用心思考一下你的价值观和你最想实现的东西，还有你想成为什么样的人，并把它们概括成五到十个词。比如财富、成功、力量、幸福、感恩和服务等可能对你有用的词。一旦想好了这些词，把它们记录在我分享给你们的目标和愿景的文档中，也把它们设置在你电脑的屏保上，还可以把这些词放在你的床边。每天晚上睡觉的时候，在头脑中默念几次，并想象出与文字一致的图像。默念的时候，让你的身体去感受它们。这样做几天或者几周之后，你就永远记着这些单词了，你的潜意识会像超级计算机一般开始运转，把这些词变为你生活中的物质现实。你也可以在早上做这些确认，或者在你想让自己处于一个良好的状态的时候，或者在冥想的时候，如果它是你日常生活的一部分的话。没有行动的吸引力只会分散人的注意力，所以你不能只是坐在家里，等着这些东西通过信箱自己跑到你身边，这是你可以在日常活动中着手去做的从精神到物质的事。直到今天，我仍然惊讶地发现设定了明确目标的人太少了。设定目标是从运动员到企业家的成功人士的共性。所有人都知道如何设定目标，但是大多数人不会去做。知道而不采取行动就相当于不知道。所以，把我提供给你的目标和愿景文档完整地填写好，让它变为你的日常习惯，这样你才能把目标和愿景变为现实。

● 创建"愿景板"

为了进一步确认（坚定）目标，你还需要创建一些看得到的提醒和"识字表"，用以每天提醒、指导和再次激励你的目标和愿景。找一个"最重要的位置"，把你理想的生活展示出来，未来它会变为现实。如果创建一个愿景板，并把它放在一个你经常可以看到的地方，比如墙上、电脑屏保或手机上，基本上你全天都在做短时间的可视练习，它甚至在你不知道的情况下经过了你的意识。据报道，举重的人在举重时激活的大脑模式，和他们只是想象（可视化）自己在举重的时候是相似的。创建一个愿景板，把那些激励你的图片和名人名言放在上面，让它以视觉形式成为你的目标、愿景和价值观。科学研究表明，愿景板会让你感觉到一些东西是很重要的，因为我们经常会忘记自己的所见所闻，但很少会忘记它们带给我们的感觉。这是属于你的，所以把任何可以激励你的东西添加上去，把你挑选出来的，与你的关系、职业、财务、家庭、旅行、个人成长和健康有关的生动形象放上去。

● 启动你的头脑

在我小的时候，爸爸常说我太擅长在酒吧的地毯上找钱了。他说我比任何人都快，能在任何地方找到钱。他总是这样说，我也信以为真了，它被强化成了现实。我真的很相信这句话。但当我负债累累的时候，我做了相反的事情，我一直盯着债务和焦虑不放。在不知不觉中我强化了它，它成了我内在的现实，我相信它。我当时还不知道这就是"启动"。

启动是一种记忆效应，是指由于之前受到某一刺激的影响而造成对另一刺激的反应。20世纪70年代初，迈耶和施瓦内维特所做的影响深远的实验，以及西奥迪尼在他的著作《先发影响力》中的进一步研究，探索了启动是如何影响由此产生的行为或行动的。

网状激活系统（RAS，reticular activating system）是大脑在意识和潜意

识之间充当过滤器的部分。在每一个特定的时刻，我们的神经系统都在被信息轰炸。我们一次可以获取 800 万比特的信息，而其中绝大部分我们根本不需要或无法有意识地进行处理。你的网状激活系统吸收了所有这些信息，但大部分被无意识地过滤掉了。有了启动、可视化和确认，毫不夸张地说，你可以为自己的网状激活系统编程，它只能在图片中发挥作用，而无法识别文字。遵循本节中的步骤，你可以为网状激活系统提供图像进行查找，它会开始相应地过滤图像，注意那些你看到的东西，它们之前可能被当作无关的信息过滤掉了。网状激活系统会相信你给它的任何信息，但如果这些信息和你的自我印象是一致的，它们会变得更有力量。当刺激出现时，网状激活系统也会启动。这就是说大脑会更快地处理后面产生的刺激体验。所以，愿景板会唤起你的愿景和你渴望的生活形象和感觉，通过在墙壁上、图片里和设备上的反复出现，在你的意识和无意识中重复，它们将变为现实。越多地思考和执行对金钱的想法、决策和行动，它启动得就越多。绕过有意识的思想，那么有意识的批判性思维就会运转，比如怀疑主义（还不知道"该怎样"），借口和限制性信念，直接进入无意识的、我们人类还无法理解的超级计算机中。用 1.5 倍速或 2 倍速听音频的时候，也有同样的效果。如果你还没有这本书的音频，现在就去买吧。用有声书和播客为你的无意识编程，然后用音频记录你的目标，定期听听它们。用金钱和财富的图像轰炸你的网状激活系统，它会无意识地为你过滤并关注它们。将其和坚持不懈的行动、迭代与改进结合在一起，你的财富、成功和金钱基本上是无限的。

如何成为身价千万的艺术家

在试图开启艺术家的职业生涯时，我无法克服既实现艺术成就又能赚钱的内心冲突。也许你有自己的与艺术类似的职业。你可以把激情和职业融为一体，用创造性的职业赚钱的同时，真正地、自由地表达自己，我了解这个真相有些晚了。明白了自我价值在阻碍我的净值增长，对我来说是一个积极的打击。

如果能回到过去，明白我现在知道的这一切，重新开始艺术家生涯，并运用从本书中学到的知识，以下是我如何换种方式去做个艺术家：

1.有生之财：我要让自己过上美好的生活，并从艺术中获利。致力于公平交易，重视自己在工作中的价值。我会放弃所有关于艺术生涯不要或不应该赚到钱，只有在死后才能从艺术上真正赚到钱的先入为主的想法。用艺术积累财富，让它服务于我和他人，要作为一个伟大的艺术家留下我的遗产，我要将其视为己任。

2.自我价值：我值得拥有财富和荣华富贵。我付出了一生的努力才成了艺术家。人们会为这个价值付钱。价格和服务能体现我的价值。我选择自己热爱的职业是一种能表达自己独特价值和天赋的神奇的方式。

3.市场营销就是金钱：这个世界不会白白给我饭碗。我必须让人们了解我。我不能狂妄自大，也不能妄自菲薄，在关怀他人的同时不懈地推广我的作品。成为最好的艺术家只是艺术事业的一部分。我需要告诉别人我的价值和独特性，还有我支持什么、反对什么。只要我是真实的，我不会害怕激起波澜。我需要在规模化和稀缺性之间寻求平衡，始终保持可感知价值。利用所有可以借力的媒介和网络媒体宣传我的作品，打造自己的品牌。对不断变化的技术保持开放态度，在不卖作品的时候，不要整天一个人一边听着拉姆斯坦乐队的歌，一边在阴暗的工作室里画画。

4. 服务、解决和关怀：我需要关心我自己，让激情战胜恐惧，通过为别人提供作品，去关心别人，因为他们想用公平的高价去买那些作品。我的佣金应该正是客户需要的，在非常认真地聆听了他们的确切需求之后，我会认真地对待那些小的定制细节和作品的个性化。我会超预期交货，然后请求他们把我推荐给其他人。我会倾听客户遇到的问题，并努力去解决问题，因为我知道这是我的经济学，它不会遭遇经济萧条。

5. 公平交易：我会让客户感到物超所值。我会选择一个专门的行业和客户类型，在理想情况下不设价格上限。我必须不断发展，提高我的价值和价格。我必须坚持做正确的事，解决客户的问题，并坚信自己会赚到很多的钱。我会确保将公平的利润再投资于市场营销、发展和重要的慈善事业。

6. 杠杆：我必须实现时间的最大价值，减少用于交换金钱的时间。不仅限于原创作品，我应该考虑经营印刷品。可以让别人临摹我的作品吗？可以创作数字艺术在网络上扩大规模吗？可以成立一个艺术培训机构或者学院吗？我需要有系统和可扩展性，而不是那种传统的单打独斗的艺术家。我能否找到最好的代理商和画廊老板，不仅让他们出售我的作品，还可以给他们一个合适的价格分成。离开彼得伯勒，与最好的买家和有钱的收藏家建立联系，让他们把我介绍给他们的朋友和交际圈。接受所有（社交）

媒体、品牌和新的理念。合作伙伴是至关重要的。如果可能的话，我要找到马克·霍默这样的合作伙伴，去寻找像豪尔赫·门德斯这样能终身做经纪人的朋友。也许可以找达米安·赫斯特做我的导师？

7.不理睬讨厌我的人：总会有人批评我和讨厌我，我必须明辨其中的不同。我会倾听那些反馈意见并不断改进。我要虚心地接受所有的批评，然后礼貌地继续前进。我不会让批评影响我的情绪、愿景和不朽的作品。我很清楚自己的道路，不能被别人拖下水。我要感谢自己拥有的一切：美好的和具有挑战性的。

8.复利：继续前进。我要把自己的主业放在首要位置，不能走走停停。要有耐心，有信心，要努力工作，做个聪明人。每天祈祷，想想我的愿景，平衡现实和乐观的目标，让复利驱动更大的能量。前面做更多的工作，后面才能赚到更多的钱。然后把我的天赋传递给别人。成立一个艺术学校或基金会。让那些不太幸运的人拥有由资本赞助的创造性通道。让我的学生们像沃霍尔那样去理解艺术，而不只是学习艺术。

艺术本身没有什么错，我也没有错，是那些我所相信的东西出了错。我没有被击垮，我的理想、行动和能力都潜藏在我的心中，它们随时准备被解放和释放出来。

这就是你。保持率真，做自己，不要像我搞艺术的时候那样。释放内心对自己所热爱的事物的渴望，带着关怀与服务和全世界共享它，还要不懈地坚持。创造你自己有关金钱的故事和思想，了解更多，赚得更多，贡献更多。

47

那么开法拉利的人到底是什么样子的？

2005 年的罗布需要在深夜出门。他关掉德国死亡金属乐，穿上帽衫，骑上自行车到加油站去买一块 497 英镑（算上通货膨胀）的面包。生活让他感到很沮丧。在"泊车"的时候，他看到一辆红色法拉利 458 蜘蛛进来加油。未来的罗布（我们叫他罗伯特吧）从车里钻出来，用壳牌 VPower 汽油给这只红色野兽加满了油。他大约用了 15 分钟，4744 英镑。看到这一切的时候，2005 年的罗布内心很痛苦。他从孩童时代就痴迷意大利超级跑车。他一直梦想着自己能拥有一辆。这是他最喜欢的型号和颜色，不过这个开车的人一定是个笨蛋。看看他穿的西装。他要么是偷了车，要么是租了一天，要么是用贩毒的钱买的。

是该去问问他，还是回家去多画几张画？就在他思考的时候，未来的罗布看了过来，笑着说："嘿？" 2005 年的罗布羞怯地走过去说："伙计，你的车真不错。"罗伯特（未来的罗布）谦逊地回答说："谢谢。"他们聊了起来。他们都从童年开始痴迷汽车，都梦想着拥有新款法拉利，但只有一个人实现了梦想。罗布正在考虑涉足房产，而罗伯特刚搬进一所经过翻新的房子，想要一些定制的艺术品。在离开加油站之前，罗伯特跟罗布要了一张名片。他们握手告别，罗布去拿他的面包。在付钱的时候，他自言自语道："那个家伙不是我想象中的大盗啊。就算他是，如果他买了我的作品，我保证会喜欢他。也许他还有一些有钱的朋友？"罗伯特加了油，开车走了，他的法拉利撞上了国际新闻大厦。

谁知道这次偶遇会有什么后续？也许罗伯特委托罗布做了一些定制艺术品。也许罗伯特带着罗布进入房地产业，成为他的导师，改变了他的人生？也许罗布发了财，把艺术作为一种爱好，成立了学校和基金会来帮助其他年轻的、有抱负的艺术家和企业家？也许 2005 年的罗布甚至变成了未来的罗伯特？

你如何界定有钱人？你会评判他们或者对他们有刻板印象吗？是他们开的车？是他们已经赚了 100 万美元吗？还是一个净资产达到百万的富人？也许在未来经过通胀调整后的几年里，百万富翁就不算富有了？也许亿万富翁是那时候新的百万富翁？那些我认识的别人眼中的富人，我把他们定义为有钱人。他们所有人都尊重自己独特的能力。他们所有人都一直在奋斗，并努力克服恐惧和挑战，现在一切都变成了他们的动力。他们所有人都是生产者，他们为无数的人提供服务，他们所有人都对金钱有着健康的尊重，他们所有人都支持慈善事业。

但一切又几乎是不同的：年龄、性别、地理位置、成长环境、行业、模式、媒体、道德、价值观和个性类型。没有两个有钱人是一样的，这意味着我们所有人都可能变成有钱人。只要有人可以成为有钱人，任何人都可以成为有钱人，你也可以。

那么开法拉利的是什么样的人呢？他们和所有的有钱人一样：是独一无二的个体。有的光彩照人，有的平凡无奇，有的声音洪亮，有的为人低调，有的人确实很富有，有的人兜里的钱只够买一辆车，有的充满激情，有的只为实现童年的梦想，还有的根本开不好这辆车。无法给那些开法拉利的人下定义，你无法界定有钱人，但你可以定义自己。

为什么不向他们学习呢？教育拯救了我，让我走出了困境，摆脱了大部分错误的判断。世界需要更好的教育，也需要更多的教育。很多人很难获得良好的教育，但你可以。货币体系想要更好地重新分配资金，但这不仅仅是钱的问题。事实上，把钱给那些什么都不懂的人，会让情况变得更糟。正因如此，很多财富巨头才成立并资助大学、图书馆和基金会。正因如此，比尔·盖茨和梅琳达·盖茨成立了他们的基金会，沃伦·巴菲特也出资数十亿美元给予支持。正因如此，这本书的所有利润都将捐给罗布·穆尔基金会，它的愿景是帮助全世界的人，尤其是贫困人口和年轻人，让他们受到更好的金融教育去理财和赚钱，利用知识去做有意义的工作。我个人的愿景是在全世界开创智慧的金融教育和积累财富。感谢你，作为其中的一分子，帮我一起创造这个有意义的影响力。如果你想帮助更多居无定所的人或为其提供住处，并在全球范围内创造更多的经济和教育机会，请与我联系。

金钱是世界上一切利益的动力和交换媒介。它推动和资助了所有的行业发展和进化。它是衡量价值的标准之一。金钱将创造力和个体表现力转化为生产力。它资助并加速了所有的创新，可能是人类最伟大的发明之一。

人类的愿景创造了金钱，你以自己的意志来管理和掌握金钱，并把它留存在不朽的遗产中。像毕加索那样重视你的作品。像沃霍尔和赫斯特一样，把艺术和生意融合起来。你现在了解金钱的故事和心理学了。你现在知道得更多了。现在轮到你像财富巨头一样，去赚更多钱，并做出更多的贡献。

你现在该做什么？

这两条最重要的货币法则一直保留到了最后。它们是：

1. 别偷懒。

2. 就这么做吧！

该说的都说了，心动不如行动，知道了不做还不如不知道，所以行动吧！

去赚好多好多钱吧！去一个更大的层面为他人服务吧！去绘制你的理想愿景，用金钱作为杠杆去实现你的价值。去全世界产生影响力吧！去用钱作为所有向善的力量和根源吧！去创造一些能超越人生的有意义的东西吧！

从这条非常令人兴奋的道路出发，剩下的由你决定。能为你走上致富之路出一点力，我心存感激。在我的在线社区、播客和其他任何你能找到我的地方，我随时为你服务。你可以在这里关注我、联系我，给我留言，在亚马逊上写评论，问我问题，或者大骂一通（www.facebook.com/robmooreprogressive）。

你也可以在推特上添加我 @robprogressive。

我相信你，我的朋友。我希望我们将来能有机会聊聊天，你可以给我讲讲你做的事、杠杆和财富的故事。

我相信你是一个实干家，而不是光说不练的人。慢慢地你会变得更完美。只要一直前进，坚持朝着自己的目标不停地努力，尽管会有挫折，但你一定会在生活中取得伟大的成就。心怀梦想，脚踏实地。现在就出发。

这样做很容易，不这样做也容易。

我希望你选择容易做的。

在这本书的开头，我就承诺过要送礼物。其中一个在书中分享过两次，就是怕你为了得到它直接翻到最后一页，现在全部放在这里了：

- 目标和愿景文档：http://tiny.cc/RMGoals
- "颠覆性的企业家"播客：http://bit.ly/disentpodcast
- 我自己在用的、受益最大的、最好用的应用程序：http://tiny.cc/RobsApp
- 我最喜欢的传记片和纪录片：http://tiny.cc/Robdocs

如果你认为这本书可以帮助到那些你关心的人，请推荐给他们。让你关心的人也一起了解更多、赚到更多和贡献更多。2005 年，有个很关心我的人向我推荐了一本书，它彻底改变了我的人生。在 2005 年，我还不是一个真正的读者，迈克·怀尔德曼的画廊里挂着我的几张画，他执意推荐我去读拿破仑·希尔的《思考致富》。

哇！那本书让我为之一振，也启发了我。谢谢你，迈克。我会永远记得那一刻。请和别人分享这个礼物，这样我们就可以一起做出改变啦。

致谢：要不是为了你

　　如果你和我一样，只想深入细节，并不想读那种奥斯卡颁奖礼风格的冗长的致谢词，那么我们长话短说：感谢我了不起的研究员、经纪人和朋友，感谢苏尼普，感谢他对本书的贡献。感谢我的编辑和校对员海迪，感谢他们在勤勤恳恳地编辑本书时对于细节的用心。感谢出版商在本书完成之前就把它放入销售目录，让我必须快点写完。多亏了马克·霍默，他是给我支持、帮我分析的商业伙伴，是他教我如何正确地管理资金，并让我明白了"铁公鸡"的真正含义。还有杰玛，我此生挚爱的人，感谢你给了我自由和爱，还帮我花钱。感谢可爱的孩子们，你们带给我挑战并帮助我成长，花了我很多钱，使我不得不非常富有，才能供你们上学。我公司的团队每天都在激励我。感谢"进步""无限成功"和"颠覆性的企业家"社区在研讨本书时的投票和建议。

　　也谢谢你。对，就是你。你忠诚，专注，充满灵感，想变得更好。你想要学习和成长，我对此表示非常感激，也感谢你让我参与你的美妙行程。当然，你也喜欢钱！

罗布·穆尔"颠覆性的企业家"

https://www.facebook.com/robmooreprogressive

http://bit.ly/disentpodcast

https://twitter.com/robprogressive

https://www.instagram.com/robmooreprogressive/